改訂5版 公園・緑地の維持管理と積算

公園・緑地維持管理研究会 編

一般財団法人 経済調査会

改訂に当たって

　豊かで健康的な国民生活の実現は，快適な都市環境の形成，都市の防災性の向上などの機能を果たす，都市公園等の都市基盤整備に委ねられているといっても過言ではありません。また，深刻な問題となっている地球温暖化対策としても，緑化の促進は重要な位置付けにあります。

　公園・緑地維持管理研究会で検討を重ね，平成3年7月に「公園・緑地の維持管理と積算」の初版を発刊し，官・民の公園・緑地事業に携わる方々に対して，維持管理の手法や工事費積算に関する平易な実務資料を提供してまいりました。多くの方々にご支援をいただき，平成17年には改訂4版を重ねるに至りました。

　改訂4版発刊から10年の間に，指定管理者制度を始めとする新たな管理手法がとり入れられるようになり，また，他のインフラと同様，個別施設ごとの長寿命化計画に基づくメンテナンスサイクルの構築と着実な取組みの継続が求められるようになりました。このような背景から改訂版の発刊を望む声を多数いただくようになったことを受け，このたび改訂5版を発刊することとなりました。

　本書は，地方公共団体等において公園・緑地の管理を担当される方を始め，公園・緑地に関するコンサルティング業務をされる方，指定管理者として公園・緑地の維持管理業務を担われる方，実際にこれらの業務を実施される発注者や受注者の方等，多くの方々にご活用いただくことを目的として制作したものです。公園整備事業の現状，環境対策や事故防止に配慮した維持管理，工事費の構成，積算の方法などをわかりやすく解説しています。

　本書が，今後の公園・緑地の維持管理，ひいては都市における緑豊かな環境の形成に役立つことを祈念するものです。

平成28年12月

公園・緑地維持管理研究会
委員長　伊藤　英昌

目　　次

第1章　総　　説

- 1-1　公園緑地の役割 …………………3
  - 1-1-1　都市における緑の意義 ………3
  - 1-1-2　公園緑地の効果 ………………3
  - 1-1-3　公園緑地の今日的意義 ………5
- 1-2　都市公園の種類，配置基準 ……7
  - 1-2-1　基本的な公園の分類 …………7
  - 1-2-2　多様なニーズに対応する都市公園・緑地等事業 ……………16
- 1-3　都市公園の設置，管理 …………16
  - 1-3-1　都市公園の設置 ………………16
  - 1-3-2　公園施設の種類，設置基準等 ……………………………18
  - 1-3-3　都市公園の使用 ………………19
  - 1-3-4　兼用工作物の管理 ……………20
- 1-4　都市公園整備の推移と現況 ……21
  - 1-4-1　都市公園等整備現況の推移 ……21
  - 1-4-2　平成26年度末都市公園等整備現況調査の結果 ………………22
  - 1-4-3　社会資本整備重点計画 ………24

第2章　公園緑地の維持管理

- 2-1　公園緑地の維持管理の基本的事項 …35
  - 2-1-1　維持管理の範囲 ………………35
  - 2-1-2　維持管理計画 …………………36
  - 2-1-3　維持管理の執行 ………………38
  - 2-1-4　安全対策 ………………………40
- 2-2　都市公園の維持管理 ……………41
  - 2-2-1　植物管理 ………………………41
  - 2-2-2　施設管理 ………………………43
- 2-3　都市公園の運営管理 ……………46
  - 2-3-1　利用管理 ………………………46
  - 2-3-2　法令に基づく管理 ……………50
  - 2-3-3　指定管理者制度による都市公園の管理運営 …………………50

第3章　工事契約

- 3-1　契約の意義 ………………………55
- 3-2　契約制度の意義 …………………55
- 3-3　契約方式 …………………………55
- 3-4　請負契約書の作成 ………………56
- 3-5　入札の方法 ………………………57
  - 3-5-1　一般競争入札 …………………57
  - 3-5-2　指名競争入札 …………………57
  - 3-5-3　随意契約 ………………………58
- 3-6　入札参加者の資格および指名 …59
- 3-7　予定価格の作成と入札 …………59
  - 3-7-1　予定価格の作成 ………………59
  - 3-7-2　入札 ……………………………59

第4章　工事費積算の構成

- 4-1　建設工事における工事費積算の位置付け …………………………63
- 4-2　工事費の構成 ……………………64
  - 4-2-1　工事費の基本構成 ……………64
  - 4-2-2　直接工事費 ……………………64
  - 4-2-3　間接工事費 ……………………64
  - 4-2-4　一般管理費等 …………………66
- 4-3　積算の流れと具体例 ……………68
- 4-4　直接工事費（各論） ……………71
  - 4-4-1　材料費 …………………………71
  - 4-4-2　労務費 …………………………72
  - 4-4-3　直接経費 ………………………79

4-5	間接工事費 …………………… 82		5-3-3	芝刈り …………………… 152
	4-5-1 共通仮設費 …………… 82		5-3-4	施肥 ……………………… 155
	4-5-2 現場管理費 …………… 92		5-3-5	目土掛け ………………… 156
4-6	一般管理費等および消費税等相当額		5-3-6	除草 ……………………… 157
	……………………………………… 96		5-3-7	病虫害防除 ……………… 160
	4-6-1 一般管理費等 ………… 96		5-3-8	エアレーション ………… 161
	4-6-2 消費税等相当額 ……… 98		5-3-9	ブラッシング …………… 163
4-7	市場単価方式による積算 …… 98		5-3-10	灌水 ……………………… 163
	4-7-1 市場単価とは ………… 98		5-3-11	補植 ……………………… 164
	4-7-2 市場単価方式とは …… 98	5-4	樹林地管理工 ………………… 165
4-8	施工パッケージ型積算方式の概要		5-4-1	樹林地管理の考え方 …… 165
	……………………………………… 99		5-4-2	樹林地管理計画 ………… 165
	4-8-1 概要 …………………… 99		5-4-3	間伐 ……………………… 171
	4-8-2 特徴 …………………… 100		5-4-4	除伐 ……………………… 171

第5章　植物管理の考え方

			5-4-5	蔓切り …………………… 172
			5-4-6	枝打ち …………………… 172
5-1	植物管理工 …………………… 105		5-4-7	下草刈り ………………… 173
	5-1-1 植物管理工の考え方 … 105		5-4-8	補植 ……………………… 174
5-2	樹木管理工 …………………… 106		5-4-9	施肥 ……………………… 175
	5-2-1 樹木管理の考え方 …… 106		5-4-10	病虫害防除 ……………… 175
	5-2-2 樹木維持管理計画 …… 107		5-4-11	林床草花・花木の育成 … 178
	5-2-3 剪定 …………………… 110	5-5	草花管理工 …………………… 182
	5-2-4 刈込み ………………… 118		5-5-1	草花管理の考え方 ……… 182
	5-2-5 剪定枝葉等のリサイクル ……… 122		5-5-2	草花管理計画 …………… 183
	5-2-6 施肥 …………………… 129		5-5-3	地拵え …………………… 189
	5-2-7 病虫害防除 …………… 133		5-5-4	植付け …………………… 195
	5-2-8 枯損・支障木処理 …… 136		5-5-5	播種 ……………………… 198
	5-2-9 支柱取替え，撤去，結束直し … 142		5-5-6	巡回管理 ………………… 203
	5-2-10 雪吊り ………………… 145		5-5-7	灌水 ……………………… 204
	5-2-11 倒木復旧 ……………… 146		5-5-8	施肥（追肥） …………… 205
	5-2-12 クズ（葛）の除去 …… 146		5-5-9	刈取り …………………… 205
	5-2-13 除草 …………………… 147		5-5-10	病虫害防除 ……………… 206
	5-2-14 灌水 …………………… 147		5-5-11	補植，追播 ……………… 207
5-3	芝生管理工 …………………… 148	5-6	草地管理工 …………………… 207
	5-3-1 芝生管理の考え方 …… 148		5-6-1	草地管理の考え方 ……… 207
	5-3-2 芝草の種類，特性と芝生管理計画 …………………… 149		5-6-2	草地管理計画 …………… 210
			5-6-3	草刈工 …………………… 213

5-7 菖蒲田管理工……………………213	5-12 自然育成管理工………………240
5-7-1 菖蒲田管理の考え方………213	5-12-1 自然育成管理の考え方 …240
5-7-2 掘取り，株分け……………214	5-12-2 自然育成の管理計画 ……240
5-7-3 植付け………………………216	5-12-3 自然育成の施設管理 ……242
5-7-4 除草…………………………216	5-12-4 自然育成の植栽管理 ……242
5-7-5 施肥…………………………217	5-13 農薬使用時の注意事項 …………250
5-7-6 病虫害防除…………………217	5-13-1 農薬使用の考え方 ………250
5-7-7 花茎切除……………………218	5-13-2 農薬の選定と散布時の注意事項
5-7-8 枯葉除去……………………218	……………………………250
5-8 バラ園管理工……………………218	
5-8-1 バラ園管理の考え方………218	**第6章 植物維持管理積算基準**
5-8-2 バラの種類…………………219	6-1 植物維持管理工事における工事費の
5-8-3 仕立て方……………………220	構成………………………………259
5-8-4 剪定…………………………221	6-1-1 工事費の基本構成…………259
5-8-5 摘蕾…………………………223	6-1-2 直接工事費…………………259
5-8-6 摘実（花殻切り）…………224	6-1-3 間接工事費…………………261
5-8-7 中耕，除草…………………224	6-2 樹木管理工………………………261
5-8-8 施肥…………………………224	6-2-1 整枝（基本）剪定…………261
5-8-9 病虫害防除…………………224	6-2-2 整枝（軽）剪定……………263
5-9 園地清掃…………………………226	6-2-3 刈込み（寄植え）…………264
5-9-1 園地清掃の考え方…………226	6-2-4 刈込み（玉物）……………266
5-9-2 清掃…………………………227	6-2-5 刈込み（生垣）……………266
5-9-3 収集運搬・集積……………228	6-2-6 樹木枝葉チップ工（参考）……267
5-10 屋上緑化の維持管理 ……………228	6-2-7 カントリーヘッジ工………268
5-10-1 屋上緑化の維持管理の考え方 228	6-2-8 施肥…………………………269
5-10-2 点検・調査 ………………229	6-2-9 病虫害防除…………………271
5-10-3 植栽管理 …………………229	6-2-10 枯木処理 …………………271
5-10-4 灌水 ………………………231	6-2-11 支柱取外し ………………273
5-10-5 施設管理 …………………232	6-2-12 支柱結束直し ……………273
5-10-6 事故防止 …………………233	6-2-13 松こも巻き ………………274
5-10-7 環境対策 …………………233	6-2-14 雪吊り ……………………274
5-10-8 屋上緑化維持管理チェックリス	6-2-15 倒木復旧 …………………278
ト ………………………233	6-2-16 灌水（参考）………………279
5-11 特殊空間緑化の施工 ……………235	6-3 芝生管理工………………………280
5-11-1 特殊空間における緑化工事の	6-3-1 芝刈り………………………280
考え方 …………………235	6-3-2 施肥…………………………282
5-11-2 荷揚げ ……………………237	6-3-3 目土掛け……………………283

6-3-4	人力除草·············283	6-7-4	除草·············300
6-3-5	薬剤除草（除草剤散布）·······284	6-7-5	施肥·············300
6-3-6	病虫害防除（薬剤散布）·······285	6-8	バラ園管理工·············300
6-3-7	エアレーション·············285	6-8-1	剪定·············300
6-3-8	ブラッシング·············286	6-8-2	摘蕾·············301
6-3-9	灌水（参考）·············287	6-8-3	摘実·············301
6-3-10	補植（張芝）·············287	6-8-4	除草·············302
6-4	樹林地管理工·············288	6-9	園地清掃·············302
6-4-1	間伐·············288	6-9-1	園地清掃·············302
6-4-2	除伐・蔓切り·············289	6-10	建設機械運転労務等·······303
6-4-3	枝打ち·············289	6-10-1	建設機械運転労務·······303
6-4-4	下草刈り·············289		
6-4-5	病虫害防除·············290	**第7章　施工事例**	
6-5	草花管理工·············290	7-1	施工事例について·············307
6-5-1	地拵え·············290	7-2	樹木管理工·············307
6-5-2	草花植付け（花壇苗）·······291	7-2-1	樹木手入作業（1）·······307
6-5-3	草花植付け（宿根草・球根類）···291	7-2-2	樹木手入作業（2）·······308
6-5-4	播種·············292	7-2-3	支障樹木処理·············310
6-5-5	巡回管理·············292	7-3	芝生管理工·············311
6-5-6	灌水（参考）·············292	7-3-1	芝生管理·············311
6-5-7	施肥（元肥）·············293	7-4	樹林地管理工·············316
6-5-8	施肥（追肥）·············293	7-4-1	樹林地管理·············316
6-5-9	刈取り·············294	7-5	草花管理工·············318
6-6	草地管理工·············294	7-5-1	施設花壇管理·············318
6-6-1	草刈り·············294	7-5-2	球根類による草花管理·······321
6-6-2	水辺（水中）·············298	7-5-3	播種による草花管理·······325
6-7	菖蒲田管理工·············298	7-6	草地管理工·············327
6-7-1	掘取り·············298	7-6-1	草原管理·············327
6-7-2	株分け·············299	7-7	菖蒲田管理工·············330
6-7-3	植付け·············299	7-7-1	ハナショウブ管理·······330

巻末資料

【資料-1】「都市公園における遊具の安全確保に関する指針（改訂第2版）」（抜粋）
／平成26年6月·············333

【資料-2】「都市公園における遊具の安全確保に関する指針」／平成26年6月
（別編：子どもが利用する可能性のある健康器具系施設）（抜粋）·············339

【資料-3】「公園施設の安全点検に係る指針（案）」（抜粋）／平成27年4月·············344

【資料-4】「公園施設長寿命化計画策定指針（案）」（抜粋）／平成24年4月·············351

第1章 総説

1-1 公園緑地の役割

1-1-1 都市における緑の意義

都市における緑は，次のような役割を持ち，快適で安全な国民生活を実現する上で必要不可欠なものであり，緑の保全，創出に関する施策をより総合的かつ計画的に推進する必要がある。

　①人と自然が共生する都市環境を確保することができる
　②多様性や四季の変化が心を育み，潤いのある美しい景観を形成する
　③緑の持つ多様な機能の活用により，変化に対応した余暇空間を確保できる
　④災害防止，避難地，救援活動拠点などの機能により，都市の安全性を確保できる

1-1-2 公園緑地の効果

一般的に公園緑地の効果は存在効果と利用効果とに大別される。存在効果とは公園緑地が存在することによって都市機能，都市環境等都市構造上にもたらされる効果であり，利用効果とは公園緑地を利用する都市住民にもたらされる効果であり，以下のように分類される。

（1）存在効果
　①都市形態規制効果
　　無秩序な市街化の連坦の防止等都市の発展形態の規制あるいは誘導。
　②環境衛生的効果
　　ヒートアイランド現象の緩和等都市の気温の調節，騒音・振動の吸収，防風，防塵，大気汚染防止効果等。
　③防災効果
　　大規模地震火災時の避難地，延焼防止，爆発等の緩衝，洪水調節，災害危険地の保護等。
　④心理的効果
　　緑による心理的安定効果，美しく潤いのある都市景観，郷土に対する愛着意識の涵養。
　⑤経済的効果
　　緑の存在による周辺地区への地価上昇等の経済効果，地域の文化・歴史資産と一体となった緑地による観光資源等への付加価値。
　⑥自然環境保全効果
　⑦生物の生息環境保全効果

（2）利用効果
　①心身の健康の維持増進効果
　②子どもの健全な育成効果

存在効果

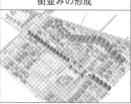

利用効果

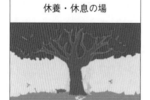

図 1-1　公園緑地の効果

　③競技スポーツ，健康運動の場
　④教養，文化活動等さまざまな余暇活動の場
　⑤地域のコミュニティ活動，参加活動の場

　公園緑地と一口にいっても，市街地内の小規模な公園と郊外の大規模な公園では本質的に計画する目的が異なり，その有する役割も異なるものである。公園緑地を整備する場合，その公園の持つ目的と役割がどのようなものであるかを理解しておく必要がある。

1-1-3　公園緑地の今日的意義

（1）地球環境問題への取組み

　平成14年3月に地球温暖化対策推進大綱，新・生物多様性国家戦略がそれぞれ閣議決定された。また，平成24年9月には都市の低炭素化の促進に関する法律，生物多様性国家戦略2012－2020が制定された。さらに，平成28年5月には，地球温暖化対策計画が閣議決定された。これらにおいて，地球温暖化対策，ヒートアイランド対策，生物多様性保全対策として，都市における公園緑地の確保が重要な課題として掲げられている。例えばヒートアイランドについて見ると，屋上緑化の有無により夏の日中の屋上表面温度に約30℃の差が発生する調査結果もあり，公園緑地の確保は都市づくりに不可欠である。

　新たな緑化空間の創出，民有緑地の保全は，二酸化炭素の吸収源となる緑が確保されることにより，地球温暖化の防止に寄与し，ヒートアイランド現象の緩和には，都市における建築物等の緑化（屋上緑化等人工被覆の改善のための緑化），風の道をつくるための連続した緑地・水面の確保等が求められている。また，生物多様性保全には，野生生物の生息・生育地として重要な位置を占める里地里山の保全，自然の生態系と調和した公園緑地の整備，環境教育・環境学習の場の確保・創出等が求められている。

（2）都市再生への対応

　都市の外延的拡大は終焉を迎えており，今後はゆとりと潤いに欠ける市街地，災害に脆弱な都市構造の改善等都市を再生していくことに重点を移すことが求められている。平成28年3月には住生活基本計画（全国計画）が閣議決定され，「地震時等に著しく危険な密集市街地」の面積，約4,450 haを平成32年度までにおおむね解消することとされており，都市の防災上このような市街地を改善することは緊急の課題となっている。一方，産業構造の転換や企業のリストラクチャリングに伴い，スポーツ施設など福利厚生施設用地の業務用地や住宅用地への転用，臨海部を中心とする大規模な工場用地等の遊休地化などが進んでいる。こうした機会を積極的に捉え，既成市街地の中に緑とオープンスペースを政策的に確保すること，建築物の高層化と合わせ緑とオープンスペースを確保していくこと等により，市街地の防災性の確保および居住環境の向上を図ることが求められている。

　また，緑とオープンスペースは都市再生に重要な役割を果たす都市の環境インフラであるとの認識に立ち，大都市に残された貴重な財産であるまとまりのある自然環境について保全を図るとともに，高度経済成長の過程において大幅に消失した緑について長期的な視点に立ち再生・創出を図ることが求められている。そのために，大都市圏の広域的な自然環境の点検を行い保全施策の強化を図るとともに，臨海部における緑の拠点の形成などの先導的プロジェクトを進めることが必要である。

（3）豊かな地域づくりへの対応

　緑を基調とした美しい自然環境からなる国土は，自然と人間の豊かなふれあいやゆとりに満ちた生活の基盤であり，これらを健全な状態で次の世代に引き継いでいくことが重要な課題と

なっている。

　健康で心豊かな生活を実現するためには，花と緑に包まれた美しい環境の中で，健康の維持増進のための運動，スポーツ，文化活動やコミュニティ活動などさまざまな余暇活動が繰り広げられる場となる緑とオープンスペースの確保が不可欠である。また，こうした活動は日常的なものであるため，安全な利用環境が確保され，人々が安心して利用できるように管理されるものでなければならない。

　また，地域の人々の毎日の生活の長い時間の積み重ねによって，まちや地域に対する誇りや愛着の気持ちが醸成され，その地域に固有な文化が形成される。こういった地域文化と密接に関連している自然資源，歴史資源，文化資源を緑とオープンスペースとともに地域で共有し，継承していくことが望ましい。地域の資源，地域の文化と一体となる緑とオープンスペースは，地域の活性化，観光，地域間の交流・連携のための資源としての大きな役割を併せ持つことになる。例えば，我が国の世界遺産20か所のうち，姫路城，首里城等7地区では都市公園および歴史的風土特別保存地区がその骨格をなしていることに見られるように，観光・地域間の交流といった面で公園緑地は大きな役割を担っている。

（4）少子高齢化社会の対応

　少子化の流れの中，次代を担う子どもの健全な発育は，我が国の将来を左右する大きな問題である。塾通いやテレビゲームの普及により子どもたちが屋外で遊ぶ機会が減少し，子どもの発育に赤信号が点っている。屋外で自然に親しみ，集団の中で身体を動かして遊ぶことは，子どもたちの健全な発育に欠くことができないもので，このような場となる公園緑地の確保が必要である。

　また，高齢化社会への対応のためには高齢者の地域での活動を支える公園緑地の質的な充実が不可欠である。花と緑とふれあえる場，ウォーキングや水泳といった健康運動のための施設，地域の文化とのふれあいの場など，人々の参加型の余暇活動を支え，豊かな老後生活の受け皿となる公園緑地の整備は大きな課題である。

（5）参画社会への対応

　近年，自然環境の保全や花と緑にあふれる都市環境の創出などの分野で，地域住民やNPOの活動，民間企業の社会貢献活動等，多様な主体の参画による取組みが積極的に展開されつつある。こうした多様な主体の参画と連携による協働の取組みには，地域への誇りと愛着のある緑豊かなまちづくりを進めるための極めて重要な役割が期待される。緑とオープンスペースの保全，創出，管理のそれぞれの段階で，地域住民やNPO，民間企業等の参画による協働の取組みを進めるための場づくり，仕組みづくりが必要である。合わせて，国と地方公共団体が積極的に情報の提供を進めることにより参画の機会を拡大していくことが求められている。

　公園緑地は，これらの機能をいくつも兼ね備えており，目的に応じた機能を有効に発揮させるように計画・整備されなければならない。レクリエーション機能は計画・設計の段階で配慮がなされている（施設計画等に十分反映されている）が，環境保全，特に景観という観点から

は，設計，施工の段階での十分な気配りと注意が必要である．

また，計画，設計に当たってこれらの点について十分配慮されていなければならないのは当然であるが，施工に当たってもそれぞれの持つ役割が何であるかを適切に判断し設計意図を十分に理解した上で行う必要がある．

1-2 都市公園の種類，配置基準

我が国の都市公園の種類としては一般に，表1-1の分類があるが，防災公園，自然再生緑地，国家的なイベントの会場となる都市公園等これと視点を変えた行政施策に応じた公園の分類もある．ここでは，一般的な分類による各種別の公園の計画内容および施策別の公園についてその目的・特色・内容等を述べる．

1-2-1 基本的な公園の分類

一般に「公園」と呼ばれるものは，営造物公園と地域制公園とに大別される．営造物公園は都市公園法に基づく都市公園に代表されるもので，国または地方公共団体が一定区域内の土地の権原を取得し，目的に応じた公園の形態をつくり出し一般に公開する営造物である．地域制公園は自然公園法に基づく自然公園に代表され，国または地方公共団体が一定区域内の土地の権原に関係なく，その区域を公園として指定し土地利用の制限・一定行為の禁止または制限等によって自然景観を保全することを主な目的とする．

「公園」の分類を一覧表にしたものが表1-2である．

(1) 都市公園の定義

都市公園は都市公園法（昭和31年法律第79号）第二条第1項で次のように定義されている．

都市公園法

第二条　この法律において「都市公園」とは，次に掲げる公園又は緑地で，その設置者である地方公共団体又は国が当該公園又は緑地に設ける公園施設を含むものとする．
一　都市計画施設（都市計画法（昭和43年法律第100号）第4条第6項に規定する都市計画施設をいう．次号において同じ．）である公園又は緑地で地方公共団体が設置するもの及び地方公共団体が同条第2項に規定する都市計画区域内において設置する公園又は緑地
二　次に掲げる公園又は緑地で国が設置するもの
　イ　一の都府県の区域を超えるような広域の見地から設置する都市計画施設である公園又は緑地（ロに該当するものを除く．）
　ロ　国家的な記念事業として，又は我が国固有の優れた文化的資産の保存及び活用を図るため閣議の決定を経て設置する都市計画施設である公園又は緑地

表 1-1 都市公園の種類

種類	種別	内容
基幹公園	住区基幹公園 街区公園	主として街区に居住する者の利用に供することを目的とする公園で誘致距離250mの範囲内で1か所当たり面積0.25haを標準として配置する
	近隣公園	主として近隣に居住する者の利用に供することを目的とする公園で1近隣住区当たり1か所を誘致距離500mの範囲内で1か所当たり面積2haを標準として配置する
	地区公園	主として徒歩圏内に居住する者の利用に供することを目的とする公園で誘致距離1kmの範囲内で1か所当たり面積4haを標準として配置する
	特定地区公園	都市計画区域外の一定の町村における農山漁村の生活環境の改善を目的とする特定地区公園（カントリーパーク）は，面積4ha以上を標準として配置する
	都市基幹公園 総合公園	都市住民全般の休息，観賞，散歩，遊戯，運動等総合的な利用に供することを目的とする公園で都市規模に応じ1か所当たり面積10～50haを標準として配置する
	運動公園	都市住民全般の主として運動の用に供することを目的とする公園で都市規模に応じ1か所当たり面積15～75haを標準として配置する
大規模公園	広域公園	主として一の市町村の区域を超える広域のレクリエーション需要を充足することを目的とする公園で，地方生活圏等広域的なブロック単位ごとに1か所当たり面積50ha以上を標準として配置する
	レクリエーション都市	大都市その他の都市圏域から発生する多様かつ選択性に富んだ広域レクリエーション需要を充足することを目的とし，総合的な都市計画に基づき，自然環境の良好な地域を主体に，大規模な公園を核として各種のレクリエーション施設が配置される一団の地域であり，大都市圏その他の都市圏域から容易に到達可能な場所に，全体規模1,000haを標準として配置する
国営公園		一の都府県の区域を超えるような広域的な利用に供することを目的として国が設置する大規模な公園にあっては，1か所当たり面積おおむね300ha以上を標準として配置，国家的な記念事業等として設置するものにあっては，その設置目的にふさわしい内容を有するように整備する
緩衝緑地等	特殊公園	風致公園，動植物公園，歴史公園，墓園等特殊な公園でその目的に則し配置する
	緩衝緑地	大気汚染，騒音，振動，悪臭等の公害防止，緩和もしくはコンビナート地帯等の災害の防止を図ることを目的とする緑地で，公害，災害発生源地域と住居地域，商業地域等とを分離遮断することが必要な位置について公害，災害の状況に応じ配置する
	都市林	主として動植物の生息地または生育地である樹林地等の保護を目的とする都市公園であり，都市の良好な自然的環境を形成することを目的として配置する
	広場公園	主として商業・業務系の土地利用が行われる地域において都市景観の向上，周辺施設利用者のための休息等の利用に供することを目的として配置する
	都市緑地	主として都市の自然的環境の保全ならびに改善，都市景観の向上を図るために設けられている緑地であり，1か所当たり面積0.1ha以上を標準として配置する。ただし既成市街地等において良好な樹林地等がある場合あるいは植樹により都市に緑を増加または回復させ都市環境の改善を図るために緑地を設ける場合にあってはその規模を0.05ha以上とする
	緑道	災害時における避難路の確保，市街地における都市生活の安全性および快適性の確保等を図ることを目的として近隣住区または近隣住区相互を連絡するように設けられる植樹帯および歩行者路または自転車路を主体とする緑地で幅員10～20mを標準として，公園，学校，ショッピングセンター，駅前広場等を相互に結ぶよう配置する

（注）1．近隣住区＝幹線街路等に囲まれたおおむね1km四方（面積100ha）の居住単位（小学校区に相当）
　　　2．都市公園事業費補助の種別体系とは異なる

表 1-2 「公園」の分類

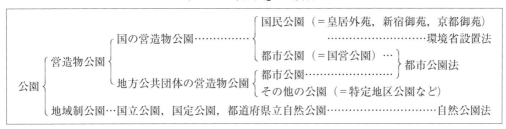

つまり，都市公園は都市公園法第 2 条に基づく，以下の①，または②に該当する公園緑地といえる。

①都市計画法による都市計画区域内において，地方公共団体が設置する公園または緑地。この場合，都市計画決定の有無にかかわらず，また，都市計画事業の執行によって生じたものに限らない。

②都市計画施設である公園または緑地で，国または地方公共団体が設置するもの。この場合，都市計画区域の内外を問わない。

なお，都市計画は都市計画を管理することとなる者（国，地方公共団体）が供用を開始するに当たり政令で定める事項を公告することにより設置されるものである（法第 2 条の 2）。

(2) 都市公園の種類

都市公園は，行政的な機能，目的，利用対象，誘致圏域等によって，1)基幹公園，2)大規模公園，3)国営公園，4)特殊公園，5)緩衝緑地，6)都市林，7)広場公園，8)都市緑地，9)緑道の九つに大別される。

1) 基幹公園

基幹公園は，市民の日常生活に定着した根幹的な公園であり，都市の地形，性格等の特色性に関わりなく計画的に配置される公園で，最も基本的なものである。これは住民の生活行動圏域によって配置される比較的小規模な住区基幹公園と都市計画的にも住民の意識の上でも都市の全体像を形成する比較的スケールの大きな都市基幹公園とに分類される。

①住区基幹公園

ア．街区公園

主に街区に居住する者の利用を対象とする最も身近に利用できる公園である。児童の利用に加え，高齢者の利用も多くなっており，また，コミュニティの形成に果たす役割も有している。誘致距離は日常生活圏（約 250 m 圏）から 250 m の範囲内，面積は 1 か所当たり遊び・運動・休息，植栽等の空間を考慮して 0.25 ha を標準として配置される。

イ．近隣公園

近隣住区に居住する者を利用の対象とし，幼児から高齢者までの全ての年齢層に利用される。近隣公園は，一つのコミュニティ形成の役目を担う都市計画上最も基本的な公

園であり，公園施設としては運動広場を中心とする動的レクリエーションのための施設のほかに休養・散策等の静的レクリエーションのための施設が配置される。1近隣住区当たり1か所を目標に面積2haを標準として配置する。

なお近隣住区とは道路，河川，鉄道等によって区分されるおおむね1km四方（面積100ha）の地域をいい，一般的には1小学校区をこれに当てることが広く行われている。

ウ．地区公園

地区公園は，近隣住区の上位のコミュニティ単位である地区を利用圏域として設けられる公園であり，普通4近隣住区単位が集合した地区（社会的・経済的な生活行動の圏域あるいは文化的・精神的な連帯意識などによって分割される地域）を配置の基礎単位とする。地区公園は徒歩距離圏内における運動，休養等のレクリエーションのために設けられる公園で，都市規模，人口密度等によっては，後述する総合公園，運動公園の機能を持つ場合がある。面積4haを標準として配置する。

エ．特定地区公園（カントリーパーク）

カントリーパークは，都市計画が未適用のいわゆる農山漁村において地域住民の福祉と厚生に資することを目的として，昭和55年度より国土交通省（旧建設省）が補助を行っている公園（標準規模4ha，地区公園相当）である。都市計画区域外に都市計画施設として設置されるものである。

このカントリーパーク事業は，昭和52年に閣議決定の第三次全国総合開発計画（三全総）の定住構想を受け，都市的生活体験を要望し，魅力と活気にあふれたまちづくりを望んでいる農山漁村部において，グラウンド，体育館，コミュニティ施設等の各種施設を始めとし，地域住民のスポーツ，レクリエーション，文化活動等の拠点として，総合的な機能を備えた公園整備を行うものである。また，管理運営面においても地域の歴史や伝統的行事等を活用するとともに，各年齢層に応じたさまざまな活動の場を提供できるようきめ細かな内容を備えることが望まれている。

②都市基幹公園

ア．総合公園

総合公園は，休息，散歩，遊戯，運動，自然鑑賞等，動的・静的レクリエーションのための各種の施設が総合的に設けられている公園である。総合公園は，各種の都市施設・文化施設と関連して計画され，都市の中心的なオープンスペースとして各種の行事・大会が催されることが多い。この公園は都市住民が自然とふれあう場を提供することを大きな役割としているため，同じ都市基幹公園である運動公園に比較し，静的なレクリエーション施設に重点が置かれている。この公園は，都市住民の大多数の利用に供されるところから，その位置は都市の中心部または交通機関等により容易に到達できる配置であることが必要である。都市規模に応じ，1か所当たり面積10～50haを標準として配置する。

イ．運動公園

　運動公園は，総合公園が主として静的なレクリエーションを目的とした公園であるのに対して，野球場，プール，テニスコート等各種のスポーツ施設を集めた動的レクリエーションのための公園である。総合公園と運動公園は，このように，レクリエーション活動の純化を図り，利用の混乱を避け，より効率的な利用を促進するために別々の公園として設けられるものであり，都市においては，両者はおのおの補完するものとして，計画的に配置される必要がある。運動公園は都市住民が自らスポーツを楽しむとともに，オリンピック，国民体育大会等の各種の競技会等にも利用される。都市規模に応じ，1か所当たり面積 15～75 ha を標準として配置する。

2）大規模公園

大規模公園は，広域レクリエーション需要に対応する公園である。

①広域公園

　広域公園は，一都市の住民を利用の対象とするにとどまらず，地方生活圏等数市町村にまたがる地域住民の広域的レクリエーション需要を充足することを目的とする公園であり，週末や休日のレクリエーション需要に対処できる施設内容とし，地方生活圏内各都市から容易に利用可能な場所にブロック単位ごとに1か所当たり，面積 50 ha 以上を標準として配置するものである。

　広域公園の整備主体は，都道府県等の広域的な公共団体とし，立地条件としては山地，林地，海岸地，河岸地等，その立地条件とよく調整された計画のもとに整備された，年齢，性別に関係なく多様なレクリエーション活動に参加可能な場所とする。

　また，広域公園の計画に関しては，特色ある都市公園としての整備を図って，今後増大する多様なレクリエーション需要に対処できることが必要である。例えば郷土の森としての森林公園の整備や都市基幹公園として，都市の中間型である第三セクター等を手段とした，民間の資金・技術の導入，静的レクリエーション・動的レクリエーション地を併せ持ち，時代に即応した新しいレクリエーション活動にも参加できる総合的なレクリエーション公園にするといったことが考えられる。

②レクリエーション都市

　レクリエーション都市は，増大するレクリエーション需要に対処するために，多様なレクリエーション施設を設置した大規模なレクリエーション地として整備されるものであり，その整備に当たっては，総合的な都市計画に基づく土地利用計画を定め，民間の開発エネルギーを活用しつつ，公共投資を重点的に行い，公共・民間協力方式で事業を進めるものである。特に，緑の確保と水質の保全を図りつつ，地域の自然環境と調和した開発を行い，地元の農林水産業等の地場産業とレクリエーションの結合を図り，新しい雇用の発生等を促すことによって地域の開発に寄与していこうとするものである。

　設置に当たっては，屋外レクリエーション適地が相当規模まとまっており，用地確保に見通しのある場所を選定し，国立・国定公園の区域内はできるだけ避けるものとしているが，これはレクリエーション都市の建設に当たって，既存のレクリエーション動線の計画

的分散，未利用地の活用といった点を考慮して国土の有効利用，資源の活用を図るとともに，自然保護地への開発圧力を緩和する効果も期待するものである。

規模はおおむね1,000 ha を標準としているが，地域の実情に応じて200 ha 以上の面積をもつ2か所以上の地区に分かれてもよく，その収容力は最終目標1日最大10万人程度を標準としている。

レクリエーション都市の構成は，中核となる都市計画公園地区と，その利用に伴う休養施設，宿泊施設等を設置する休泊地区，良好なレクリエーション環境を保護育成するための保全地区からなり，その面積比は，50対20対30を一つの標準としている。

レクリエーション都市および周辺の整備計画は，都道府県知事が国土交通省と協議して定め，その整備は地方公共団体が国の助成を受けて，都市計画公園地区の公営施設区および関連する道路，下水道等公共施設の整備を行い，都市計画公園地区の民営施設区および休泊地区の整備は，公共・民間共同出資による株式会社，いわゆる第三セクターが中心となって行う。この会社の資本構成は，都道府県・関係市町村で40%以上50%未満とし，都道府県は単独で25%以上としている。なお，この第三セクターに対し，国は日本政策投資銀行の融資をあっせんすることとしている。

3) 国営公園

国の設置する都市公園については，都市公園法第二条において次のように規定されている。

都市公園法

第二条

二　次に掲げる公園又は緑地で国が設置するもの

イ　一の都府県の区域を超えるような広域の見地から設置する都市計画施設である公園又は緑地（ロに該当するものを除く）

ロ　国家的な記念事業として，又はわが国固有の優れた文化的資産の保存及び活用を図るため閣議の決定を経て設置する都市計画施設である公園又は緑地

イ号に該当する国営公園は，一の都府県の区域を超えるような広域の見地から配置されるもので，広域の利用に関わるものとして，我が国土全体を計画的に覆い，誘致距離がおおむね200 km に及ぶものとして配置が定められるものである。また，周辺の人口規模あるいは交通条件を勘案して容易に利用されるよう配置される必要がある。さらに，多数の利用，多様なレクリエーション施設を設けること，都道府県営公園とは異なることなどの理由により，その規模をおおむね300 ha 以上としている。また，適地選定の条件としては，できるだけ優れた自然的条件を有する土地または歴史的意義を有する土地を含む等，自然的・社会的条件を備えた土地を選定することとしている。整備上の条件としては，優れた自然的条件または歴史的意義を有する土地が有効に利用されるよう配慮し，多様なレクリエーションの需要に応じることができるよう整備することとしている。

ロ号の国営公園については，必ずしも面積規模等の条件はないがその趣旨に沿って計画的

に整備することが必要である。

4) 特殊公園

特殊公園は，資源によって立地が制約されるものおよび利用の特殊なものをいい，風致公園，動植物公園，歴史公園，墓園に分類される。

①風致公園

風致公園は，その名のとおり，風致を住民が享受するための公園である。都市の内部には開発の困難さなどから，急な斜面や湿地，水辺地等が良好な自然地として保存されている場合があり，このような場所には，人手があまり加えられなかったことも手伝って，その場所に合った植生が生み出され，学術的にも貴重なものが多い。その上市街地の中にあって失われていく自然地を守ることは，都市に構造的かつ景観的な特徴を与え住民の郷土に対する愛情をつなぎとめておくきずなともなるものである。都市の内部でこのような自然地の失われてしまったところでは，これを人工的に復元する必要も生じてくるであろうし，そのような要請も強いものがある。この公園は自然的な要素の強いものであり，ほとんど全域が樹林や草地あるいは水面等で覆われており，園路等必要最小限の施設が設けられている公園である。また，小高い丘陵であったり，斜面であったりする場合には特によく目につくため景観構成上の重要さに加えて長い間にはその都市のイメージと密接不可分の関係ができあがっているものもある。

②動植物公園

動植物公園は，動物園あるいは植物園あるいはその両方が公園の主要な施設となっているものをいう。したがって動物あるいは植物を単に陳列するだけでなく，修景，休養施設をふんだんに取り入れた魅力的な公園環境を造成しなければならない。また，この公園の管理に当たっては，生物学的な専門技術と経験を要するものであることや，管理費が高額となることなどから大都市を中心に広域的な利用を考慮して計画されるべきものである。

③歴史公園

歴史公園は，現在開発の波によって失われつつある歴史上の遺跡，風土等の保存を図りつつ，レクリエーション利用にも供することができるよう計画されるものである。歴史上の遺跡，例えば古墳，貝塚，城址，庭園等は立地が限定されてしまうため，都市周辺に位置するものでかつレクリエーション資源としての価値の高いものは遺跡の周辺部も含めて公園として整備を行い保全，活用を図っていく必要がある。

④墓園

墓園は，従来の墓地が持つ故人を葬り，故人をしのぶ場としての機能とともに都市住民が参拝と同時に散歩，休息等の静的な戸外レクリエーションを満喫できるよう考慮されたものである。

このため墓域面積を全体の1/3以下に抑え，できる限りレクリエーションの場を確保し，また墓所の持つべき清浄さや厳粛さを現出することにも配慮がなされるべきである。

墓園の配置に当たっては墓地の持つ性格上，将来における墓園の拡張も見込んだ上で市街化が予想されない位置を選定すべきである。

5) 緩衝緑地

　緩衝緑地は工場地帯より発生する公害の防止や緩和，石油コンビナート地帯等の災害の防止，空港，道路等の騒音等の緩和および大気の汚染による公害の防止を目的とする緑地である。この緑地は公害・災害の発生源地帯と住居地域，商業地域等とを分断遮断することが必要な位置について公害・災害の状況に応じて配置する。また，巨大な工場群の付近住民に対する心理的圧迫を除去し，火災・爆発等の緊急避難の場としても機能する。

6) 都市林

　主として動植物の生息地または生育地である樹林地等の保護を目的とする都市公園であり，市街地およびその周辺部においてまとまった面積を有する樹林地，草地，水辺地等であって，野生生物の保護，増殖を図るほか，都市気候の改善を図る等，都市の良好な自然的環境を形成するための緑地である。

　都市林は，①野生生物の生育や移動のためのビオトープの保全，形成とネットワーク化，②都心部におけるヒートアイランド化の防止等都市気候の調節等の機能を有するものであり，この機能は都市の生活環境を維持・向上させる上で不可欠なものであることから，都市において，自然的環境が残されている地域を中心として，ほかの都市計画との整合性を勘案しつつ，積極的に配置することが必要である。

　整備においては，その自然的環境の保護，保全，また将来的に環境の復元を図れるように十分配慮し，必要に応じて自然観察，散策等の利用のための施設を配置するものとしている。

7) 広場公園

　主として市街地の中心部における休息または観賞の用に供することを目的とするものであり，主として商業・業務系の土地利用が行われる地域において，都市景観の向上，周辺施設利用者のための休息等の利用に供されることを目的とする都市公園である。

　商業・業務地域等の昼間人口が多く夜間人口が少ない地域においては，都市住民および勤労者・来訪者等の休息，つどい，交流ならびに都市の修景およびシンボル的景観の形成等に資するような広場的機能を有する都市公園が必要である。

　整備については，市街地の中心部の商業・業務系の土地利用がなされている地域における施設の利用者の休憩のための休養施設，都市景観の向上に資する修景施設等を主体に配置するものとしている。

8) 都市緑地

　都市緑地は，主として都市の自然的環境の保全ならびに改善，都市景観の向上を図るために設けられる緑地である。具体的には次のようなタイプの緑地が考えられる。

　①市街地内に独立して存する面的な緑地
　②市街地内における傾斜地の緑地
　③道路，鉄道，河川沿いあるいは高圧線下等に存する線的な緑地
　④官公庁，学校，社会福祉施設等と併設した面的な緑地

　1か所当たり0.1ha以上を標準として配置するが，既成市街地等において良好な樹林地

表 1-3 国営公園一覧表（平成 28 年 9 月末現在）

区分	公園名称	所在地	面積(ha)	事業年度	備考
ロ	国営武蔵丘陵森林公園	埼玉県比企郡滑川町，熊谷市	304 (304.0)	S.43～	供用中 明治百年記念事業
ロ	国営飛鳥・平城宮跡歴史公園	奈良県高市郡明日香村	59.9 (59.9)	S.46～	供用中（飛鳥区域） 飛鳥地方の文化的資産の保存と活用
ロ		奈良県奈良市	122.1 (—)	H.20～	未供用（平城宮跡区域） 平城宮跡の保存と活用
イ	淀川河川公園	大阪府，京都府	1,216 (240.2)	S.47～	供用中
イ	海の中道海浜公園	福岡県福岡市	539 (293.5)	S.50～	供用中
ロ	国営沖縄記念公園	沖縄県国頭郡本部町	77.2 (71.8)	S.50～	供用中（海洋博覧会地区） 沖縄国際海洋博記念事業
ロ		沖縄県那覇市	4.7 (3.2)	S.61～	供用中（首里城地区） 沖縄復帰記念事業
ロ	国営昭和記念公園	東京都立川市，昭島市	180 (169.4)	S.53～	供用中 昭和天皇御在位五十年記念事業
イ	滝野すずらん丘陵公園	北海道札幌市	396 (395.7)	S.53～	供用中
イ	国営常陸海浜公園	茨城県ひたちなか市	350 (199.5)	S.54～	供用中
イ	国営木曽三川公園	岐阜県，愛知県，三重県	6,088 (288.2)	S.55～	供用中
イ	国営みちのく杜の湖畔公園	宮城県柴田郡川崎町	647 (647.4)	S.56～	供用中
イ	国営備北丘陵公園	広島県庄原市	340 (338.8)	S.57～	供用中
イ	国営讃岐まんのう公園	香川県仲多度郡まんのう町	350 (350.0)	S.59～	供用中
イ	国営越後丘陵公園	新潟県長岡市	399 (298.4)	H.元～	供用中
イ	国営アルプスあづみの公園	長野県安曇野市，大町市，北安曇郡松川村	352.8 (352.8)	H.2～	供用中
ロ	国営吉野ヶ里歴史公園	佐賀県神埼市，神埼郡吉野ヶ里町	54 (52.8)	H.4～	供用中 吉野ヶ里遺跡の保存と活用
イ	国営明石海峡公園	兵庫県神戸市，淡路市	330 (81.7)	H.5～	供用中
イ	国営東京臨海広域防災公園	東京都江東区	6.7 (6.7)	H.14～	供用中
	合計		11,816 (4,154.0)	—	—

（注）面積は上段が計画面積であり，下段（ ）内は供用面積である

等がある場合，あるいは植樹により都市に緑を増加または回復させ都市環境の改善を図るために緑地を設ける場合にあっては面積0.05 ha以上とする。

9）緑　道

緑道は，大地震・火災等の災害時の避難路の確保，交通事故からの歩行者の安全の確保等市街地における都市生活の安全性および快適性の確保を図ることを目的とする緑地である。近隣住区内部の公共・サービス施設等の連結あるいは近隣住区相互の連絡を図る植樹帯および歩行者路または自転車路を主体とし，幅員10〜20 mを標準として配置する。

1-2-2　多様なニーズに対応する都市公園・緑地等事業

都市公園や緑地に対するニーズは多様であり，安全・快適で緑豊かな都市環境の推進，市街地の防災，子育て支援や都市の集約化，地球温暖対策等に資する公園緑地の整備について，社会資本整備総合交付金等による支援の対象となる事業メニューが用意されている。これらを統括的にまとめたものが次頁の表1-4である。

1-3　都市公園の設置，管理

都市における緑とオープンスペースの中でも，都市公園は公開性と存続性とが保証されている点で，その機能が最も高いものであり，緑とオープンスペース体系の中心的な位置付けを占めるものである。

都市公園の設置，管理は，その設置および管理に関する基準等を定めた都市公園法に基づき適正に行われることにより，都市公園の果たす機能・効用が全うされることとなる。したがって都市公園の計画・整備・維持管理に当たっては，都市公園法に定められた基準等について十分理解しておく必要がある。

1-3-1　都市公園の設置

（1）設置主体

都市公園の設置主体は国および地方公共団体である。国が設置するものは都市公園法第2条第1項第2号に掲げるものであり，都道府県が設置するものと市町村が設置するものは，一般的には公園の規模，利用形態等によって区分される。

（2）設置行為

都市公園は，公園管理者が当該都市公園の供用を開始するに当たり，都市公園の区域その他政令で定める事項を公告することにより設置される（法第2条の2）。

（3）設置基準

地方公共団体が都市公園を設置する場合および国が広域の見地からの都市公園（法第2条第1項第2号イ）を設置する場合においては，政令で定める技術的基準に適合するように行うも

表 1-4　都市公園・緑地等事業※

1. 都市公園等事業

安全・快適で緑豊かな都市環境を推進し，豊かな国民生活の実現を図るため，都市公園の整備等を行う事業
　都市公園等事業
　　Ⅰ　都市公園事業
　　　A-1 都市公園（A-2〜4，B〜E に定める都市公園を除く。）
　　　A-2 街区公園，近隣公園，A-3 都市緑地，A-4 特殊公園，
　　　B 防災公園，C 国家的事業関連公園，大規模公園，自然再生緑地，
　　　D 低炭素まちづくり公園，E 地域づくり拠点公園
　　Ⅱ　防災緑地緊急整備事業
　　Ⅲ　特定地区公園事業
　　Ⅳ　公園事業特定計画調査

2. 都市公園安全・安心対策事業

市街地の防災に資する公園施設の整備や長寿命化計画に基づく公園施設の改築等，都市公園の安全・安心対策を行う事業
　都市公園安全・安心対策事業
　　Ⅰ　都市公園安全・安心対策緊急総合支援事業
　　Ⅱ　公園施設長寿命化対策支援事業
　　Ⅲ　公園施設長寿命化計画策定調査

3. 都市公園ストック再編事業

子育て支援，高齢社会，都市の集約化等に対応する都市公園ストックの機能や配置の再編を行う事業
　都市公園ストック再編事業

4. 市民農園等整備事業

緑地機能を有する生産緑地の保全活用を図り，都市公園となる市民農園の整備を行う事業
　市民農園事業

5. 緑地環境事業

地球温暖化対策等に資する緑地の整備や，市民緑地の整備，公共公益施設の緑化等，都市の環境改善に向けた緑地環境の形成を行う事業
　緑地環境事業
　　Ⅰ　吸収源対策公園緑地事業
　　Ⅱ　中心市街地活性化広場公園整備事業
　　Ⅲ　緑化重点地区総合整備事業
　　Ⅳ　市民緑地等整備事業
　　Ⅴ　ストック再生緑化事業

6. 古都保存・緑地保全等事業

古都における歴史的風土の保存や特別緑地保全地区等における緑地の保全を図るため，土地の買入れや施設の整備等を行う事業
　古都保存・緑地保全等事業
　　Ⅰ　古都保存事業
　　Ⅱ　緑地保全等事業

※平成 28 年 4 月 1 日時点

のとされている（法第3条）。

1-3-2　公園施設の種類，設置基準等

都市公園に公園の機能を阻害する施設が設けられないようにするため，都市公園に設置し得る公園施設の種類，設置基準等が規定されている（法第2条第2項，第4条）。

(1) 公園施設の種類

公園施設の種類としては，①園路および広場，②植栽，花壇，噴水，その他の修景施設で政令で定めるもの，③休憩所，ベンチその他の休養施設で政令で定めるもの，④ぶらんこ，すべり台，砂場その他の遊戯施設で政令で定めるもの，⑤野球場，陸上競技場，水泳プールその他の運動施設で政令で定めるもの，⑥植物園，動物園，野外劇場その他の教養施設で政令で定めるもの，⑦売店，駐車場，便所その他の便益施設で政令で定めるもの，⑧門，柵，管理事務所その他の管理施設で政令で定めるもの，⑨その他都市公園の効用を全うする施設で政令で定めるもの，とされている（法第2条第2項，都市公園法施行令第5条）。なお，政令においては，休養施設，遊戯施設，運動施設及び教養施設については，政令に直接定めるもののほか，地方公共団体の設置にかかる都市公園にあっては地方公共団体が条例で定めるもの，国の設置にかかる都市公園にあっては国土交通大臣が定めるものについてもそれぞれ休養施設，遊戯施設，運動施設及び教養施設とされている（令第5条）。これらの公園施設は，個々の都市公園の現状に応じて，当該都市公園の効用を全うするものに限り設置されることとなる。

(2) 公園施設の設置基準

公園施設であっても，都市公園の本来の機能を阻害するような形で設置することは認められない。このため，都市公園に公園施設として設けられる建築物の許容面積や特定の公園施設の設置の制限等について定められている。

1) 都市公園は，本来，屋外におけるレクリエーションの場であり，また災害時における避難地としても利用されるものであるから，できる限り空間地を確保する必要がある。したがって，このような都市公園内に公園施設として設けられる建築物の建築面積については一定の制限がなされており，原則として当該都市公園の敷地面積の2%を超えてはならないものとされている（法第4条）。

　ただし休養施設，運動施設，教養施設，災害応急対策に必要な施設等を設ける場合においては，その建築物の建築面積は，敷地面積の10%を限度としてこれを超えることができるものとされている。さらに，これらの施設のうち，景観法の規定により景観重要建造物として指定された建築物等については，20%を限度としてこれを超えることができるものとされている。また屋根付広場，壁を有しない雨天用運動場その他高い開放性を有する建築物については，さらに10%を限度として，これを超えることができることとされている。

　さらに，仮設公園施設（3か月を限度として臨時に設けられる建築物をいい，前述の建

築物を除く）を設ける場合には，当該仮設公園施設に限り，敷地面積の2%を限度として前述の制限面積をおのおの超えることができるものとされている（令第6条）。

2) 一定の公園施設については，それを都市公園に設置する場合には，次のように定められている（令第8条）。

①運動施設の敷地面積の総計は，当該都市公園の敷地面積の50%を超えてはならない
②メリーゴーラウンド，遊戯用電車等の遊戯施設で利用料金をとるものは5 ha以上，ゴルフ場（ゴルフ練習場を含む）は50 ha以上の都市公園でなければ設けてはならない
③分区園の一の分区の面積は，50 m²を超えてはならない
④宿泊施設を設ける場合は，当該都市公園の効用を全うするために特に必要があると認められる場合以外は設けてはならない
⑤その利用に伴い危害を及ぼすおそれがあると認められる公園施設については，柵その他危害を防止するために必要な施設を設けなければならない
⑥保安上必要と認められる場所には照明施設を設けなければならない

3) 公園管理者以外の者が設置する公園施設

公園施設は原則として公園管理者が設置するものであるが，売店，飲食店，宿泊施設等のように公園管理者が自ら設置または管理することが不適当または困難であると認められる公園施設および，公園管理者以外の者が設置または管理することが，都市公園の機能の増進に資すると認められる公園施設（平成16年法改正）については，公園管理者以外の者も公園管理者の許可を受けて設置し，または管理することができるものとされている（法第5条）。

1-3-3　都市公園の使用

都市公園の使用関係には，公園本来の目的に従って使用される一般使用と，公園の機能を阻害しない範囲で特定人に独占的な使用が認められる特別使用とがある。この特別使用は，さらに許可使用と特許使用とに分けられる。

（1）一般使用

都市公園は，散策，休息等の場として利用される本来的な目的を有するが，この目的に沿った使用であるならばほかの者との共同使用を妨げない限り公園管理者の許可を受けずに自由に使用することができる。このような使用は，道路，河川等の公共施設についても共通したものがあり，公物の自由使用といわれている。

（2）許可使用

集会や競技会の開催のように，公園の使用目的に必ずしも相反するものではないが，公園の秩序維持のために一般的に禁止または制限されている公園の使用を，一定の出願に基づいてその制限を解除し，その使用を許容するものである。後述の特許使用が使用権を設定するものであるのに対し，この使用は，公園利用者間の自由使用の調整という観点から捉えられるものである。

（3）特許使用（占用）

都市公園の特許使用とは，公園管理者が特定人に対し，排他・独占的な公園使用の権限を付与する形態のものをいう。この形態の使用には，①公園管理者以外の者が公園施設を設置または管理する場合，②公園管理者以外の者が公園を占用する場合とがあるが，ここでは公園の占用について述べることとする。

1) 都市公園に公園施設以外の工作物その他の物件または施設を設けて都市公園を占用しようとするときは，公園管理者の許可を受けなければならない（法第6条）。

2) 占用が認められる物件は，①電柱，電線，変圧塔その他これらに類するもの，②水道管，下水道管，ガス管その他これらに類するもの，③通路，鉄道，軌道，公共駐車場その他これらに類する施設で地下に設けられるもの，④郵便差出箱または公衆電話所，⑤非常災害に際し災害にかかった者を収容するために設けられる仮設工作物，⑥競技会，集会，展示会，博覧会その他これらに類する催しのために設けられる仮設工作物，⑦標識，⑧防火用貯水槽で地下に設けられるもの，⑨省令で定める水道施設，下水道施設，河川管理施設および変電所で地下に設けられるもの，⑩橋ならびに道路，鉄道および軌道で高架のもの，⑪索道および鋼索鉄道，⑫警察署の派出所およびこれに附属する物件，⑬天体，気象または土地観測施設，⑭工事用板囲い，足場，詰所その他の工事用施設，⑮土石，竹木，瓦その他の工事用材料の置場，⑯都市再開発法による市街地再開発事業の施行区域内の建築物に居住する者で施設建築物に入居することとなるものを一時収容するため必要な施設（省令で定める施設は除く），⑰その他都市公園ごとに地方公共団体の設置に係る都市公園にあっては当該地方公共団体が条例で定める仮設の物件または施設，国の設置に係る都市公園にあっては国土交通大臣が定める仮設の物件または施設（法第7条，令12条）。

1-3-4 兼用工作物の管理

（1）兼用工作物の管理

1) 都市公園と河川，道路，下水道その他の施設または工作物とが相互に効用を兼ねる場合においては，当該都市公園の公園管理者およびほかの工作物の管理については，第2条の3の規定（都市公園の管理）にかかわらず，協議して別にその管理の方法を定めることができる。ただし，ほかの工作物の管理者が私人である場合においては，都市公園の工事および維持以外の管理を行わせることができない（法第5条の2第1項）。

2) 兼用工作物の管理について協議が成立した場合においては，当該都市公園の公園管理者は，成立した協議の内容を公示しなければならない（法第5条の2第2項）。

（2）公園管理者の権限の代行

兼用工作物の管理に関する協議に基づきほかの工作物の管理者が都市公園を管理する場合においては，公園管理者は当該ほかの工作物の管理者に，公園管理者に代わってその権限を行わせることになる。ただし次の権限等は行わせることができない（法第5条の3，令10条）。

1) 国の設置に係る都市公園の設置および管理に要する費用の一部を都道府県に対して負担

させること
2) 都市公園の台帳を作成し，およびこれを保管すること

(3) 兼用工作物の管理に要する費用の負担

兼用工作物の管理に要する費用の負担については，公園管理者とほかの工作物の管理者とが協議して定める。

1-4 都市公園整備の推移と現況

1-4-1 都市公園等整備現況の推移

我が国の都市公園は，明治6年の太政官布達にさかのぼる140年以上の歴史を有するが，高度成長期以前までの都市には，農地，雑木林および社寺境内や個人の住宅の緑など，都市公園の機能の一部を代替する緑地等が多く残っていたこともあり，都市公園の整備は極めてゆるやかなテンポで進められてきた。昭和25年度末の都市公園は，2,596か所，13,630 ha であり，約20年後の昭和46年度末においても12,219か所，23,633 ha と，約20年間で約1万haの整備しかなされなかった。

高度経済成長とそれに伴う急激な都市化の進展は，都市が従来もっていた私的な緑とオープンスペースを急激に喪失させる結果を招いた一方，所得水準が欧米諸国に近づき，さらにそれを上回る水準に達するにつれて，生活環境・都市環境整備の立ち遅れが次第に強く国民各層に意識されるようになり，生活環境の改善に資する公共事業の推進が緊急の課題となってきた。

このような背景から，都市環境の形成にとって根幹的施設である都市公園の重要性に対する認識が急速に高まり，昭和47年度より，都市公園等整備緊急措置法（以下，「緊急措置法」とする）に基づく都市公園等整備五箇年計画が策定されることとなった。昭和47年度を初年度とする第1次都市公園等整備五箇年計画では，都市公園の急速な整備が進められ，昭和50年度までの4か年間で，明治以来昭和46年までの100年間に整備された面積の約1/3に相当する8,314 ha が整備された。

この成果を受け，昭和51年度より第2次，昭和56年度より第3次，昭和60年度より第4次，平成3年度より第5次さらに，平成8年度を初年度とする第6次都市公園等整備五箇年計画（その後七箇年計画となる）が策定され，本計画に基づく緊急かつ計画的な整備が平成14年度まで進められてきたところである。

6次にわたる都市公園等整備五（七）箇年計画に基づく31年間の都市公園整備の成果として，昭和46年度末と平成14年度末における全国の都市公園等整備状況（特定地区公園を含む）を比較すると

・箇所数：72,775箇所の増（昭和46年度末の約7倍）
・面　積：77,335 ha の増（昭和46年度末の約4.3倍）

となっている（**表1-5**を参照）。

平成15年度からは，「緊急措置法」に基づく都市公園等の緊急整備から，「社会資本整備重

表 1-5 都市公園整備の推移

計画期間		整備目標 (m²/人)	五箇年終了時		
			箇所数	面積（ha）	1人当たり面積（m²/人）
第 1 次	昭和 47〜50	4.2	21,238	31,947	3.4
第 2 次	昭和 51〜55	4.5	34,117	42,507	4.1
第 3 次	昭和 56〜60	5.0	48,073	54,681	4.9
第 4 次	昭和 61〜平成 2	5.7	59,324	67,254	5.8
第 5 次	平成 3〜7	7.0	69,745	80,683	7.1
第 6 次	平成 8〜14	9.5	84,994	100,968	8.5

（注） 第 6 次については五箇年計画から七箇年計画へ変更

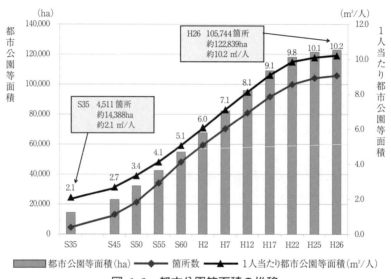

図 1-2 都市公園等面積の推移
（数値は全て年度末の値）

点計画法」に基づく効率的・効果的な成果重視の政策運営へと転換が図られたところである。今後は，都市公園整備とともに，緑地保全施策，都市緑化施策，さらには道路，河川，港湾等ほかの事業との連携の推進により，都市における緑とオープンスペースの確保の推進を図る必要がある。

1-4-2 平成 26 年度末都市公園等整備現況調査の結果

平成 26 年度末における都市公園等面積合計は約 122,839 ha（カントリーパーク含む）と 25 年度末と比べて約 1,366 ha 増加した。その結果，都市公園法が昭和 31 年に制定され，都市公園の統一的な実績調査を始めた昭和 35 年当時には 2.1 m²/人であった 1 人当たり都市公園等面積は約 10.2 m²/人（カントリーパーク含む）となった（図 1-2）。

種別ごとの内訳を見ると，最も小規模な街区公園が箇所数では約 8 割を占め，近隣公園，地区公園も含め住区基幹公園で約 9 割を占める（表 1-6）。

都市の人口規模別に都市公園の整備状況を見ると，1 人当たり都市公園面積を指標とした場合，大都市ほど水準が低く，人口規模の小さい都市ほど水準が高い傾向がある（図 1-3）。一

表 1-6 平成 26 年度末 種別ごと都市公園等整備現況

	箇所数	面積 (ha)	備考
住区基幹公園	92,088	33,611	
街区公園	84,699	13,777	
近隣公園	5,623	10,077	
地区公園	1,766	9,757	カントリーパーク含む
	(180)	(1,390)	（　）内の数字はカントリーパークを示す
都市基幹公園	2,146	37,785	
総合公園	1,339	25,270	
運動公園	807	12,515	
大規模公園	215	15,133	
広域公園	209	14,572	
レクリエーション都市	6	561	
緩衝緑地等	11,278	32,420	
特殊公園	1,337	13,780	
緩衝緑地	223	1,739	
都市緑地	8,336	15,309	
都市林	137	516	
広場公園	306	155	
緑道	939	922	
国営公園	17	3,889	
合　計	105,744	122,839	整備水準 10.2 m²/人

(注) 都市公園等とは，「都市公園法」に基づき国または地方公共団体が設置する都市公園，および都市計画区域外において都市公園に準じて設置されている特定地区公園（カントリーパーク）を指す

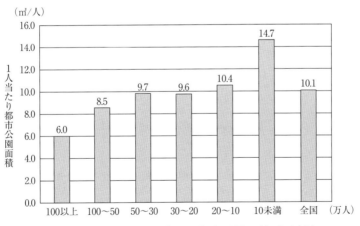

図 1-3 都市規模別 1 人当たり都市公園面積（m²/人）

方，市街地等（市街化区域および未線引きの都市計画区域における用途地域）に対する公園面積率を指標とすると，人口規模が大きい大都市の方が高くなる傾向となっている（図1-4）。

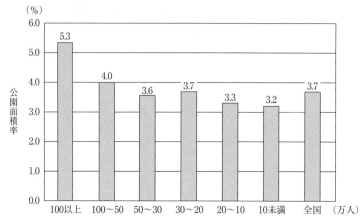

図 1-4 都市規模別市街地に対する都市公園面積率(%)

1-4-3 社会資本整備重点計画

（1）社会資本整備重点計画法について

社会資本整備重点計画法（平成 15 年 4 月 1 日施行）は，社会資本整備事業を重点的・効果的かつ効率的に推進するため，社会資本整備重点計画の策定等の措置を講ずることにより，交通の安全の確保とその円滑化，経済基盤の強化，生活環境の保全，都市環境の改善および国土の保全と開発を図り，もって国民経済の健全な発展および国民生活の安定と向上に寄与することを目的に，これまでの社会資本整備事業（道路，交通安全施設，鉄道，空港，港湾，航路標識，公園・緑地，下水道，河川，砂防，地すべり，急傾斜地，海岸および各事業と一体となってその効果を増大させるために実施される事務または事業）に関する分野別計画を一本化した「社会資本整備重点計画」の策定を行うものである。

また，都市公園・緑地保全関係事業については，本法律により，従来の五箇年計画で対象としていた都市公園および特定地区公園の整備に加えて，「都市における緑地の保全に関する事業」が社会資本整備事業として位置付けられた。

社会資本整備重点計画法（抜粋）

（定義）
第二条　この法律において「社会資本整備重点計画」とは，社会資本整備事業に関する計画であって，第四条の規定に従い定められたものをいう。
2　この法律において，「社会資本整備事業」とは，次に掲げるものをいう。
　七　都市公園法（昭和三十一年法律第七十九号）第二条第一項に規定する都市公園その他政令で定める公園又は緑地の新設又は改築に関する事業及び都市における緑地の保全に関する事業

（2）社会資本整備重点計画（第 4 次計画）の策定について

社会資本整備重点計画法に基づき，社会資本整備事業を重点的・効果的かつ効率的に推進するために策定する社会資本整備重点計画（第 4 次計画）が平成 27 年 9 月 18 日に閣議決定され

ている。道路，交通安全施設，空港，港湾，航路標識，公園・緑地，下水道，河川，砂防，地すべり，急傾斜地および海岸ならびにこれら事業と一体となってその効果を増大させるため実施される事務または事業を対象としており，期間は平成27年度から平成32年度までとされている。

当該計画においては，厳しい財政制約の下，社会資本のストック効果が最大限に発揮されるよう，集約・再編を含めた戦略的メンテナンス，既存施設の有効活用（賢く使う取組み）に重点的に取り組むとともに，社会資本整備の目的・役割に応じて，「安全安心インフラ」，「生活インフラ」，「成長インフラ」について，選択と集中の徹底を図ることとされている。

社会資本整備重点計画（抜粋）

①構成
第1章　社会資本をめぐる状況の変化と基本戦略の深化
〔社会資本整備が直面する4つの構造的課題，持続可能な社会資本整備に向けた基本方針〕
第2章　社会資本整備の目指す姿と計画期間における重点目標，事業の概要
〔社会資本の戦略的な維持管理・更新，災害等のリスク低減，持続可能な地域社会の形成，民間投資の誘発の4つの重点目標と13の政策パッケージについて，それぞれにKPI｛重点施策を測定するための代表的な指標｝を設定し，現状と課題，中長期的に目指す姿，計画期間における重点施策等を記載〕
第3章　計画の実効性を確保する方策（事業評価，フォローアップ等について記載）
②公園緑地関係の主な指標の定義

以降（表1-7）に同計画の抜粋を示す。

表 1-7　社会資本整備重点計画（抜粋）

重点施策	指　　標
（定期的な点検管理の実施）	
・メンテナンスサイクルの第一段階として，点検が確実に実施されていることを把握・見える化することで，確実にメンテナンスサイクルを回すことができる体制を構築	・点検実施率 　各事業分野で計画期間中100%の実施を目指す（道路（橋梁），道路（トンネル），河川，ダム，砂防，海岸，下水道，港湾，空港（空港土木施設），鉄道，自動車道，航路標識，公園（遊具），官庁施設，観測施設）
・国民の財産である道路について，適正利用者にはより使いやすく，道路を傷める重量制限違反車両を通行させる悪質違反者に対しては指導や処分を厳格に実施するなど，メリハリの効いた取組を実施	
（個別施設ごとの長寿命化計画（個別施設計画）の策定・実施）	
・各社会資本の管理者は，各施設の特性や維持管理・更新等に係る取組状況等を踏まえつつ，メンテナンスサイクルの核となる個別施設計画を平成32年度までに策定し，これに基づき戦略的な維持管理・更新等を推進	〔KPI-1〕 ・個別施設ごとの長寿命化計画（個別施設計画）の策定率 　道路（橋梁） 　　　H26年度　―　→　H32年度　100%

表 1-7 （つづき）

重点施策	指　　　標
・長寿命化計画の策定を防災・安全交付金による支援の要件とするなど，各地方公共団体が管理する社会資本の老朽化対策が着実に進展するような取組を推進	道路（トンネル） 　　　　H 26 年度　　—　　→ H 32 年度　100% 河川　　H 26 年度　88%　→ H 28 年度　100% 　　　　　　　　　　　　　　　　〔国，水資源機構〕 　　　　H 26 年度　83%　→ H 32 年度　100% 　　　　　　　　　　　　　　　　〔地方公共団体〕 ダム　　H 26 年度　21%　→ H 28 年度　100% 　　　　　　　　　　　　　　　　〔国，水資源機構〕 　　　　H 26 年度　28%　→ H 32 年度　100% 　　　　　　　　　　　　　　　　〔地方公共団体〕 砂防　　H 26 年度　28%　→ H 28 年度　100% 　　　　　　　　　　　　　　　　　　　　〔国〕 　　　　H 26 年度　30%　→ H 32 年度　100% 　　　　　　　　　　　　　　　　〔地方公共団体〕 海岸　　H 26 年度　1%　→ H 32 年度　100% 下水道　H 26 年度　—　　→ H 32 年度　100% 港湾　　H 26 年度　97%　→ H 29 年度　100% 空港（空港土木施設） 　　　　H 26 年度　100%　→ H 32 年度　100% 鉄道　　H 26 年度　99%　→ H 32 年度　100% 自動車道　H 26 年度　0%　→ H 32 年度　100% 航路標識　H 26 年度　100%　→ H 32 年度　100% 公園　　H 26 年度　94%　→ H 28 年度　100% 　　　　　　　　　　　　　　　　　　　　〔国〕 　　　　H 26 年度　77%　→ H 32 年度　100% 　　　　　　　　　　　　　　　　〔地方公共団体〕 官庁施設　H 26 年度　42%　→ H 32 年度　100%
・個別施設計画に基づくメンテナンスサイクルの構築と着実な取組の継続により，各施設の健全度を維持・向上させ，老朽化に起因する重要インフラの重大事故をゼロにすることを推進	
・交通安全施設等の維持管理・更新等を着実に推進するため，警察庁インフラ長寿命化計画に即して，交通安全施設等の整備状況を把握・分析した上で，老朽施設の更新等を推進	・老朽化した信号機の更新数 　　　　　　　H 32 年度までに約 43,000 基
（維持管理・更新等のコストの算定）	
・維持管理・更新等に係るコストの縮減・平準化を図るためには，中長期的な将来の見通しを把握し，それを一つの目安として，戦略を立案し，必要な取組を進めていくことが重要 　そのため，個別施設計画において維持管理・更新等に係るコストを算定することを推進	・維持管理・更新等に係るコストの算定率（※） 道路（橋梁） 　　　　H 26 年度　—　　→ H 32 年度　100% 道路（トンネル） 　　　　H 26 年度　—　　→ H 32 年度　100% 河川　　H 26 年度　—　　→ H 30 年度　100% 　　　　　　　　　　　　　　　　〔国，水資源機構〕 　　　　H 26 年度　—　　→ H 32 年度　100% 　　　　　　　　　　　　　　　　〔地方公共団体〕 ダム　　H 26 年度　—　　→ H 28 年度　100%

表 1-7 （つづき）

重点施策	指　標
	〔国，水資源機構〕 　　　　　H 26 年度　　—　　→ H 32 年度　100% 〔地方公共団体〕 砂防　　H 26 年度　　—　　→ H 28 年度　100% 〔国〕 　　　　　H 26 年度　　—　　→ H 32 年度　100% 〔地方公共団体〕 海岸　　H 26 年度　　0%　→ H 32 年度　100% 下水道　H 26 年度　　—　　→ H 32 年度　100% 港湾　　H 26 年度　31%　→ H 32 年度　100% 空港（空港土木施設） 　　　　　H 26 年度　100%　→ H 32 年度　100% 鉄道　　H 26 年度　99%　→ H 32 年度　100% 自動車道 H 26 年度　　0%　→ H 32 年度　100% 航路標識 　　　　　H 26 年度　100%　→ H 32 年度　100% 公園　　H 26 年度　94%　→ H 28 年度　100% 〔国〕 　　　　　H 26 年度　77%　→ H 32 年度　100% 〔地方公共団体〕 官庁施設　H 26 年度　42%　→ H 32 年度　100% ・個別施設計画において，計画期間内に要する対策費用の概算を整理することとしている
（メンテナンスにおける PPP の活用）	
・都市再生と連携した首都高速道路など高速道路の老朽化対策の具体化に向けた取組を推進	
（維持管理体制の構築）	
・社会資本の安全を確保するため，国の職員はもとより，地方公共団体等の職員を対象とした研修や講習を実施し，職員の技術力向上を推進	・維持管理に関する研修を受けた職員のいる団体 道路　　H 26 年度　約 24% 　　　　　　　　　　　　→ H 32 年度　約 85% 下水道 　　　　　H 26 年度　約 50 団体 　　　　　　　　　　　　→ H 32 年度　約 1,500 団体 ・国及び地方公共団体等で維持管理に関する研修を受けた人数 道路　　H 26 年度 1,151 人 → H 32 年度 5,000 人 河川　　H 26 年度　　499 人 → H 32 年度 3,000 人 ダム　　H 26 年度　　301 人 → H 32 年度 2,200 人 砂防　　H 26 年度　　115 人 → H 32 年度　 690 人 港湾　　H 26 年度　　 64 人 → H 32 年度　 400 人 空港（空港土木施設） 　　　　　H 26 年度　　 38 人 → H 32 年度　 280 人 鉄道　　H 26 年度　　 53 人 → H 32 年度　 250 人 航路標識 　　　　　H 26 年度　　 22 人 → H 32 年度　 52 人 公園　　H 26 年度　　 38 人 → H 32 年度　 280 人

表 1-7 （つづき）

重点施策	指　標
	官庁施設 　H26年度 2,176人 　　　　　→ H32年度 14,000人程度
・橋梁補修用の歩掛の新設，維持修繕に関する歩掛の改定など，施工実態がより正確に反映されるよう積算基準を新設・改定し，維持補修に関係する積算基準の見直しによる適正な価格等の設定に向けた取組を推進	
・点検・診断，補修・修繕の民間事業者への包括的委託の活用	
・点検・診断等を実施する際の人員・技術力の確保のため，業務を実施する際に必要となる能力や技術を，国が施設分野・業務分野ごとに明確化するとともに，関連する民間資格について評価，登録し，それにより点検・診断等の一定の水準の確保や，社会資本の維持管理に係る品質の確保を推進	
・施設の管理者のみでは対応困難な施設については，必要に応じて道路における「直轄診断」等の国や都道府県等による技術的アドバイスや権限代行制度の活用等による支援の仕組みを構築 　また，地域での一括発注を行うこと等によりマスメリットを活かした効率的な維持管理を行う	
（情報基盤の整備と活用）	
・点検・診断，修繕・更新等のメンテナンスサイクルの取組を通じて，最新の劣化・損傷の状況や，過去に蓄積されていない構造諸元等の情報を収集し，それを国，地方公共団体等を含め確実に蓄積するとともに，一元的な集約化を図り，それらの情報を利活用し，目的に応じて可能な限り共有・見える化していくことを推進	・基本情報，健全性等の情報の集約化・電子化の割合 　　　各事業分野で計画期間中100％を目指す 　　（道路，河川，ダム，砂防，海岸，下水道，港湾，空港（空港土木施設），鉄道，航路標識，公園，官庁施設，観測施設）
（新技術の開発・導入）	
・社会資本の老朽化対策を進め，社会資本の安全性・信頼性を確保するため，技術開発や新技術の導入を積極的に推進	〔KPI-2〕 ・現場実証により評価された新技術 　　H26年度 70件 → H30年度 200件
・社会資本のモニタリング技術については，管理ニーズの体系的整理，管理ニーズと技術シーズのマッチングを行った上で，異分野の技術も含めて施設ごとに現場を活用して実証試験を実施し，耐久性・安全性・経済性等の検証，得られたデータと施設の状態との関係の分析等を通じて，管理ニーズからみた有効性を明らかにすることにより，技術研究開発等を促進 ・ロボット技術について，現場ニーズと異分野技術を含めた技術シーズのマッチングを行い，民間や大学等のロボットを公募し，現場での検証・評価を通じて，有用なロボットを国土交通省が実施する事業の現場へ先導的に導入することにより，技術研究開発を促進	
（公共施設等のバリアフリー化）	
・地域の実情に鑑み，高齢者，障害者等の利用の実態等を踏まえた上での，1日当たりの平均的な利用者数が3,000人以上の旅客施設における優先的なバリアフリー化	・一定の旅客施設のバリアフリー化数 　（段差解消） 　　H25年度　2,992施設 → H32年度　3,590施設 　（視覚障害者誘導用ブロックの整備） 　　H25年度　3,342施設 → H32年度　3,590施設 　（障害者対応型便所の設置） 　　H25年度　2,689施設 → H32年度　3,358施設

表 1-7 （つづき）

重点施策	指　標
	〔KPI-21〕 ・全ての一定の旅客施設の1日当たり平均利用者数に占める段差解消された一定の旅客施設の1日当たり平均利用者数の割合 　　H 25 年度　約 91％ → H 32 年度　約 100％
・視覚障害者を始め，全ての駅利用者のホームからの転落を防止するためのバリアフリー設備として，特に1日当たりの平均的な利用者数 10 万人以上の鉄軌道駅におけるホームドア整備又は内方線付き JIS 規格適合の点状ブロックによる転落防止設備の優先的な整備 ・車両扉位置の相違やコスト低減等の課題に対応可能な新たなタイプのホームドアの技術開発	〔KPI-16〕（再掲） ・ホームドアの整備駅数 　　H 25 年度　583 駅 → H 32 年度　800 駅
・都市公園における園路及び広場，駐車場，便所のバリアフリー化	〔KPI-21〕 ・都市公園における園路及び広場，駐車場，便所のバリアフリー化率 （園路及び広場） 　　H 25 年度　49％ → H 32 年度　60％ 　　（43,780 公園） → （53,933 公園） （駐車場） 　　H 25 年度　44％ → H 32 年度　60％ 　　（3,716 公園） → （5,020 公園） （便所） 　　H 25 年度　34％ → H 32 年度　45％ 　　（11,642 公園） → （15,515 公園）
・特定路外駐車場のバリアフリー化	〔KPI-21〕 ・特定路外駐車場のバリアフリー化率 　　H 25 年度　53.5％ → H 32 年度　約 70％ 　　（1,901 施設） → （2,485 施設）
・高齢者や障害者等が安全に安心して参加し活動できる社会を実現するための歩行空間のバリアフリー化	〔KPI-21〕 ・特定道路におけるバリアフリー化率 　　H 25 年度　約 83％ → H 32 年度　100％
・主要な生活関連経路を構成する全ての道路における，バリアフリー対応型信号機，道路標示等の交通安全施設等の整備	〔KPI-21〕 ・主要な生活関連経路における信号機等のバリアフリー化率 　　H 26 年度　約 98％ → H 32 年度　100％
・不特定多数の者等が利用する一定の建築物のバリアフリー化	（参考）〔KPI-21〕 ・不特定多数の者等が利用する一定の建築物のバリアフリー化率 　　H 25 年度　約 54％ → H 32 年度　約 60％

表 1-7 （つづき）

重点施策	指　標
（コンパクトな集積拠点の形成等）	
・都市の中心拠点や生活拠点に，居住や医療・福祉・商業等の生活サービス機能を誘導するとともに，公共交通の充実を図ることにより，コンパクトシティの形成を推進	〔KPI-17〕 ・立地適正化計画を作成する市町村数 　　　　　　　　　　H 32 年　150 市町村 ・地域公共交通網形成計画の策定総数 　　　　　　　　　　H 32 年　100 件
・コンパクトシティの実現を図るため，都市・地域における安全で円滑な交通を確保し，徒歩，自転車，自動車，公共交通等の多様なモードが連携した，総合的な都市交通システムの構築を推進	〔KPI-18〕 ・公共交通の利便性の高いエリアに居住している人口割合 （三大都市圏）　H 26 年度　90.5% 　　　　　　　→ H 32 年度　90.8% （地方中枢都市圏） 　　　　　　　H 26 年度　78.7% 　　　　　　　→ H 32 年度　81.7% （地方都市圏）　H 26 年度　38.6% 　　　　　　　→ H 32 年度　41.6%
・地域において安全で快適な移動を実現するため，通勤や病院等の日常の暮らしを支える生活圏の中心部につながる道路網や，救急活動に不可欠な道路網の整備を推進するとともに，隘路の解消を図るため現道拡幅及びバイパス整備等を推進	・都市計画道路（幹線街路）の整備率 　　　　H 24 年度　62% → H 32 年度　67%
・駅前広場等の交通結節点の整備や，LRT，バス走行空間の改善等の整備等を支援	・低床式路面電車の導入割合 　　　　H 25 年度　24.6% → H 32 年度　35%
・まちづくりと一体的となった駅の総合的な改善や子育て支援設備等の生活支援機能の付与による鉄道駅の地域総合拠点化	
・「道の駅」やスマート IC 等の活用による拠点の形成	
・人口減少等を踏まえた持続的な汚水処理システム構築 　（生活排水処理に係る下水道は，人口減少等に対応し，集落排水，浄化槽等他の汚水処理施設との適切な役割分担の下，効率的な整備を実施。また，時間軸の概念に基づき既存ストックの活用や施設の統廃合，汚泥の利活用など段階的に効率的な管理運営を推進）	〔KPI-19〕 ・持続的な汚水処理システム構築に向けた都道府県構想策定率 　　　　H 26 年度　約 2% → H 32 年度　100%
・公営住宅について老朽化ストックの建替えの機会を捉え，地域のニーズを踏まえつつ，事業主体の判断により，機能更新や集約・再編等を推進	
・都市公園について，地域のニーズを踏まえた新たな利活用や都市の集約化に対応した再編を推進	
・国公有財産の最適利用の観点を踏まえつつ，公共施設等の集約化・活用を推進	
（連携中枢都市圏等による活力ある経済・生活圏の形成）	
・道路ネットワークによる地域・拠点の連携確保	〔KPI-20〕（再掲） ・道路による都市間速達性の確保率 　　　H 25 年度　49% → H 32 年度　約 55%

表 1-7 （つづき）

重点施策	指 標
・ITSの活用，信号機の改良等により，より円滑な道路交通を実現	・信号制御の改良による通過時間の短縮 　H32年度までに対策実施箇所において約5千万人時間／年短縮
・地域鉄道の安全性向上・活性化（通勤・通学等の日常生活に欠かせない公共交通機関である地域鉄道について，安全性向上に資する設備整備や利便性向上のための施設整備等を支援）	・鉄道事業再構築実施計画（鉄道の上下分離等）の認定件数　H25年度　4件　→　H32年度　10件
（美しい景観・良好な環境形成）	
・地域の特性にふさわしい良好な景観形成等の推進	〔KPI-22〕 ・景観計画に基づき取組を進める地域の数（市区町村数） 　H26年度　458団体　→　H32年度　約700団体 ・全国の港湾・河川区域等における放置艇隻数 　H26年度　8.8万隻　→　H34年度　0隻
・歴史文化を活かしたまちづくりの推進（歴史的風致維持向上計画の策定）	・歴史的風致の維持及び向上に取り組む市町村の数 　H26年度　49団体　→　H32年度　約110団体
・観光地の魅力向上，歴史的街並みの保全，伝統的祭り等の地域文化の復興等に資する無電柱化の推進	〔KPI-4〕（再掲） ・市街地等の幹線道路の無電柱化率 　　　H26年度　16%　→　H32年度　20%
・歴史や文化，風土など多様性や四季の変化に富んだ地域の個性を活かした美しい国づくりを目指し，修景・緑化等を推進	
・沿道環境の改善（環境基準を達成していない地域を中心に，沿道環境の改善を図るため，バイパス整備による市街地の通過交通の転換等を推進）	
（失われつつある自然環境の保全・再生・創出・管理）	
・都市域において水と緑豊かで魅力ある良好な都市環境を整備するため都市公園等の整備等を推進し，水と緑のネットワークの形成を推進	〔KPI-23〕 ・都市域における水と緑の公的空間確保量 　H24年度　12.8㎡/人 　　　　　　　　　　→　H32年度　14.1㎡/人
・過去の開発等により失われた多様な生物の生息・生育環境である湿地について，地域の多様な主体と連携しつつ，再生等を推進することにより，生態系ネットワークを形成するとともに，地域の活性化を目指す	・河川を軸とした多様な生物の生息・生育環境を保全・再生する生態系ネットワーク形成に向けた取組（特に重要な水系における湿地の再生の割合） 　H26年度　約4.8割　→　H32年度　約7割 （広域的な生態系ネットワークの構築に向けた協議会の設置及び方針・目標の決定） 　H26年度　38%　→　H32年度　100%
・藻場・干潟の造成や深掘り跡の埋め戻し等により，良好な海域環境を保全・再生・創出	
・「グリーンインフラ」の取組推進による持続可能で魅力ある国土づくりや地域づくり	
（健全な水循環の維持又は回復）	
・湖沼や閉鎖性海域等の公共用水域における，既存の下水道施設の一部改造，運転管理の工夫による段階的高度処理を含む高度処理の導入及び放流先の水域の状況に応じた順応的な水質管理等を通じた水質改善の推進	・良好な水環境創出のため高度処理実施率 　　H25年度　約41%　→　H32年度　約60%

表 1-7 （つづき）

重点施策	指　標
・人口減少等の社会情勢の変化を踏まえつつ，汚水処理の早期概成に向けて，地域の実情に応じた最適な汚水処理施設の整備を推進	〔KPI-24〕 ・汚水処理人口普及率 　　H25年度　約89％　→　H32年度　約96％
・計画的な水資源の開発，渇水対策，雨水・再生水利用の促進など，健全な水循環の維持又は回復に向けた取組の推進	
・よどみの発生や付着藻類の剥離・更新が行われにくくなるなどしているダム下流河川の環境の改善	

第2章 公園緑地の維持管理

2-1　公園緑地の維持管理の基本的事項

2-1-1　維持管理の範囲

公園緑地の維持管理について，その目的・内容等の基本的事項とともに，ハード面の維持管理およびソフト面の運営管理について述べるものである。

（1）維持管理の目的

維持管理は，利用者に利便や快適さを与え，しかも安全かつ適正に公園緑地の機能を維持するために行われる技術的管理行為をさす。公園緑地の分野が広くなり，その内容が多様化する動向の中で，公園緑地の維持管理に当たっては的確にその目的を捉える必要がある。

公園緑地の機能は，環境サイドと生活サイドに分けられる。環境サイドには，植物，動物，水などの自然供給機能と，環境調節，自然保護，文化財保護などの環境保護機能とがあり，生活サイドには観賞，休養，スポーツなどのレクリエーション機能と，象徴，歴史，避難などの社会的機能とがあり，公園緑地が設置され，そのサービスを開始すると同時に維持管理が始まる。

また，公園緑地が計画・整備され，機能を開始した場合，その計画に基づいて，最も良好にその機能を維持することが維持管理の目的であり，公園緑地が何のために設けられたか，常にフィードバックを行う必要がある。

（2）維持管理の内容

公園施設は，都市公園の効用を全うするため，園内に設けられる施設の総称であり，その種類は，①園路および広場，②植栽，花壇，噴水，その他の修景施設，③休憩所，ベンチその他の休養施設，④ぶらんこ，すべり台，砂場その他の遊戯施設，⑤野球場，陸上競技場，水泳プールその他の運動施設，⑥植物園，動物園，野外劇場その他の教養施設，⑦売店，駐車場，便所その他の便益施設，⑧門，柵，管理事務所その他の管理施設，⑨その他都市公園の効用を全うする施設に大別できる。

公園緑地における維持管理の特性は，土木，建築，設備の維持管理のみならず，樹木，芝・草花等の生命のある植物を主として取り扱いながら，機能を維持し，目的を全うするために行われるということにある。

維持管理の範囲には，定期的な巡回点検，清掃，公園施設の機能を発揮するのに必要な手入れ，補修と，それに伴う各種の作業だけではなく，植物自身の生育，構造物自身の機能の衰え，利用者の精神的・物質的生活の変化，社会構造や自然的要素の移り変わりなどによって，施設は常にその価値を変えるため，社会的変化に対応するための改良，あるいは改造まで維持管理上の全ての行為が含まれる。

2-1-2 維持管理計画

(1) 維持管理計画の条件

維持管理計画を策定する場合に必要な条件は，環境条件，施設条件，その他の条件に大別できる。

1) 環境条件としては，土壌，土質，地形，温度，湿度，雨量，積雪，日照，潮風などの自然条件および利用頻度などの人為条件による種々の影響を考慮する
2) 施設条件としては，管理対象施設の種類，設置目的（意図），形態，規模，材質，数量，権利，設置経過などを十分に把握する
3) その他の条件としては，制度，組織，予算，財源などの維持管理体制を考慮する

以上，3条件を考慮し策定する必要がある。

維持管理計画の策定に当たって重要なことは，公園緑地の維持すべき機能の確認である。それらの機能の確認は，計画，設計，施工の段階を経て，管理段階でサービスを開始することにより行われるため，サービスを開始する前には，これら条件および，利用者等にどのような影響を与えるかフィードバックを行い，明らかに不合理な場合は維持管理条件の改善を行う必要がある。

本来，維持管理計画は，計画段階で施設計画と並行して立案しておくことが望ましい。

(2) 維持管理の時間的計画

維持管理の時間的計画には，日間あるいは月間単位のもの，年間単位のもの，数年から数十年の多年度にわたるもの等があり，時間的なオーダーによって，段階的に計画していくことが望ましい。

日間あるいは月間単位の短時日の維持管理計画は，巡回点検，清掃，観察による定期的維持管理が対象になり，これらの計画に基づいて，日々の作業計画が行われる。公園施設の機能維持と安全確保を全うするために不可欠な業務は，定期的な点検である。

年間単位の維持管理計画は，樹木の剪定，整姿，芝の刈込みや施設の保守・点検等が対象になり，年間の気候と植物生理，利用状況などを考慮して策定する。

数年から数十年の多年度にわたる長期的な維持管理計画は，枯損を生じた植物や利用者に傷められた植物の補植，施設のペンキ塗替え，各施設の補修・改良などが対象になり，公園施設の種類により耐用年限を定め，補修・改良の計画を策定する。

公園緑地は，一つの生きたシステムであり，利用を開始した時点での機能が完全にそのまま維持されていくことはあり得ないが，維持管理計画を策定するに当たっては，各施設の規模，構造，位置などが適正であるか，利用者の需要，形態，意識などが変化していないか等を調査し，フィードバックを行い，公園緑地の目的や機能が十分発揮できるよう心掛ける必要がある。

(3) 年間作業計画

年間作業計画を立て，公園緑地の管理作業を実施するには，作業項目をグルーピングし，最

表 2-1 植込地管理年間標準作業の例 (東京都資料より作成)

作業種目	内容	4	5	6	7	8	9	10	11	12	1	2	3	摘要
樹木手入れ	落葉樹剪定				━	━			━	━	━	━		
樹木手入れ	常緑樹剪定		━	━		━	━				━	━		
株物手入れ	刈込み		━	━				━	━					
草刈り	草丈に応じて随時行う		━	━	━	━	━	━					━	
施肥		━	━							━	━	━		
灌水	植えた直後樹勢の衰えた木異常渇水時のみ													
病虫害防除	発生の都度随時		━	━	━	━	━		━	━	━			アブラムシ・アメヒト・ウドンコ病 カイガラムシ
控木取替	結束直しその他					━	━	━	━	━				
補植			━	━					━	━	━	━		常緑樹 / 落葉樹

小の経費で最大の効果をあげることができるよう,作業適期の選定を行う必要がある。

1) 作業項目のグルーピング

　全ての公園緑地の作業項目を,迅速適切にしかも合理的に,もれなく管理していくことは,非常に困難を伴うため,まず最初に全ての作業項目を,定期的作業,不定期的作業,臨時的作業ごとにグルーピングしてみる。

　定期的作業には,点検,清掃,植物(樹木芝生,花壇など)の手入れ,塗装の塗替え,取替え,改良などが多く,不定期的作業には,枯損木の撤去,植物の補植,控木の取替え,構造物の補修,増設などが主として含まれる。

　臨時的作業には,異常な人出による清掃,台風,地震などの災害により復旧を要する作業,必要が生じた場合に行う植物の手入れ,構造物の補修,取替えなどがある。

2) 最小経費であげる最大効果

　管理費用を有効に使用し,最大の効果をあげるには,作業項目の必要度のランク付け(優先順位)を行い,それに従って作業項目を選択し,作業スケジュールを立てるとともに必要度の優先順位に基づいて適切な管理が実行できるよう作業の単純化,省力化を図ることも必要である。

3) 作業適期の選定

　管理作業は，植物が持っている生理機構や萌芽，伸長，肥大，充実といった生活のパターンを十分認識して，それぞれの管理作業が植物の生理なり生活の型に反しないようにする。また，季節的変動のある施設については，年間の気候や利用状況などを考慮して，管理作業実施の時期，方法を選ばなければならない。

　管理作業の実施に先立って，一般利用者の安全性を確保するための配慮も，管理作業スケジュールに盛り込むようにし，実施に際しては，作業項目の目的，効果をはっきりつかんで，適切な管理効果が得られるようにすることが大切である。

2-1-3　維持管理の執行

　公園施設は，きわめて多種多様にわたり，それらの施設の機能を十分発揮できるようにするためには，施設が破損を生じてから対応するのではなく，前もって対応するよう絶えず施設を巡回点検し，施設の破損を発見した場合には，ただちに応急的な処置をする。さらに破損の著しい場合には，破損の原因を十分調査した上で，本格的な工事を施すようにする。

（１）巡回点検と応急処置

1) 巡回点検

　維持管理において重要なことは，公園施設としての機能（性能）の維持と安全の確保であり，これらを全うするために必要不可欠な業務は，定期的な巡回点検である。利用頻度，立地条件，管理方針等を考慮し，点検を行う。

　点検は大きく分けて，次の三つの観点から行うようにする。

　①機能性の確認
　②安全性の確認
　③快適性の確認

　また，思いもよらない事故等が起こる可能性があるため，もっと広い視野から年１～２回の総点検を行う必要もある。

2) 応急処置

　巡回点検中，危険な状態，不備な点などを発見したならば迅速にこれを処置することが維持管理上重要な点であって，「このくらいのことは」という安易な考え方で看過するのは，危険であるばかりでなく，善良な管理を怠る結果ともなりかねない。簡易なものについては，手持ちの資材や労力で即座に修理を終えるようにするが，手に余るものは，仮修理，立入り禁止，その他必要な応急処置を施すと同時に，これに対する補修方法等を検討する。

　巡回点検，応急処置の結果は，管理日誌などに記載しておくようにしなければならない。

（２）施設の整備補修

　巡回点検の結果，機能，性能，構造，形態の欠陥あるいは危険が予想される施設については，それらの欠陥除去のための補修をしなければならない。

表 2-2 公園維持管理作業の業務例

管理機能	作業	単位作業
監視	園地巡回	利用状況把握 安全指導・利用者サービス 不正使用の排除 事故報告・処理
監視	施設点検	破損・危険箇所調査 応急処置 植物繁茂状況調査 雑草・汚れ等の発見 プール点検
監視	委託作業監督補佐整理事務	日誌・連絡
施設維持	清掃・除草	定期的清掃除草 局所随時の清掃除草
施設維持	植物維持	樹木の季節的手入れ 樹木の随時手入れ（支障枝葉剪除等） 施肥 灌水 病虫害防除 病虫害防除（突発多発生の場合） 控木補修 支障木・虫付木処理 枯損木除去 補植 ラベル取付け 寄贈木の受入れ
施設維持	施設補修	遊具等の補修 ベンチ・屑籠（くずかご）等補修 園灯・水栓等設備補修 園路広場補修 臨時柵・立札 建物補修 給排水系統点検補修 池水調節 塗装 金網・防虫網補修 シェルター・砂場補修 小規模な工作・修理

　施設は，老朽度，利用の状況などに応じて，交換，補充，改良を考慮するが，特に利用の実態を十分把握してからとりかかる。

　維持管理の際の留意点は以下のとおりである。

1) 維持補修工事の実施に当たっては，利用面を考慮し，利用の少ない時期を選び季節に応じて実施するとともに，施工に当たっては安全設備を設けるなど，利用者の安全を十分考

慮しなければならない。
2) 維持補修工事について，周辺住民の理解と協力が得られるよう，事前にチラシ，看板などによって，十分にPRをしておく。特に騒音を発生させる機械の使用には，作業時間や作業方法等を考慮するなどの注意が必要である。
3) 利用上不可欠な施設，例えば便所などの便益施設の改修に当たっては，代替施設を十分考慮し，その位置の略図，方向などを工事現場に表示する。
4) 地下埋設物（ガス管，水道管，下水道管，電線，電話線等），地上占用物等に対する施工中の災害および人身事故等の発生に備えて，各連絡先の電話，所在地を調べておき，万一緊急事態が発生した場合には，直ちに対応ができるよう緊急体制機構を整えておくようにする。

2-1-4 安全対策

（1）災害対策

災害の種類は，暴風豪雨，積雪，地震，洪水，津波などの異常な自然現象によるものと，火事，爆発などの人為的原因によるものとに大別される。

1) 災害前の対策

災害前の対策としては，状況把握，防災および復旧作業を適切に推進するため，災害対策体制を確立し，組織分担を事前に明確にしておく。

風水害はもちろん，震災発生に際し必要な対策を実施するには，被災の状況を迅速かつ的確に把握し，伝達するとともに，的確な情勢判断と適切な措置がとれるよう，各機関相互および民間協力団体をも含めた情報収集，伝達の体制を整備確立し，機会あるごとに防災意識の高揚と，災害時の復旧方法などの習熟を図っておく必要がある。

2) 応急対策

気象予警報，情報ならびに防災上の注意事項は，ラジオ，テレビなどをよく聴視し，その内容に応じた対策を立てる。

災害発生通報については，勤務時間中は組織に応じた連絡通報を行い，夜間または休祝日のときは所定の連絡図によって通報する。

被害状況の掌握は，復旧工事に大いに影響するので，あらゆる方法をもって，被害状況の早期把握につとめる。例えば，災害中巡回し，一般道路，周辺の民家などに対する倒木による交通障害や民家の破壊，樹木接触による漏電出火などの被害の発見につとめる。

被害に対しては，著しく復旧が困難な場合，とりあえず支障のないよう迅速に応急措置を講ずる。例えば，豪雨による雨水氾濫に対しては，桝蓋を外し，排水管により速やかに排水する。

（2）事故対策

都市公園施設等の公園施設の安全管理については，遊具に係る事故等を踏まえ，関係者の共通認識の醸成を図るとともに，公園管理者において，必要な安全措置を講ずることが必要であ

る。国土交通省では，諸外国の遊び場や遊具の安全確保に関する指針や規格を参考として，我が国の都市公園における遊具の基本的な考え方を示した「資料-1　都市公園における遊具の安全確保に関する指針（改訂第2版）」，「資料-2　別編：子どもが利用する可能性のある健康器具系施設」，「資料-3　公園施設の安全点検に係る指針（案）」が策定され，各公園管理者に通知されているので参照されたい（資料-1：333～338頁，資料-2：339～343頁，資料-3：344～350頁）。

また，（一社）日本公園施設業協会が平成14年10月に「遊具の安全確保に関する基準（案）JPFA－S：2002」を策定し，改訂を重ねて平成26年版が発刊されているので併せて参照されたい。

2-2　都市公園の維持管理

都市公園の維持管理は，公園を構成している施設の物的条件を整えて利用に供するとともに，施設の保全を図る業務で，公園管理の基盤的業務である。維持管理の内容をその対象物によって分類すると次のようになる。

```
物的な維持管理 ┬ 植物管理 ── 樹木，樹林地，芝生，草花，草地等
              └ 施設管理 ── 建築物，工作物，設備
```

2-2-1　植物管理

植物管理の目的は，植栽計画（既存植生の保全計画を含む）の意図を持続達成させることであり，植物の環境保全機能，防災機能や，利用者への心理的効果，公園の中の意匠的・造形的素材としての機能等多様な機能を植栽計画においてどのような形で取り入れているかを正確に把握して管理に反映させなければならない。また，植物の生理・生態的特徴を十分に理解して健全な育成を図り，植物空間を充実・完成させることが重要な役割である。

（1）樹木管理

樹木管理の対象は広場等の修景，緑陰，遮蔽，観賞等の機能を持つ上木および下木であり，樹林管理が植物空間の形成や保全を目的とするのに対し，樹木管理は樹木の機能を維持するために，主として形態上または生理上，一定の段階に維持することを目的とする。作業内容は，剪定，刈込み，施肥，病虫害防除，灌水，支柱取替え，結束直し，補植等である。

（2）樹林地管理

樹林地として計画される区域は，植栽された樹木群を成熟し安定した樹林へと育成していく，あるいは計画地に取り込まれた既存樹林を長期計画に基づいて育成，保全していくよう管理が行われるが，その内容は，樹木単位の維持ではなく，長期にわたる植物空間の造成といえる。

樹林地管理に当たっては，樹林地の担う機能を明確にし，それに適合する樹林地の形態（樹林密度，植生，林相，遷移段階等）はどうあるべきかという樹林地管理の方針を定め，そのた

めの長期的管理スケジュールおよび短期的管理スケジュールを立て，これに基づいて管理が行われる。

　樹林地管理の作業内容は，下草刈り，枝払い，除伐・間伐，病虫害防除，施肥，補植，清掃等である。これらの維持管理を通して，樹林地が健全に育っているかどうか，どのような方向に遷移しているか，また，計画の際に保存植生として位置付けされた樹林地が破壊されることなく保護されているかどうかを診断するために，林相，植生，遷移，病虫害等に関する調査を定期的に行うとともに，樹林地に関わる利用および管理の状況を記録しておき，維持管理の方向を再確認することも重要である。

（3）芝生管理

　芝生は，そこで遊んだり休んだりといった利用芝生と，観賞・修景を主目的とした芝生とに大きく分けられるが，芝生管理はこれら芝生の機能を維持することを目的として実施するものであり，その作業内容は，刈込み，施肥，目土入れ，除草，病虫害防除，灌水，エアレーション，芝切り，清掃等である。

　作業の実施に当たっては，芝生地の果たす役割，機能に応じて，いくつかの管理のランク分けが考えられる。日本庭園や主要建築物の前庭などのように美観が強く求められる芝生地，競技場やゴルフ場のように単一目的に使用され，その競技の適正な実施がなされるようきめの細かい管理作業が求められる芝生地，法面等において土砂の流亡や飛砂を防ぐことを目的とするために整備された芝生地，さまざまなレクリエーション利用に供されるが，庭園のような美観は必要としない芝生地など，その芝生地のあり方によって，刈込み，施肥，除草等の作業管理の必要回数は変化させることができる。張芝にせよ，吹付けにせよ，造成段階で単一種を使用した芝生地を，どのような形態の芝生としていくかは，管理の問題であると同時に，公園計画の問題でもあり，計画段階の意図を十分に把握し，管理のランク分けに反映させる必要がある。

（4）草花管理

　草花管理の内容は，植付けと管理とに大きく分けられる。植付けは，草花材料の入手，整地，施肥（元肥），定植，灌水を含み，管理は，灌水，施肥（追肥），除草，病虫害防除，摘芯である。なお，花壇，ポットについては土壌の入替えも必要となる。

（5）草地管理

　植栽地内の美観維持と植栽植物の健全育成，未舗装地等の雑草繁茂の防止，および草地として計画されている区域の草丈抑制を目的として行うもので，機械による草刈り，人力による手抜き除草，薬剤による除草といった手段がとられる。したがって，対象地に求められている機能（観賞価値の高低，利用者の立入りの有無や利用形態，土壌や植生等の保全の必要性，管理の対象となる草本の種類等）に合わせて手段を選択する必要がある。また，地形，面積，時期，経済性等も考慮して，手段および機種・薬剤の選定を行う。

2-2-2 施設管理

　施設管理の目的は施設の機能を十分に活用発揮させ，安全快適に利用させることである。そのためには，時間とともにその機能が劣化していく状況を捉え，それを防止し，または劣化損傷したものを補修して，耐力の復元，機能の回復，美観の向上を図る。また，設備，機器が正常に機能するよう運転・調整を行い，設備・機器が正常に機能しているかどうか測定し，記録するといった作業を適正に実施することが必要である。

　施設管理の対象は，①建物，②工作物（土木施設，小工作物），③設備の三つに大きく分けられる。また，これらの施設に関しては，建築基準法，ビル管理法，水道法，下水道法，廃棄物および清掃に関する法律，電気事業法等により，安全上，防災上，衛生上の管理の基準等が定められているものがあるので，これについては遵守しなければならない。

（1）建物管理

　建物の管理は，予防保全と事後保全とに分けられる。予防保全は，決まった手順により計画的に点検，手入れなどを行い，建物の劣化損傷を未然に防止するものである。事後保全は，損傷に対して補修を行い，耐力，機能，美観を回復させるものである。

1）予防保全
　①点検
　　・日常点検（日常の巡視，観察によるもの）
　　・定期点検（年1回～月1回，定期的に点検し，安全性，快適性，機能性を確認する）
　②清掃
　　・日常清掃
　　・定期清掃
　　・特別清掃
　③塗装
　　・美観の維持，防腐，防錆
　④器具等の取替え
　これらの作業は，作業計画を定め，点検基準，清掃要領に基づいて行う。

2）事後保全
　①臨時点検
　　日常点検や定期点検で異常が発見され，補修の方法を決定するために詳細に行う場合や災害等により損傷の発生が予想される場合に行う。
　②補修
　　損傷の状態に合わせ，経済的条件や時期的条件も考慮して，補修を行う。

（2）工作物管理

工作物管理の対象は，大きく，土木施設と小工作物とに区分できる。

土木施設は，部分的に補修を繰り返し，耐用限度となったときに，全面的に付け替え，改造

を行う。小工作物も同様な管理内容を含むほか，利用状況に応じた補充や移設，破損による取替えの作業を行う。

　これらの工作物の損傷は，利用と管理の両方に不都合を生じ，安全性も脅やかされるため，建物管理と同様，計画的な手入れによって劣化損傷を防ぐ予防保全と，損傷に対して補修・取替えを行って安全性や機能性を回復させる事後保全とを行って，工作物の機能を維持しなければならない。

　1）予防保全
　　①点検
　　　・日常点検，定期点検
　　②清掃
　　　・日常清掃（園内一般清掃と合わせて，園路側溝，ベンチ，野外卓等の利用施設の清掃）
　　　・定期清掃（池・流れ・噴水の水抜き清掃，案内板・舗装面の汚れの清掃等）
　　　・特別清掃（プールの開場期間前後の清掃等）
　　③塗装
　　　・美観の維持，防腐，防錆
　　④路面表示
　　　・サイクリングコース等の路面表示の書替え
　　⑤器具等の取替え
　これらの作業は，作業計画を定め，点検の方法，チェックリスト，異常発見時の対応，処理の方法を含んだ点検要領を作成し，これに基づいて実施する。
　2）事後保全
　　①臨時点検
　　②補修
　3）その他（利用状況や管理上の必要性に応じて行う）
　　①補充
　　②移設
　　③部分取替え

（3）設備管理

　設備管理は，設備，機器自体の保全とともに，適正な運転がなされることが重要であり，そのための各種の点検・検査や測定・記録が必要となる。また，このような設備に関しては，安全上，防災上，衛生上の設置・管理基準等が法令に定められているものが多く，それに基づいた管理を行うとともに，公園利用の特性を考慮した自主的な管理基準を設定して機能維持を図る。

　以下に，各設備ごとの管理内容を述べる。
　1）給水設備

給水を必要とする箇所の給水栓において，常に一定の圧力と使用上必要な水量を保持するために，受水槽，高置水槽等の適正な容量と給水ポンプの性能が正常であるよう管理する。また，給水方法によっては水道法に基づいて安全衛生を確保する（簡易専用水道：水道法第34条の2）。
　①配管系統および各種機器の漏水，破損等の定期的な点検および補修
　②受水槽，高置水槽の定期的な清掃および点検
　③水質検査
　④使用水量の確認，水道メーターの点検
2）排水設備，処理施設
　排水設備は，排水をスムーズに流出させるよう，各種機器の点検，清掃および整備を行う。処理施設は，機器の保全とともに，放流水あるいは再利用水としての水質保持のための測定，検査，流量や濃度に応じた調整等を行う。
　①排水系統および各種機器の定期的な清掃，点検および補修
　②処理施設の運転，作動状況の点検，各槽内の点検および補修
　③処理施設の運動条件の調整
　④処理施設の清掃
　⑤流入水，放流水等の水質検査
3）電気設備
　電気設備の維持管理は，設備機能の維持のための故障の発生防止，故障の修理，効率的運用などを目的とするほか，電気設備による感電，火災，傷害などの事故の防止も重要な目的となる。
　また，自家用電気工作物については，電気事業法に基づいて自主保安体制を整えなければならない。すなわち，
　①電気工作物を技術基準に定めるところに従い，常に維持すること（電気事業法第43，74条）
　②電気工作物の工事，維持および運用の監督を行わせるため主任技術者を選任すること（法第52，74条，電気事業法施行規則第61，76条）
　③電気工作物の保安の確保のための保安規程を作成し届け出ること（法第52，74条，施行規則第61，76条）
の3点が義務付けられている。
　電気設備の基盤となる受変電設備，配線設備の管理内容は次のとおりである。
　①受変電設備
　　・配電盤監視，電圧力率調整，故障・事故等の修理・復旧，定期点検，巡回点検，各計器検針および記録，試験および測定
　②配線設備
　　・定期点検，絶縁抵抗測定，修理
国土交通省において，都市公園の計画的な維持管理の取組みを支援するため，公園施設の長

寿命化計画に関する基本的な考え方，計画策定の手順および内容を具体的に示した「資料-4 公園施設長寿命化計画策定指針（案）」が策定され，各公園管理者に通知されているので参照されたい（資料-4：351～369頁）。

2-3 都市公園の運営管理

都市公園の管理には，先に述べた除草，清掃，修繕といった施設，構造物の物的条件を整える維持管理のほかに，利用案内，広報，利用指導等，利用者との対応を通して利用のための条件を整える業務や，財産管理，許認可，使用料の徴収等法令に基づいて行う業務がありこれらは運営管理に属する。

2-3-1 利用管理

公園を公衆の利用に供する場合，維持管理により施設を適正な利用状態にしておくだけでは十分でなく，利用者のためのさまざまな便宜を図る必要がある。すなわち，利用者間のトラブル等を除去し，利用の機会を与え，利用方法等の指導を行い，利用者のニーズを把握するなどの利用者との対応が重要となる。

また，都市公園の保存という観点から，利用者の理解を深め，利用者の行為を規制するなどの利用者対応が必要であり，財産としての管理という観点においても適正な利用が行われるよう指導監督するという利用者対応が必要である。

このような利用者との対応に関する業務を特に利用管理という。

利用管理業務は，公園を一般利用する場合や運動施設等の公園施設を限定利用する場合など，おのおのの活動形態に対応してなされるものであるが，いずれの場合においてもおおむね共通する業務としては次のようなものがある。

（1）利用案内，広報，広告
（2）利用調査，公聴
（3）利用指導
（4）催物の実施
（5）利用者の組織化

（1）利用案内，広報，広告

都市公園における利用案内，広報，広告の目的は一つには公園の意義，管理の方針等行政PRとして公園への理解を求めることであり，直接的には，公の施設として住民の利用に供するための基本的情報を提供し施設の有効利用，利用促進を図ることである。すなわち，公園の利用機会を広く公平に提供して，いつでもだれでもが利用できるよう，公園の存在，施設内容，利用手続き，交通機関，催物の予定等の案内を行ったり，園内での活動が快適になされるよう，遊び方や楽しみ方に関する情報提供を行って利用者の満足度を高めるものである。さらには，利用上の注意，安全や快適利用のための誘導規制，工事等による利用閉鎖などの管理上必要な

2-3 都市公園の運営管理

表 2-3 利用情報の収集方法

方 法	内 容・利 点	留 意 点
公園利用者の意向調査	・来園者に対し属性や公園での活動内容、公園の評価や要望などをたずねるもの。特定の施設では、窓口などに常備して通年行われているところもある	・調査員による配布や聞き取りによる場合はサンプリングに留意する ・調査結果を扱う際に、公園来園者というフィルターのかかった層からの意見であることに留意する
市民意向調査	・公園利用の有無を問わず、不特定多数の市民に対して行う調査 ・無作為抽出により客観的なデータが得られる ・公園の認知度、公園を利用しない理由などの情報が得られる ・障害者や学校団体など、対象層を絞った調査も行われる	・サンプリング作業や郵送、電話、訪問など、実施に手間がかかる
モニター調査	・公園モニターや市民モニター制度を利用した調査 ・特定の項目に関して詳細な調査が簡便に行える	・モニターに応募する人は、問題意識が高く、また調査慣れしているなどその属性から、回答に偏りが生じる可能性がある
インターネット調査	・インターネットを用いて行う市民意向調査である ・調査実施が簡便である ・アイデアや意見の募集に関しては、簡便性や情報の広域性の面で優れた手法である	・インターネットの利用者に限られる ・投票数で評価するアンケート調査では、個人や団体からの大量投票のおそれもある
利用実態調査	・公園の現場で、調査員の目視により利用者数や活動形態などの把握を行うもの ・利用者数のみであれば、公園の主要ゲートへの調査人員の配置だけで把握が可能である	・利用形態を把握しようとすると、主要ゲートのほかに主要な利用ポイントへの人員配置など、調査が大がかりとなり、費用や準備などの負担も大きい
苦情、要望の受付	・特段の工夫をしなくても苦情・要望は寄せられるが、積極的に受付けるために、公園ゲートや管理窓口などに投書箱を設けたりする例もある	・要望・苦情についてデータ化を図り、内容ごとの件数や対応状況などをとりまとめ、活用しやすくする ・公園管理者・市民が情報を共有することで、管理運営に活かす
公園会議などの開催	・識者による懇談会や自治会に対する公聴会、公園管理に参加するグループの定期会合の開催など	

情報を流すなど利用コントロールの機能も持つ。

　利用案内、広報、広告の方法としては、利用する媒体で区分すると、パンフレット・ポスター・新聞などの印刷媒体、テレビ・電話・インターネットなどの電子媒体、その他に分けられる。

　また、公園管理者の働きかけの関係で見ると、公園パンフレットなどの自主媒体の利用、新聞・テレビなどの有料媒体の購入、PR活動の一環としての記者発表などのパブリシティ活動

表 2-4 利用指導の内容

目　的	内　　容	対象となる行為・施設の例
公園の保全	法令等で禁止されている行為の禁止および注意	・都市公園の損傷・汚損（トイレ，四阿，照明） ・動植物の採取（草花や山菜の採取，釣り） ・立入禁止区域（養生地，危険区域） ・火の使用（直火，たき火，花火） ・無許可の占使用（ホームレス，教室開催，物販）
安全・快適な利用	危険行為，迷惑行為の禁止および注意	・危険なスポーツ（ゴルフ練習，スケートボード） ・動物の飼育（犬の散歩や野放し，エサやり） ・乗り入れ（自動車，オートバイ） ・不法投棄（家庭ゴミ，大型ゴミ，車両放置） ・その他（夜間の騒音）
	特殊な施設または危険を伴う施設の正しい利用方法の指導	・水利用施設（親水遊び場，ボート池，プール） ・運動施設（トレーニング機器，各種競技場） ・遊具（フィールドアスレチック，プレーパーク） ・その他（動植物園，キャンプ場，展示施設）

によるもの，他部局と連携した行政情報の一環としての発信がある。特に広報，広告に当たっては，だれがどのような情報を必要としているか，どのようなサービスを望んでいるかを的確に把握することが重要である。

（2）利用調査，情報収集

　公園や公園利用をさらに充実したものとしていくためには，公園に対する意義や意見を管理の情報として積極的に取り入れ，これを維持管理や利用管理に反映させるとともに，公園計画や設計にフィードバックさせることが重要である。

　公園管理における利用調査，情報収集の方法としては，要望・苦情の直接受付のほか，意見箱の設置，アンケート調査の実施，住民組織・利用者団体等との連絡協議，運営委員会の設置等がある。

（3）利用指導

　公園管理者は，安全・快適な利用環境を保つとともに，さまざまなニーズに即した公園の有効利用を促すための利用指導を行う必要がある。

　利用指導の内容としては，行為の禁止・注意，利用案内，相談受付，レクリエーション指導等があげられる。

　利用指導の方法としては，指導員による常駐指導や巡回指導，曜日や期日を決めて行う定期指導のほか，標識・看板・パンフレット等による案内や注意，また，特にレクリエーション活動については相談窓口による指導，教室の開催，ガイドブック，活動の組織化によっても行われる。

　また，指導員の形態については，公園担当課職員やそれ以外の部局（教育委員会・体育課・観光課・文化課等関係者）のほか，住民団体や専門家への委託や嘱託，ボランティアによる活

動等がある。

（4）催　　物
公園で行う催物の意義としては，次のようなことが考えられる。

1）行政広報の手段として

　催物は，主に企業におけるPR活動の一つとして位置づけられているが，行政においても催物を行うことによって，住民への共感を得ることの効果は大きい。

2）コミュニティ活動の一環として

　街区公園や近隣公園など，催物を通して地域住民がコミュニケーションを図ることに役立つ。

3）公園利用の多様化を図るための手段として

　コンサートなどによる，日常体験できないようなプログラムの提供や，スポーツ教室，園芸教室などの入門教室等を行うことにより，公園利用の幅が広がるとともに，個人のレクリエーション活動の活性化にもつながる。

　また催物を形態別に見ると，一般には次のように分けることができる。

1）公共的な主旨のもとに行う催物

　愛鳥，交通安全，都市緑化など，キャンペーンとして行政や企業が社会意識の向上のために行う。

2）体力・健康づくり，娯楽としての催物

　運動会，競技会，祭りなど，だれもが参加できるもの。

3）文化向上のために行う催物

　展覧会，演奏会，演劇，講演会，シンポジウム，コンクールなど。

4）利用促進のための催物

公園で行われる催物には地方公共団体や公園管理者（公園担当部局，公園協会等）が自主的に行うものや，ほかの団体との提携企画，また，行為の許可や施設の利用許可を受けて行う持込み企画等がある。第三者からの持込み企画などに対しては，公園にふさわしい企画の選択や，企画の内容に関する助言や指導を行わなければならない。したがって，公園管理者としては，スポーツ，文化，動物，植物等の種類ごとの専門知識のほかに，大会，競技会，展示会，展覧会，講習会，その他を実施するための手順を心得ておくことが要求される。また，大規模な催物では，開催当日の事故防止や環境衛生についても，次のような対策が必要とされる。

　①事故，混乱等防止対策

　　・交通機関の確保（臨時バス，駐車場の確保）

　　・周辺交通の整理（警察署への依頼）

　　・利用者の誘導（動線計画，整理・誘導作業）

　　・連絡体制（無線，仮設電話等による通常および緊急体制）

　　・救護所の設置（医師の手配等）

　②環境衛生対策

- ・飲料水の確保
- ・臨時売店の設置
- ・仮設トイレの設置
- ・ゴミ箱の設置，ゴミ袋の配布
- ・日照による参加者への影響
- ・音量等の調整
- ・周辺住民の理解・協力

2-3-2　法令に基づく管理

（1）都市公園の利用

　都市公園の使用関係は，公園本来の目的に従って使用される一般使用のほか，集会や競技会の開催のように，公園の使用目的に必ずしも相反するものではないが，公園の秩序維持のために一般的に禁止または制限されている公園の使用を，一定の出願に基づいて制限を解除し使用を許容する許可使用と公園管理者が特定人に対し排他・独占的な公園使用を付与する特許使用とがある。

　特許使用には，公園管理者以外の者が公園施設を設置または管理する場合と，公園施設以外の工作物その他の物件または施設を設けて都市公園を占用する場合とがある。このような特別使用に対して公園管理者は，公園の保全，一般利用者への影響，その他必要性などを考慮し許可するか否かを的確に判断し，許可および許可条件に違反しないよう指導監督しなくてはならない。

```
         ┌一般使用
         │        ┌許可使用
         └特別使用┤        ┌設置・管理許可
                  └特許使用┤
                           └占用許可
```

（2）財産の保全

　都市公園において，土地，施設は全て公の財産であり，これらの財産の保全には万全を期さなければならない。財産保全のための運営管理の内容は次のようなものがある。

1）台帳の整備

　都市公園台帳，財産台帳，備品台帳等の台帳，図面を整備しておく。

2）境界管理

　敷地境界を示す杭・柵などの境界を十分に管理する。その他財産価値を滅失することのないよう十分留意する。

2-3-3　指定管理者制度による都市公園の管理運営

　指定管理者制度は，住民の福祉を増進する目的を持ってその利用に供するための施設である公の施設について，民間事業者等が有するノウハウを活用することにより，住民サービスの質の向上を図っていくことで，施設の設置の目的を効果的に達成するため，平成15年の地方自

表 2-5　指定管理者制度による都市公園の管理について

指定管理者制度による都市公園の管理について

平成15年9月2日　国都公緑第76号

各都道府県・政令指定都市都市公園担当部局長あて
　　国土交通省都市・地域整備局公園緑地課長通知

本年6月13日に公布された「地方自治法の一部を改正する法律」において指定管理者制度が創設されたところです。各都道府県・政令指定都市においては、指定管理者制度による都市公園の管理について、下記の事項に留意の上、適切に対応されるようお願いします。
　なお、貴都道府県内市町村（政令指定都市を除く。）にもこの旨周知願います。
　（本件は総務省自治行政局と協議済みであるので、念のため申し添えます。）

記

1　指定管理者制度が創設されたことにより、地方自治法第244条の2第3項の規定に基づき、指定管理者に対し、都市公園法第5条第2項の許可を要することなく、都市公園全体又は区域の一部（園路により区分される等、外形的に区分されて公園管理者との管理区分を明確にすることができ、公園管理者以外のものが包括的な管理を行い得る一定規模の区域をいう。以下「一定規模の区域」という。）の管理を行わせることができること。

2　指定管理者が行うことができる管理の範囲は、地方公共団体の設置に係る都市公園について公園管理者が行うこととして都市公園法において定められている事務（占用許可、監督処分等）以外の事務（行為の許可、自らの収入とする利用料金の収受、事実行為（自らの収入としない利用料金の収受、清掃、巡回等）等）であること。

3　指定管理者に行わせる管理の範囲については、地方公共団体の設置に係る都市公園について公園管理者が行うこととして都市公園法において定められている事務以外の事務の範囲内で、都市公園条例において明確に定めること。
　　この際、行為の許可等の公権力の行使に係る事務を行わせることについては、国民の権利義務の制限となることにかんがみ、慎重に判断を行うこと。

4　都市公園全体又は一定規模の区域について、公園管理者以外の者に事実行為として整備を行わせた場合において、当該者に対し事実行為に係る事務を行わせることにより管理を行わせることができるほか、地方自治法第244条の2第3項の規定に基づく指定管理者制度により管理を行わせることもできること。例えば、PFI事業者に対し、同事業者が事実行為としてPFI事業により整備した公園の一定規模の区域を指定管理者制度により管理を行わせることができること。

5　なお、従前の通り、都市公園法第5条第1項の規定に基づき、公園管理者が、その管理に係る都市公園に設ける公園施設で自ら設置管理することが不適当又は困難であると認められる場合については、都市公園法第5条第2項の許可をすることにより公園管理者以外の者に設置管理させることが可能であること。この場合、公園管理者以外の者は、地方自治法第244条の2第3項に規定する指定管理者になることなく、都市公園法第5条第1項の規定に基づいて公園施設の設置管理を行うことができることから、指定管理者制度に係る条例に基づくことなく、自らの収入として料金収受すること等ができること。

治法の改正により設けられた。

　都市公園の管理についても同制度を活用することができ，以下の点に留意が必要である。

1) 指定管理者に対し，都市公園法第5条第2項の許可を要することなく，都市公園全体または区域の一部の管理を行わせることができること

2) 指定管理者が行うことができる管理の範囲は，地方公共団体の設置に係る都市公園について公園管理者が行うこととして都市公園法において定められている事務以外の事務であること

3) 指定管理者に行わせる管理の範囲については，地方公共団体の設置に係る都市公園について公園管理者が行うこととして都市公園法において定められている事務以外の事務の範囲内で，都市公園条例において明確に定めること

　詳細については，平成15年9月2日付で，国土交通省より「指定管理者制度による都市公園の管理について」が通知されているので，合わせて参照されたい。

3-1 契約の意義

　一般に「契約」とは，一定の法律効果の発生を目的とする二以上の相対立する当事者の意思の合致により成立する法律行為をいうが，それにも一般には広狭の二義がある。最広義においては，物権の設定を目的とする物権契約，準物権契約，親族法における身分行為の契約のたぐいも含まれた観念である。狭義においては，もっぱら債権関係の発生を目的とする法律的合意，すなわち債権契約に限っての意味である。民法第三編第二章において「契約」と題しているのは，債権契約の意味である。国の行う契約については，その行為の性質から公法上の契約と私法上の契約が存在するが，会計法第四章の「契約」とは，すなわち私法上の契約のことで，かつ，狭義の契約についてである。

3-2 契約制度の意義

　契約制度は，会計制度の一環として，公正かつ厳正に運用されなければならない。契約については効率的予算の執行，すなわち経済性の原則が要請される。両者の調和は，契約制度の在り方を決定する上で最も重要な事柄である。契約制度は公正性の原則に立ち必要な諸措置が講じられなければならないが，その手段として従来から契約の相手方の選定の方法が適切に行われるよう各種の方法が考究され，それら一連の事項が総合されて，契約制度が構成されているのである。

3-3 契約方式

　「契約方式」とは，国の契約について，その相手方の選定方法をいうのであって，従来，契約制度の中心となってきたもので，明治22年に制定された明治会計法において，一般競争が契約方式の原則方式として採用され，この建前が今日まで受けつがれている。一般競争は長所を有する一方で短所を有していることも見逃してはならない。その代表的なものがそれが不特定多数の者によって競争が行われるものであることから，ともすると不信用不誠実な者が参加して，公正な競争の実施を妨げることがあるという点である。明治会計法においては，これに対処するため，一般競争といえども，参加者について一定の資格制限を設けることとし，これによって公正な執行を期することとしたが，それのみでは十分でない面もあり，その他一般競争は公告に一定の期間を必要とすることから，急迫の際この方式によっては契約をすることができないこと，場合によっては競争の手続が煩わしい等の理由から，ただちに随意契約によることも一考を要する点があった。このため特定多数の者に競争をさせることとし，一般競争と随意契約の長所をとり，明治33年に指名競争方式が考案され，これによって，一般競争によって避け得ない不利を解決する等の効果があった。この方式は，その後，年を経るに従い弊害が表れていることも否めない。一般競争，指名競争および随意契約のそれぞれの方式は，それ

ぞれに長所短所がある。

3-4 請負契約書の作成

建設工事はともすれば，請け負った仕事は契約上はどうあれ，利益の有無にかかわらず「発注者の要求どおりに仕上げるものでなければならない」という風潮があった。

これは封建時代の名残りであるとともに建設工事の宿命で，普通一般の商取引では製造者が品物を事前に製造し，それを購入者が買い取る方式であるが，建設工事は，受注生産方式であることに問題がある。

つまり受注後初めて生産に着手するということは，発注者があって初めて受注者が成り立つことになり，どうしても発注者が有利になることが多い。

しかしながら日本の建設業も日本の経済発展の一翼を担うようになり，経営が近代化され，また，広く海外での受注が多くなると，以前のような受発注の関係では一般社会の商取引には通用しなくなってきた。

現在では，建設業法に請負契約書の作成条項があり，中央建設業審議会においても「公共工事標準請負契約約款」が作成され双務契約制度となっている。建設業法第 18 条によれば，建設工事の当事者は，おのおの対等な立場における合意に基づいて公正な契約を締結し，信義に従って誠実にこれを履行しなければならないとされており，ここに双務契約がうたわれている。また第 19 条では，「建設工事の請負契約の当事者は，前条の趣旨に従って，契約の締結に際して次に掲げる事項を書面に記載し，署名又は記名押印をして相互に交付しなければならない。」とされている。各項は以下のとおり。

1) 工事内容
2) 請負代金の額
3) 工事着手の時期及び工事完成の時期
4) 請負代金の全部又は一部の前金払又は出来形部分に対する支払の定めをするときは，その支払の時期及び方法
5) 当事者の一方から設計変更又は工事着手の延期若しくは工事の全部若しくは一部の中止の申出があった場合における工期の変更，請負代金の額の変更又は損害の負担及びそれらの額の算定方法に関する定め
6) 天災その他不可抗力による工期の変更又は損害の負担及びその額の算定方法に関する定め
7) 価格等（物価統制令（昭和 21 年勅令第 118 号）第 2 条に規定する価格等をいう）の変動若しくは変更に基づく請負代金の額又は工事内容の変更
8) 工事の施工により第三者が損害を受けた場合における賠償金の負担に関する定め
9) 注文者が工事に使用する資材を提供し，又は建設機械その他の機械を貸与するときは，その内容及び方法に関する定め
10) 注文者が工事の全部又は一部の完成を確認するための検査の時期及び方法並びに引渡し

の時期
11) 工事完成後における請負代金の支払の時期及び方法
12) 工事の目的物の瑕疵を担保すべき責任又は当該責任の履行に関して講ずべき保証保険契約の締結その他の措置に関する定めをするときは，その内容
13) 各当事者の履行の遅滞その他債務の不履行の場合における遅延利息，違約金その他の損害金
14) 契約に関する紛争の解決方法

このように建設工事の請負契約について制度化されており，発注者および受注者はこれに基づき契約をしなければならない。

この精神は先にも述べたように中央建設業審議会の「公共工事標準請負契約約款」にも網羅されている。

3-5 入札の方法

地方自治法第234条によれば，地方公共団体が建設工事の請負者となろうとする場合は，契約の相手方の決定方法は，一般競争入札，指名競争入札，または随意契約の三方式が定めてある。

3-5-1 一般競争入札

一般競争入札は，地方公共団体が契約に関する公告をし，一定の資格を持つ不特定多数の希望者の競争入札により，その中から地方公共団体に最も有利な条件の者と契約を締結する方法であり，契約の基本方式である。しかしながらこの方式にも長所，短所がある。長所は，
1) 一般公開入札による応札の機会の均等
2) 契約手続の公開による公正の確保
3) 最も有利な条件で契約することによる経済性の確保

などが考えられるが，反面，短所としては
1) 不特定多数の者が入札に参加するため，その契約（工事）に対して不慣れな者と契約を締結する可能性がある等，確実な契約履行に関する信頼度が低い。
2) 不特定多数の者が参加するため，手続が煩雑となるとともに，入札に要する経費が大となる。

などのことが考えられる。

3-5-2 指名競争入札

指名競争入札は，資力，能力，技術力等を持ち，かつ信用があると認められる者を業種ごとにあらかじめ定めておき，おのおのの契約ごとにその中から適当数を選択指名し，競争入札により最も有利な条件の者と契約を締結する方法であり，一般競争入札と随意契約の長所を取り入れたものであるといえる。

指名競争入札は，一般競争入札の例外措置とされており，この方式で契約することができる場合の要件は，地方自治法施行令第167条で定めてある。

1) 工事又は製造の請負，物件の売買その他の契約でその性質又は目的が一般に競争入札に適しないものをするとき
2) その性質又は目的により競争に加わるべき者の数が一般競争入札に付する必要がないと認められる程度に少数である契約をするとき
3) 一般競争入札に付することが不利と認められるとき

のいずれかに該当するときに指名競争入札によることができるとされている。

3-5-3　随意契約

随意契約は，地方公共団体の長が任意の特定の者を選択し，その者と契約を締結する方法で，この方式の長所は

1) 競争入札による場合の手間，時間および経費を省くことができる。
2) 契約事務の能率化を図ることができる。
3) 資産，能力，信用等のある者を選定することができるため，確実な契約の履行を期待することができる。

などが考えられるが，反面

1) 特定の者を選定するため，その選定に公正の確保を図りにくい
2) 競争入札による利益が図りにくい

などの短所があるため，公共団体の行う契約方式では例外措置とされている。したがってこの方式を採用するケースは緊急災害復旧の場合，その契約内容が特許工法等その業者しか施工できない場合，現契約に少量の追加工事を契約する場合，同一現場内で複数の工事を施工し，業者が異なれば施工現場が輻輳し，施工，安全性が図れないなどの場合にこの契約方式を採用することとなる。

地方自治法施行令第167条の2では，随意契約を行うことができる要件は，次のように定めてある。

1) 売買，賃借，請負その他の契約でその予定価格が，都道府県及び政令指定都市で250万円，その他の市町村で130万円を超えないものをするとき
2) 緊急の必要により競争入札に付することができないとき
3) 競争入札に付することが不利と認められるとき
4) 時価に比して著しく有利な価格で契約を締結することができる見込みのあるとき
5) 競争入札に付し入札者がないとき，又は再度の入札に付し落札者がないとき
6) 落札者が契約を締結しないとき

以上のように地方自治法で3方式の契約方法が定めてあるが，公共工事はその構造物が永久的なものであり，構築物を効果的に安全に築造し，しかも競争入札の原則を守る必要がある。

以下，契約事務の事例として，指名競争入札方式について述べる。

3-6 入札参加者の資格および指名

　地方公共団体の長は，年度当初に，一般土木，建築工事，造園工事，建築設計（機械），建築設備（電気），機械，電気設備のような工事の種類ごと，さらに契約金額に応じてランクを分けて指名入札参加資格者を定めておかなければならない。

　指名入札参加資格者の決定方法は，定期または臨時に入札参加希望者を登録申請させ，各登録申請者の工事施工実績，施工内容の優劣，従業員の数，資本金額その他の規模および状況を審査して決定しなければならない。

　指名競争入札により契約を締結しようとするときは，前記の指名入札参加資格者の中からさらにその契約をするにふさわしい請負業者を複数選定することとなる。

　指名の公正を図るためには，複数の人員で指名業者選定委員会を組織して指名業者を選定し，地方公共団体の長がそれに基づいて決定する。

　指名業者を決定したときは，それらの業者に入札の場所，入札の日時，工事件名，現場説明の日時およびその他入札に関する必要事項を文書で通知しなければならない。

3-7 予定価格の作成と入札

3-7-1 予定価格の作成

　予定価格とは，契約内容を適正に算定した額を基準にして，いわゆる設計書を基準として，地方公共団体が契約の締結に応ずる限度額として定めた額であり，地方公共団体の長が入札に先立ちあらかじめ作成しておくものである。

　国の場合を例にとれば，予算決算及び会計令第79条で，契約担当官はその競争入札に付する事項の価格を当該事項に関する仕様書，設計書等によって予定し，その予定価格を記載した書面を封書にし，開札の際これを開札場所に置かなければならないとされている。

　地方公共団体の場合は直接これを義務づける法律はないが，地方自治法第234条第3項で，「普通地方公共団体は……一般競争入札又は指名競争入札に付する場合においては……契約の目的に応じ，予定価格の制限の範囲内で最高又は最低の価格をもつて申込みをした者を契約の相手方とするものとする。」とされており，予定価格の作成が前提とされていることは明らかであるので，地方公共団体の財務規則において予定価格に関する定めを行うこととなる。

3-7-2 入　　　札

　入札は，所定の日時，場所において契約金額を記入した入札書を本人，またはその委任状を持った代理人が提出することによって行われる。

　入札終了後，直ちに入札者立会のもとに全ての入札を公表する。開札の結果，予定価格の制限の範囲内の価格が入札されていない場合は，ただちに同じ条件下で再度入札を行わなければならない。

図 3-1 契約事務のフロー

　最低価格を示した者が複数となった場合は，当該入札者のくじ引きにより決定される。
　このくじ引きは辞退することはできないので，何らかの理由でくじ引きをしない入札者がある場合は，当該入札に関係ない者に，これに代わってくじ引きをさせて決定しなければならない。
　このようにして落札者が決定すれば，前述の「公共工事標準請負契約約款」に基づいて各地方公共団体で定めた請負工事約款により，発注者と受注者が対等な立場で請負工事契約を締結することとなる。

第4章 工事費積算の構成

4-1 建設工事における工事費積算の位置付け

　積算は，通常設計書と呼ばれるものに相当し，計画（設計図，仕様書）に適合した施設を施工計画に従って建設するために要する費用（予定価格）を適正に算出するためのものである。具体的には，工事を行うに当たって必要とされる資材費，労務費，機械の単価，歩掛，経費等を設定し，それらを積み上げることとなる。

　一連の建設工事における工事費積算の位置付けを示すと図4-1のとおりである。

　これらは一連の流れであるが，積算に当たっては（特にその中心となる直接工事費の積算に当たっては），流れを構成する各項目が相互に密接に関係している。例えば，現場の施工条件などは，工事費の積算に大きく影響するものであり，予定価格を左右するものである。

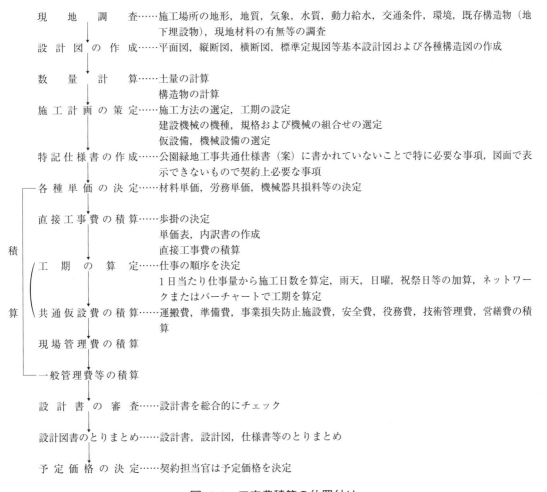

図 4-1　工事費積算の位置付け

4-2 工事費の構成

4-2-1 工事費の基本構成

　工事内容が広範,多岐にわたっている公共工事を積算基準等により統一的に実施するに当たっては,積算体系全体にわたって使用される費用の名称区分,考え方,範囲,算定方法等を厳密に定義しておくとともに,それらが合理的に構成されていることが必要である。工事費を合理的に構成しておく必要性をまとめると以下のとおりである。

1) 基準類の上位・下位レベル間の整合性およびそれ自体の論理性の確保
2) 同位基準間(労務費・機械経費等)の整合性の確保
3) 各種工種間(河川・ダム・道路等)の整合性の確保
4) 重複・脱漏の防止
5) 積算担当組織内および外部(市場価格形成との整合)に対する表現,内容の統一性の確保
6) 新規(特殊)工事等に対する根本的事項の整合性の確保

　一般的な請負工事費の構成を図4-2に示す。

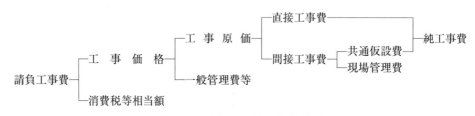

図 4-2 　請負工事費の基本構成

4-2-2 直接工事費

　直接工事費とは,工事目的物をつくるために直接投入される費用で,例えば擁壁では,コンクリート,型枠,足場,床掘り等,直接的に用いられた機械経費等が含まれる。

　直接工事費の構成は図4-3に示すとおりであり,材料費,労務費,直接経費の3要素で構成される。

4-2-3 間接工事費

　間接工事費とは,個々の工事目的物に専属的に投入される費用ではなく,工事全体を通じて共通的に必要とする費用で,例えば,現場事務所の設置維持,安全管理および安全対策に要する費用等がこれに含まれる。間接工事費の構成は図4-4に示すように,共通仮設費と現場管理費からなるが,直接積算できるものと直接積算ができないために直接工事費の比率によって積算するものとがある。

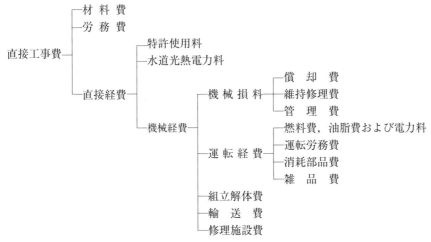

図 4-3 直接工事費の構成

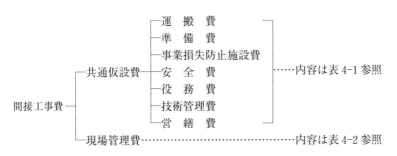

図 4-4 間接工事費の構成

表 4-1 共通仮設費

運 搬 費	建設機械器具の運搬等に要する費用，工事施工上必要な建設機械器具の運搬等に要する費用等
準 備 費	準備および後片付けに要する費用や調査，測量，丁張り等に要する費用，ならびに伐開，整地および除草等に要する費用
事業損失防止施設費	工事施工に伴って発生する騒音，地盤沈下，地下水の断絶等の事業損失を未然に防止するための仮施設の設置費，撤去費および当該施設の維持管理等に要する費用等
安 全 費	安全施設等，安全管理等に要する費用。このほか，工事施工上必要な安全対策等に要する費用
役 務 費	土地の借上げに要する費用や電力，用水等の基本料，電力設備用工事負担金
技 術 管 理 費	品質管理のための試験等に要する費用や出来形管理のための測量等に要する費用，ならびに工程管理のための資料の作成に要する費用。このほか，技術管理上必要な資料の作成に要する費用
営 繕 費	現場事務所・試験室等の営繕に要する費用，労務者宿舎の営繕に要する費用，倉庫および材料保管場の営繕に要する費用，労務者の輸送に要する費用および営繕費に係る土地・建物の借上げ費用，監督員詰所および火薬庫の営繕に要する費用。このほか，工事施工上必要な営繕等に要する費用

表 4-2 現場管理費

労務管理費	現場労働者に係る費用で，募集および解散に要する費用（赴任旅費および解散手当を含む），慰安，娯楽および厚生に要する費用，直接工事費および共通仮設費に含まれない作業用具および作業用被服の費用，賃金以外の食事，通勤等に要する費用，ならびに労災保険法等による給付以外に災害時に事業主が負担する費用
安全訓練等に要する費用	現場労働者の安全・衛生に要する費用および研修訓練等に要する費用
租税公課	固定資産税，自動車税，軽自動車税等の租税公課（ただし，機械経費の機械器具等損料に計上された租税公課は除く）
保険料	自動車保険（機械器具等損料に計上された保険料は除く），工事保険，組立保険，法定外の労災保険，火災保険ならびにその他の損害保険の保険料
従業員給料手当	現場従業員の給料，諸手当（危険手当，通勤手当，火薬手当等）および賞与（ただし，本店および支店で経理される派遣会社役員等の報酬および運転者，土木一般世話役等で純工事費に含まれる現場従業員の給料等は除く）
退職金	現場従業員に係る退職金および退職給与引当金繰入額
法定福利費	現場従業員および現場労働者に関する労災保険料，雇用保険料，健康保険料および厚生年金保険料の法定の事業主負担額ならびに建設業退職金共済制度に基づく事業主負担額
福利厚生費	現場従業員に係る慰安娯楽，貸与被服，医療，慶弔見舞等福利厚生，文化活動等に要する費用
事務用品費	事務用消耗品，新聞，参考図書等の購入費
通信交通費	通信費，交通費および旅費
交際費	現場への来客等の応対に要する費用
補償費	工事施工に伴って通常発生する物件等の毀損の補修費および騒音，振動，濁水，交通騒音等による事業損失に係る補償費（ただし，臨時にして巨額なものは除く）
外注経費	工事施工を専門工事業者等に外注する場合に必要となる経費
工事登録等に要する費用	工事実績等の登録に要する費用
動力，用水光熱費	現場事務所，試験室，労働者宿舎，倉庫および材料保管庫で使用する電力，水道，ガス等の費用（基本料金を含む）
雑費	以上の項目に属さない諸費用

4-2-4 一般管理費等

　一般管理費等とは工事と直接の関係はないが，工事施工に当たる企業の本店や支店等において，企業活動を継続運営するために必要な費用として，個々の受注工事代金の中に割り掛けして織り込まれている経費で，比較的原価性の強い一般管理費と，付加利益で構成される**表 4-3**のような費用である。

表 4-3　一般管理費等

	項目	内容
一般管理費	役員報酬	取締役および監査役に対する報酬
	従業員給料手当	本店および支店の従業員に対する給料，諸手当および賞与
	退職金	退職給与引当金繰入額ならびに退職給与引当金の対象とならない役員および従業員に対する退職金
	法定福利費	本店および支店の従業員に関する労災保険料，雇用保険料，健康保険料および厚生年金保険料の法定の事業主負担額
	福利厚生費	本店および支店の従業員に係る慰安娯楽，貸与被服，医療，慶弔見舞等，福利厚生等，文化活動等に要する費用
	修繕維持費	建物，機械，装置等の修繕維持費，倉庫物品の管理費等
	事務用品費	事務用消耗品費，固定資産に計上しない事務用備品費，新聞，参考図書等の購入費
	通信交通費	通信費，交通費および旅費
	動力，用水光熱費	電力，水道，ガス等の費用
	調査研究費	技術研究，開発等の費用
	広告宣伝費	広告，公告，宣伝に要する費用
	交際費	本店および支店などへの来客等の対応に要する費用
	寄付金	
	地代家賃	事務所，寮，社宅等の借地借家料
	減価償却費	建物，車両，機械装置，事務用備品等の減価償却額
	試験研究費償却	新製品または新技術の研究のため特別に支出した費用の償却額
	開発費償却	新技術または新経営組織の採用，資源の開発，市場の開拓のため特別に支出した費用の償却額
	租税公課	不動産取得税，固定資産税等の租税および道路占用料，その他の公課
	保険料	火災保険およびその他の損害保険料
	契約保証費	契約の保証に必要な費用
	雑費	電算等経費，社内打合せ等の費用，学会および協会活動等諸団体会費等の費用
付加利益	法人税，都道府県民税，市町村民税等	
	株主配当金	
	役員賞与金	
	内部留保金	
	支払利息および割引料，支払保証料その他の営業外費用	

4-3　積算の流れと具体例

　積算の流れは図 4-1 に示したとおりであるが，基本的には，

　　直接工事費の積算 → 共通仮設費の積算 → 現場管理費の積算 → 一般管理費等の積算

であり，（単価表）→ 内訳書・単価表 → 細別 → 種別 → 工種 → 工事区分という構成になる。積み上げていく際には例えば，工法を選択した理由，補正を行った理由等，それぞれの工程ごとに積算根拠を明確にしておき，だれもが理解することのできる積算が必要である。

　積算の具体例を以下に示す。

様式1					課　長		係　長		担当者
公園整備工事設計書					施工区分				
工事地名（個別）		○○○○○市および○○○地先							
工　　　　期		平成○○年○○月○○日から平成○○年○○月○○日まで 雨天，その他の休日○○日を含み総工期○○日とする。							
設　計　説　明		本工事は，第三工区開園区域に当たる花木園において，舗装工，縁石工，擁壁工，設備工，小工作物設置工，修景施設工，植栽工を行うものである。							
予算科目	○○○○○○	目	○○○○○○		目の細分	○　○　○	事業名	○○○○○	
工　費　¥									
工　事　内　容		舗　　装　　工　2,140 m²				修　景　施　設　工　1式			
		縁　　石　　工　441.0 m				植　　栽　　工　1式			
		擁　　壁　　工　310.2 m							
		設　　備　　工　1式							
		小工作物設置工　1式							
内　　　　　訳									
工事区分	工種	種別	細別	規格	単位	員数	単価	金　額	摘要
公園工事					式	1			
	舗装工				m²	2,140.0		4,831,303	
		舗装工			〃	2,140.0		4,831,303	
			コンクリート舗装	コンクリート $t=7\,cm$	〃	1,663.7	2,715	4,516,945	
			ダスト舗装	$t=4\,cm$	m²	476.3	660	314,358	

工事区分	工種	種別	細別	規格	単位	員数	単価	金額	摘要
	縁石工				m	441.0		1,524,508	
		縁石工			〃	441.0		1,524,508	
			自然石段石	新小松石	m	72.7	6,650	483,455	
			コンクリート縁石	150×120×600	〃	12.0	2,520	30,240	
			丸太縁石Ⅰ	松丸太 l=750	〃	336.7	2,390	804,713	
			丸太縁石Ⅱ	松丸太 l=900	〃	19.6	2,400	47,040	
			丸太階段	松丸太幅2.0m	段	22.0	7,230	159,060	
	擁壁工				m	310.2		4,271,836	
		擁壁工			〃	310.2		4,271,836	
			野面石積Ⅰ	H=0.5m	m	82.1	13,020	1,068,942	
			〃 Ⅱ	H=0.65m	〃	13.0	16,860	219,180	
			〃 Ⅲ	H=0.8m	〃	20.0	20,790	415,800	
			〃 Ⅳ	H=0.95m	〃	2.5	29,330	73,325	
			崩れ石積Ⅰ	H=0.5m内外	m	58.0	15,640	907,120	
			〃 Ⅱ	H=0.8m内外	〃	42.5	24,420	1,037,850	
			〃 Ⅲ	H=1.0m内外	〃	10.0	35,340	353,400	
			しがらみ土留		〃	82.1	2,390	196,219	
	設備工				式	1		1,147,600	
		設備工			〃	1		1,147,600	
			設備工		〃	1		1,147,600	
	小工作物設置工				式	1		1,024,140	
		小工作物設置工			〃	1		1,024,140	
			小工作物設置工		〃	1		1,024,140	
	修景施設工				式	1		10,255,978	
		修景施設工			〃	1		10,255,978	
			四阿		(棟)式	(2) 1		6,925,100	
			藤棚		(基)式	(1) 1		1,019,100	
			金閣寺垣	H=0.7m	m	39.7	3,740	148,478	
			景石設置工	0.2～1.2t	式	1		2,163,300	
	植栽工				式	1		51,033,980	
		植栽工			〃	1		43,070,500	
			高木植栽工		(本)式	(671.0) 1		27,878,000	
			中低木植栽工		(株)式	(8,990.0) 1		12,141,500	
			支柱設置工		(組)式	(850.0) 1		3,051,000	

工事区分	工 種	種 別	細 別	規 格	単位	員 数	単価	金 額	摘 要
			移植工		式	1		2,381,600	
			高木移植工		(本)式	(40.0) 1		1,538,100	
			中低木移植工		(株)式	(232.0) 1		598,700	
			支柱移設工		(組)式	(90.0) 1		244,800	
		地 被 植栽工			(m²)式	(2,860.0) 1		5,581,880	
			地被植栽工		(m²)式	(630.0) 1		4,230,500	
			張芝工	目地幅 4 cm 高麗芝	m²	2,230.0	606	1,351,380	
	（直 接 工 事 費 計）							74,089,345	
	共 通 仮設費				式	1		6,956,000	
		イメージアップ経費	（率分）		〃	1		666,000	
		共 通 仮設費 （率）						6,290,000	
	（純 工 事 費 計）							81,045,345	
		現 場 管理費						24,094,000	
工 事 原価計								105,139,000	
		一 般 管理費等						15,623,000	
工 事 価 格								120,762,000	
		消費税等 相 当 額							
請 負 工事費									

【参考】
◎共通仮設費（率分）の算定方法

　共通仮設費（率分）の所要額は次式による。

　　　　共通仮設費（率分）＝対象額(P)×共通仮設費率(K_r)×大都市を考慮した補正係数

共通仮設費の計算

工種区分：公園工事

　　施工地域・工事場所区分：地方部（施工場所が一般交通等の影響を受けない場合）

　　　補正率＝0％

　　　$K_r = A \cdot P^b$ より

　　　　A（変数値）＝48.0

　　　　P（対象額）＝74,089,345 円

　　　　b（変数値）＝－0.0956

　　　K_r（共通仮設費率）＝$48.0 \times 74,089,345^{-0.0956}$ ≒ 8.49％

　　　共通仮設費（率分）：$K_r \cdot P$＝$0.0849 \times 74,089,345$＝6,290,185.3905 ≒ 6,290,000 円

◎現場管理費の算定方法

現場管理費の所要額は次式による。

現場管理費＝対象純工事費×｛(現場管理費率標準値×補正係数)＋補正値｝

対象純工事費：純工事費＋支給品費＋無償貸付機械等評価額

現場管理費の計算

工種区分：公園工事

施工地域・工事場所区分：地方部（施工場所が一般交通等の影響を受けない場合）

$J_o = A \cdot N_p^b$ より

A（変数値）＝366.3

N_p（対象純工事費）＝74,089,345＋6,956,000＝81,045,345 円

b（変数値）＝－0.1379

J_o（現場管理費率）＝$366.3 \times 81{,}045{,}345^{-0.1379}$ ≒ 29.73％

現場管理費：$J_o \times N_p$＝0.2973×81,045,345＝24,094,781.0685 ≒ 24,094,000 円

◎一般管理費等の算定方法

一般管理費等の所要額は次式による。

一般管理費等＝工事原価(C_p)×一般管理費等率(G_p)
　　　　　　×補正係数（前払金支出割合によるもの）

一般管理費等の計算

前払金支出割合：0％ → 補正係数 1.05

契約保証に係る一般管理費等率の補正：補正しない

一般管理費等＝C_p×(G_p×補正係数)

$G_p = -4.63586 \times \log(C_p) + 51.34242$　　C_p（工事原価）＝105,139,000 円

G_p（一般管理費等率）＝$-4.63586 \times \log 105{,}139{,}000 + 51.34242$ ≒ 14.15％

一般管理費率の補正＝0.1415×1.05 ≒ 14.86％

一般管理費等：105,139,000×0.1486＝15,623,655.4 ≒ 15,623,000 円

4-4　直接工事費（各論）

4-4-1　材　料　費

材料費は，その所要数量に材料単価を乗じて算出される。

（1）数　　量

数量は工事を施工するのに直接必要となる標準使用量に運搬，貯蔵，施工中の損失量等を実情に即して加算する。

（2）材料単価

材料単価は原則として現場着単価（現場の材料置場までの着価格で現場内の小運搬は含まな

い）で，入札時（入札書提出期限日）における市場価格とし，消費税相当分は含まないものとする。

（3）材料単価の決定

材料単価の決定方法には，一般的には①物価資料による方法，②見積りによる方法があるが，生コンクリートや砕石のように使用頻度の高い材料などは，これらによらず，各発注機関ごとに定める統一単価による場合もある。ここでは，①および②について述べることとする。

1) 物価資料による方法

物価資料（（一財）経済調査会発行「積算資料」および（一財）建設物価調査会発行「建設物価」）に掲載されている実勢価格を平均し，単価の有効桁の大きい方の桁を決定額の有効桁とする。ただし，大きい方の有効桁が3桁未満のときは，決定額の有効桁は3桁とする。また，一方の資料にしか掲載のないものについては，その価格とする。

なお，適用時期は毎月とする。

〈例〉1） 入力単価の有効桁数の大きい方を有効桁とする場合

　　　　建設物価　33,500 円（有効桁3桁）　　積算資料　34,000 円（有効桁2桁）
　　　　平均額　　33,750 円
　　　　決定額　　33,700 円（有効桁3桁，4桁以降切り捨て）

〈例〉2） 入力単価の有効桁数が3桁未満のために3桁を有効桁とする場合

　　　　建設物価　560 円（有効桁2桁）　　積算資料　570 円（有効桁2桁）
　　　　平均額　　565 円
　　　　決定額　　565 円（最小有効桁3桁，4桁以降切り捨て）

公表価格として掲載されている資材価格は，メーカー等が一般に公表している販売希望価格であり，実勢価格と異なるため，積算に用いる単価としない。

ただし，公表価格で，割引率（額）の表示がある資材は，その割引率（額）を乗じた（減じた）価格を積算に用いる単価とする。

2) 見積りによる方法

見積りを徴収する場合は，形状寸法，品質，規格，数量および納入場所，見積り有効期限等の条件を必ず提示する。なお，見積価格は実勢取引価格であることを確認する。正式見積りは，原則として3社以上から徴収する。積算に用いる材料単価の決定方法は，異常値を除いた価格の平均価格とする。ただし，見積書の数が多い場合は，最頻度価格を採用する。

4-4-2 労務費

労務費はその所要人員に労務単価を乗じて算出される。

（1）所要人員

員数は原則として標準歩掛による。なお，造園工事においては，国土交通省より公園緑地工事標準歩掛が公表されている。

標準歩掛は、使用頻度の高い工種について過去の工事実績を調査し、各工種の実施に必要な人員を定めたものであるため、造園工事については、標準歩掛が定められていない工種も多い。したがって、そのような場合には、現場条件、工事規模等を考慮して、適切な歩掛を積算担当者が設定することとなる。また、標準歩掛以外の歩掛を採用するときは、その根拠をだれにでも理解できるよう明確にしておかなければならない。

（2）労務賃金

労務賃金は、労働者に支払われる賃金であって、直接作業に従事した時間の労務費の基本給をいい、基本給は、「公共工事設計労務単価」等を使用するものとする。

基準作業時間（8 h-17 h）外の作業および特殊条件により作業に従事して支払われる賃金を割増賃金といい、割増賃金は、従事した時間および条件によって加算するものとする。

公共工事設計労務単価における職種の定義は、表4-4のとおりである。

表4-4 調査対象職種の定義・作業内容

職　種	定　義　・　作　業　内　容
01　特殊作業員	①相当程度の技能および高度の肉体的条件を有し、主として次に掲げる作業について主体的業務を行うもの 　a．軽機械（道路交通法第84条に規定する運転免許ならびに労働安全衛生法第61条第1項に規定する免許、資格および技能講習の修了を必要とせず、運転および操作に比較的熟練を要しないもの）を運転または操作して行う次の作業 　　イ．機械重量3t未満のブルドーザ・トラクタ（クローラ型）・バックホウ（クローラ型）・トラクタショベル（クローラ型）・レーキドーザ・タイヤドーザ等を運転または操作して行う土砂等の掘削、積込みまたは運搬 　　ロ．吊上げ重量1t未満のクローラクレーン、吊上げ重量5t未満のウインチ等を運転または操作して行う資材等の運搬 　　ハ．機械重量3t未満の振動ローラ（自走式）、ランマ、タンパ等を運転または操作して行う土砂等の締固め 　　ニ．可搬式ミキサ、バイブレータ等を運転または操作して行うコンクリートの練上げおよび打設 　　ホ．ピックブレーカ等を運転または操作して行うコンクリート、舗装等のとりこわし 　　ヘ．動力草刈機を運転または操作して行う機械除草 　　ト．ポンプ、コンプレッサ、発動発電機等の運転または操作 　　チ．コンクリートカッター、コアボーリングマシンの運転または操作 　b．人力による合材の敷均しおよび舗装面の仕上げ 　c．ダム工事において、グリズリホッパ、トリッパ付ベルトコンベア、骨材洗浄設備、振動スクリーン、二次・三次破砕設備、製砂設備、骨材運搬設備（調整ビン機械室）を運転または操作して行う骨材の製造、貯蔵または運搬 　d．コンクリートポンプ車の筒先作業 ②その他、相当程度の技能および高度の肉体的条件を有し、各種作業について必要とされる主体的業務を行うもの
02　普通作業員	①普通の技能および肉体的条件を有し、主として次に掲げる作業を行うもの 　a．人力による土砂等の掘削、積込み、運搬、敷均し等 　b．人力による資材等の積込み、運搬、片付け等

表4-4 (つづき)

職　種	定　義・作　業　内　容
02　普通作業員	c. 人力による小規模な作業（例えば，標識，境界ぐい等の設置） d. 人力による芝はり作業（公園等の苑地を築造する工事における芝はり作業について主体的業務を行うものを除く） e. 人力による除草 f. ダム工事での骨材の製造，貯蔵または運搬における人力による木根，不良鉱物等の除去 ②その他，普通の技能および肉体的条件を有し，各種作業について必要とされる補助的業務を行うもの
03　軽作業員	①主として人力による軽易な次の作業を行うもの 　a. 軽易な清掃または後片付け 　b. 公園等における草むしり 　c. 軽易な散水 　d. 現場内の軽易な小運搬 　e. 準備測量，出来高管理等の手伝い 　f. 仮設物，安全施設等の小物の設置または撤去 　g. 品質管理のための試験等の手伝い ②その他，各種作業において主として人力による軽易な補助作業を行うもの
04　造園工	造園工事について相当程度の技能を有し，主として次に掲げる作業について主体的業務を行うもの ①樹木の植栽または維持管理 ②公園，庭園，緑地等の苑地を築造する工事における次の作業 　a. 芝等の地被類の植付け 　b. 景石の据付け 　c. 地ごしらえ 　d. 園路または広場の築造 　e. 池または流れの築造 　f. 公園設備の設置
05　法面工	法面工事について相当程度の技能および高度の肉体的条件を有し，主として次に掲げる作業について主体的業務を行うもの 　a. モルタルコンクリート吹付機または種子吹付機の運転 　b. 高所・急勾配法面における，ピックハンマ，ブレーカによる法面整形または金網・鉄筋張り作業 　c. モルタルコンクリート吹付け，種子吹付け等の法面仕上げ
06　とび工	高所・中空における作業について相当程度の技能および高度の肉体的条件を有し，主として次に掲げる作業について主体的業務を行うもの 　a. 足場または支保工の組立，解体等（コンクリート橋または鋼橋の桁架設に係るものを除く） 　b. 木橋の架設等 　c. 杭，矢板等の打ち込みまたは引き抜き（杭打機の運転を除く） 　d. 仮設用エレベーター，杭打機，ウインチ，索道等の組立て，据付け，解体等 　e. 重量物（大型ブロック，大型覆工板等）の捲揚げ，据付け等（クレーンの運転を除く） 　f. 鉄骨材の捲揚げ（クレーンの運転を除く）

表 4-4 （つづき）

職　種	定義・作業内容
07　石　　　工	石材の加工等について相当程度の技能および高度の肉体的条件を有し，主として次に掲げる作業について主体的業務を行うもの a. 石材の加工 b. 石積みまたは石張り c. 構造物表面のはつり仕上げ
08　ブロック工	ブロック工事について相当程度の技能を有し，積ブロック，張ブロック，連節ブロック，舗装用平板等の積上げ，布設等の作業について主体的業務を行うもの（48建築ブロック工に該当するものを除く）
09　電　　　工	電気工事について相当程度の技能かつ必要な資格を有し，建物ならびに屋外における，受電設備，変電設備，配電線路，電力設備，発電設備，通信設備等の工事に関する，主として次に掲げる作業について主体的業務を行うもの a. 配線器具，照明器具，発電機，通信機器，盤類等の取付け，据付けまたは撤去 b. 電線，電線管等の取付け，据付けまたは撤去 「必要な資格を有し」とは，電気工事士法第3条に規定する以下の4つの資格のいずれかの免状または認定証の交付を受けていることをいう。 ①第1種電気工事士 ②第2種電気工事士 ③認定電気工事従事者 ④特殊電気工事資格者
10　鉄　筋　工	鉄筋の加工組立について相当程度の技能を有し，鉄筋コンクリート工事における鉄筋の切断，屈曲，成型，組立て，結束等について主体的業務を行うもの
11　鉄　骨　工	鉄骨の組立について相当程度の技能を有し，鉄塔，鉄柱，高層建築物等の建設における鉄骨の組立，H.T.ボルト締めまたは建方および建方合番（相番）作業について主体的業務を行うもの（工場製作に従事するものおよび鋼橋の桁架設における作業，鉄骨の組立に必要な足場もしくは支保工の組立，解体等または鉄骨材の捲揚げ作業に従事するものを除く）
12　塗　装　工	塗装作業について相当程度の技能を有し，塗料，仕上塗材，塗り床等の塗装材料を用い，各種工法による塗装作業（塗装のための下地処理を含む）について主体的業務を行うもの（塗装作業上必要となる足場の組立または解体に従事するものおよび23橋りょう塗装工に該当するものを除く）
13　溶　接　工	溶接作業について相当程度の技能を有し，酸素，アセチレンガス，水素ガス，電気その他の方法により，鋼杭，鋼矢板，鋼管，鉄筋等の溶接（ガス圧接を含む）または切断について主体的業務を行うもの（工場製作に従事するものを除く）
14　運転手（特殊）	重機械（主として道路交通法第84条に規定する大型特殊免許または労働安全衛生法第61条第1項に規定する免許，資格もしくは技能講習の修了を必要とし，運転および操作に熟練を要するもの）の運転および操作について相当程度の技能を有し，主として重機械を運転または操作して行う次の作業について主体的業務を行うもの a. 機械重量3t以上のブルドーザ・トラクタ・パワーショベル・バックホウ・クラムシェル・ドラグライン・ローディングショベル・トラクタショベル・レーキドーザ・タイヤドーザ・スクレープドーザ・スクレーパ・モータスクレーパ等を運転または操作して行う土砂等の掘削，積込みまたは運搬 b. 吊上げ重量1t以上のクレーン装置付トラック・クローラクレーン・トラッククレーン・ホイールクレーン，吊上げ重量5t以上のウインチ等を運転または操作して行う資材等の運搬

表 4-4 （つづき）

職　　種	定　義　・　作　業　内　容
14　運転手（特殊）	c.　ロードローラ，タイヤローラ，機械重量 3 t 以上の振動ローラ（自走式），スタビライザ，モータグレーダ等を運転または操作して行う土砂等のかきならしまたは締固め d.　コンクリートフィニッシャ，アスファルトフィニッシャ等を運転または操作して行う路面等の舗装 e.　杭打機を運転または操作して行う杭，矢板等の打込みまたは引抜き f.　路面清掃車（3 輪式），除雪車等の運転または操作 g.　コンクリートポンプ車の運転または操作（筒先作業は除く）
15　運転手（一般）	道路交通法第 84 条に規定する運転免許（大型免許，中型免許，普通免許等）を有し，主として機械を運転または操作して行う次に掲げる作業について主体的業務を行うもの 　a.　資機材の運搬のための貨物自動車の運転 　b.　もっぱら路上を運行して作業を行う散水車，ガードレール清掃車等の運転 　c.　機械重量 3 t 未満のトラクタ（ホイール型）・トラクタショベル（ホイール型）・バックホウ（ホイール型）等を運転または操作して行う土砂等の掘削，積込みまたは運搬 　d.　吊上げ重量 1 t 未満のホイールクレーン・クレーン装置付トラック等を運転または操作して行う資材等の運搬 　e.　アスファルトディストリビュータを運転または操作して行う乳剤の散布 　f.　路面清掃車（4 輪式）の運転または操作
16　潜かん工	加圧された密室内における作業について相当程度の技能および高度の肉体的条件を有し，潜かんまたはシールド（圧気）内において土砂の掘削，運搬等の作業を行うもの
17　潜かん世話役	加圧された密室内における作業について相当程度の技術を有し，潜かん工事またはシールド工事（圧気）についてもっぱら指導的な業務を行うもの
18　さく岩工	岩掘削作業について相当程度の技能および高度の肉体的条件を有し，爆薬およびさく岩機を使用する岩石の爆破掘削作業（坑内作業を除く）について主体的業務を行うもの
19　トンネル特殊工	トンネル坑内における作業について相当程度の技能および高度の肉体的条件を有し，トンネル等の坑内における主として次に掲げる作業について主体的業務を行うもの 　a.　ダイナマイトおよびさく岩機を使用する爆破掘削 　b.　支保工の建込，維持，点検等 　c.　アーチ部，側壁部およびインバートのコンクリート打設等 　d.　ずり積込機，バッテリーカー，機関車等の運転等 　e.　アーチ部および側壁部型わくの組立て，取付け，除去等 　f.　シールド工事（圧気を除く）における各種作業
20　トンネル作業員	トンネル坑内における作業について普通の技能および肉体的条件を有し，トンネル等の坑内における主として人力による次に掲げる作業を行うもの 　a.　各種作業についての補助的業務 　b.　人力による資材運搬等 　c.　シールド工事（圧気を除く）における各種作業についての補助的業務
21　トンネル世話役	トンネル坑内における作業について相当程度の技術を有し，もっぱら指導的な業務を行うもの

表 4-4 （つづき）

職　　種	定　義　・　作　業　内　容
22　橋りょう特殊工	橋りょう関係の作業について相当程度の技能を有し，主として次に掲げる作業（工場製作に係るものおよび工場内における仮組立に係るものを除く）について主体的業務を行うもの a. PC 橋の製作のうち，グラウト，シースおよびケーブルの組立て，緊張，横締め等 b. コンクリート橋または鋼橋の桁架設および桁架設用仮設備の組立て，解体，移動等 c. コンクリート橋または鋼橋の桁架設に伴う足場，支保工等の組立て，解体等
23　橋りょう塗装工	橋りょう等の塗装作業について相当程度の技能を有し，橋りょう，水門扉等の塗装，ケレン作業等（工場内を含む）について主体的業務を行うもの
24　橋りょう世話役	橋りょう関係作業について相当程度の技術を有し，もっぱら指導的な業務を行うもの（工場内作業を除く）
25　土木一般世話役	土木工事および重機械の運転または操作について相当程度の技術を有し，もっぱら指導的な業務を行うもの（17 潜かん世話役，21 トンネル世話役または 24 橋りょう世話役に該当するものを除く）
26　高　級　船　員	海面での工事における作業船（土運船，台船等の雑船を除く）の各部門の長または統括責任者をいい，次に掲げる職名を標準とする 船長，機関長，操業長等（各会社が俗称として使用している水夫長，甲板長等を除く） 以下の水面は，海面に含める（27 普通船員，28 潜水士，29 潜水連絡員および 30 潜水送気員についても同様） ①海岸法第 3 条により指定された海岸保全区域内の水面 ②漁港法第 5 条により指定された漁港区域内の水面 ③港湾法第 4 条により認可を受けた港湾区域内の水面
27　普　通　船　員	海面での工事における作業船（土運船，台船等の雑船を含む）の船員で，高級船員以外のもの
28　潜　水　士	潜水士免許を有し，海中の建設工事等のため，潜水器を用いかつ空気圧縮機による送気を受けて海面下で作業を行うもの （潜水器（潜水服，靴，カブト，ホース等）の損料を含む） 「潜水士免許」とは，労働安全衛生法第 61 条に規定する免許のことをいう
29　潜水連絡員	潜水士との連絡等を行うもので次に掲げる業務等を行うもの a. 潜水士と連絡して，潜降および浮上を適正に行わせる業務 b. 潜水送気員と連絡し，所要の送気を行わせる業務 c. 送気設備の故障等により危害のおそれがあるとき直ちに潜水士に連絡する業務
30　潜水送気員	潜水士への送気の調節を行うための弁またはコックを操作する業務等を行うもの
31　山林砂防工	山林砂防工事について相当程度の技能および高度の肉体的条件を有し，山地治山砂防事業（主として山間遠かく地の急傾斜地または狭隘な谷間における作業）に従事し，主として次に掲げる作業を行うもの a. 人力による崩壊地の法切，階段切付け，土石の掘削・運搬，構造物の築造等 b. 人力による資材の積込み，運搬，片付け等 c. 簡易な索道，足場等の組立，架設，撤去等 d. その他各作業について必要とされる関連業務

表 4-4 （つづき）

職　種	定　義　・　作　業　内　容
32　軌　道　工	軌道工事および軌道保守について相当程度の技能および高度の肉体的条件を有し，主として次に掲げる作業について主体的業務を行うもの 　a. 軽機械（タイタンパー，ランマー，パワーレンチ等）等を使用してレールの軌間，高低，通り，平面性等を限度内に修正保守する作業 　b. 新線建設等において，レール，枕木，バラスト等を運搬配列して，軽機械（タイタンパー，ランマー，パワーレンチ等）等を使用して軌道を構築する作業
33　型 わ く 工	木工事について相当程度の技能を有し，主として次に掲げる作業について主体的業務を行うもの 　a. 木製型わく（メタルフォームを含む）の製作，組立て，取付け，解体等（坑内作業を除く） 　b. 木坑，木橋等の仕替え等
34　大　　　　工	大工工事について相当程度の技能を有し，家屋等の築造，屋内における造作等の作業について主体的業務を行うもの
35　左　　　　官	左官工事について相当程度の技能を有し，土，モルタル，プラスター，漆喰，人造石等の壁材料を用いての壁塗り，吹き付け等の作業について主体的業務を行うもの
36　配　管　工	配管工事について相当程度の技能を有し，建物ならびに屋外における給排水，冷暖房，給気，給湯，換気等の設備工事に関する，主として次に掲げる作業について主体的業務を行うもの 　a. 配管ならびに管の撤去 　b. 金属・非金属製品（管等）の加工および装着 　c. 電触防護
37　は つ り 工	はつり作業について相当程度の技能を有し，主として次に掲げる作業について主体的業務を行うもの 　a. コンクリート，石れんが，タイル等の建築物壁面のはつり取り（はつり仕上げを除く） 　b. 建築物の床または壁の穴あけ
38　防　水　工	防水工事について相当程度の技能を有し，アスファルト，シート，セメント系材料，塗膜，シーリング材等による屋内，屋外，屋根または地下の床，壁等の防水作業について主体的業務を行うもの
39　板　金　工	板金作業について相当程度の技能を有し，金属薄板の切断，屈曲，成型，接合等の加工および組立・取付作業ならびに金属薄板による屋根ふき作業について主体的業務を行うもの（46 ダクト工に該当するものを除く）
40　タ イ ル 工	タイル工事について相当程度の技能を有し，外壁，内壁，床等の表面のタイル張付けまたは目地塗の作業について主体的業務を行うもの
41　サ ッ シ 工	サッシ工事について相当程度の技能を有し，金属製建具の取付作業について主体的業務を行うもの
42　屋 根 ふ き 工	屋根ふき作業について相当程度の技能を有し，瓦ふき，スレートふき，土居ぶき等の屋根ふき作業またはふきかえ作業について主体的業務を行うもの
43　内　装　工	内装工事について相当程度の技能を有し，ビニル床タイル，ビニル床シート，カーペット，フローリング，壁紙，石こうボードその他ボード等の内装材料を床，壁もしくは天井に張り付ける作業またはブラインド，カーテンレール等を取り付ける作業について主体的業務を行うもの

表 4-4 (つづき)

職　種	定　義　・　作　業　内　容
44　ガラス工	ガラス工事について相当程度の技能を有し，各種建具のガラスはめ込み作業について主体的業務を行うもの
45　建具工	建具工事について相当程度の技能を有し，戸，窓，枠等の木製建具の製作・加工および取付作業に従事するもの
46　ダクト工	ダクト工事について相当程度の技能を有し，金属・非金属の薄板を加工し，通風ダクトの製作および取付作業に従事するもの（39板金工に該当するものを除く）
47　保温工	保温工事について相当程度の技能を有し，建築設備の機器，配管およびダクトに保温（保冷，防露，断熱等を含む）材を装着する作業に従事するもの
48　建築ブロック工	建築ブロック工事について相当程度の技能を有し，建築物の躯体および帳壁の築造または改修のために，空洞コンクリートブロック，レンガ等の積上げおよび目地塗作業に従事するもの
49　設備機械工	機械設備工事について相当程度の技能を有し，冷凍機，送風機，ボイラー，ポンプ，エレベーター等の大型重量機器の据付け，調整または撤去作業について主体的業務を行うもの
50　交通誘導警備員A	警備業者の警備員（警備業法第2条第4項に規定する警備員をいう）で，交通誘導警備業務（警備員等の検定等に関する規則第1条第4号に規定する交通誘導警備業務をいう）に従事する交通誘導警備業務に係る一級検定合格警備員または二級検定合格警備員
51　交通誘導警備員B	警備業者の警備員で，交通誘導警備員A以外の交通の誘導に従事するもの

4-4-3　直接経費

　直接経費は，（1）特許使用料，（2）水道光熱電力料，（3）機械経費，（4）その他の経費に区分される。

（1）特許使用料

　特許使用料は，契約に基づき使用する特許の使用料および派出する技術者等に要する費用の合計額とするものとする。

（2）水道光熱電力料

　水道光熱電力料は，工事を施工するために必要な電力，電灯使用料，用水使用料および投棄料等とするものとする。

（3）機械経費

　機械経費は，工事を施工するために必要な機械の使用に要する経費（材料費，労務費を除く）で，その算定は請負工事機械経費積算要領に基づいて積算するものとする。

　機械経費の構成を図に示すと，図4-5のとおりである。

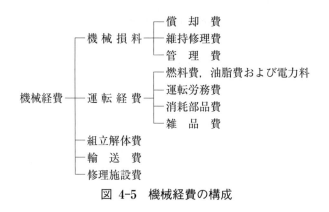

図 4-5 機械経費の構成

機械経費の内訳について以下に示す。
1) 償却費
　機械の使用または経年による価値の減価格である。
2) 維持修理費
　機械の効用を維持するために必要な整備および修理の費用で，運転経費以外のものである。
3) 管理費
　機械の保有に伴い必要となる公租公課，保険料，格納保管（これに要する要員を含む）等の経費である。
4) 燃料費
　燃料費は，次の算式により求めた額とする。
　　　　燃料費＝燃料単価×運転1時間当たり（または運転1日当たり）・1kW当たり燃料
　　　　　　　消費量×定格（または最高）出力×運転時間数（または運転日数）
　　（この式において，運転1時間当たり（または運転1日当たり）・1kW当たり燃料消費量は，実績または推定により求めるものとし，定格（または最高）出力は，算定表に掲げるところによる。）
5) 電力料
　電力料は，電気事業者が定める電力供給規程をもとに，次の算式により求めた額とする。
　　　　電力料＝従量電力料単価×使用電力量
　　（この式において使用電力量は，次式により求めるものとする。この場合の負荷率は，定格（または最高）出力に対する平均出力の割合とし，作業時間率については，運転時間数に対する実作業時間の割合とし，いずれも実績または推定により求めるものとする。）
　　　　使用電力量＝負荷設備容量×負荷率×作業時間率×運転時間数
6) 運転労務費
　運転労務費は，次の算式により求めた額とする。
　　　　運転労務費＝労務単価×運転1時間当たり（または運転1日当たり）労務歩掛
　　　　　　　×運転時間数（または運転日数）

7）消耗部品費

消耗部品費は，次の算式により求めた額とする。

消耗部品費＝運転1時間当たり（または運転1日当たり）の損耗費
　　　　　×運転時間数（または運転日数）

（この式において運転1時間当たり（または運転1日当たり）の損耗費は，実績または推定により求める。）

8）組立解体費

組立解体費は，機械の使用に伴う組立および工事の完了に伴う解体に必要な費用で，組立および解体に使用する機械器具の損料および運転経費ならびに組立および解体作業に従事する労務者の賃金および雑材料費である。

9）輸送費

輸送費は，機械を工事現場に搬入し，または工事現場から搬出するために要する費用で，機械が所在すると推定される場所から工事現場までの最も経済的な通常の経路および方法による場合の運賃（自走する機械については，当該機械の機械損料および運転経費）および積卸しの費用である。

10）修理施設費

大規模工事または山間へき地における工事等で機械化施工の効率化を図るため，工事現場に修理施設を設ける必要があると認められる際の，修理施設（工作機械を含む）の工事現場搬入搬出および仮設撤去の費用である。

11）機械損料の算定

機械損料は，償却費，維持修理費および管理費について，次の①の算式により求めた運転1時間当たり損料（運転時間の測定が困難な機械または機械損料の計算を運転日単位で行うことが適当な機械（以下「運転日単位の機械」という）については，運転1日当たり損料。以下同じ）に運転時間数（運転日単位の機械については，運転日数。以下同じ）を乗じて得た額と，次の「②供用1日当たり損料」の算式により求めた供用1日当たり損料に供用日数を乗じて得た額とを合計して算定するものとする。ただし，予備用機械については，「②供用1日当たり損料」の算式により求めた供用1日当たり損料に供用日数を乗じて得た額とする。

①運転1時間当たり損料

$$= 基礎価格 \times \left(\frac{1/2 \times 償却費率 + 維持修理費率}{標準使用年数} \right) \times \frac{1}{年間標準運転時間（または年間標準運転日数）}$$

②供用1日当たり損料

$$= 基礎価格 \times \left(\frac{1/2 \times 償却費率}{標準使用年数} + 年間管理費率 \right) \times \frac{1}{年間標準供用日数}$$

前項の規定にかかわらず，運転日数の測定が困難な機械または機械損料の計算を供用日単位で行うことが適当な機械（以下「供用日単位の機械」という）の機械損料は，次の算

式により求めた供用1日当たり損料に供用日数を乗じて得た額とする。

供用1日当たり損料

$$= 基礎価格 \times \left(\frac{償却費率 + 維持修理費率}{標準使用年数} + 年間管理費率 \right) \times \frac{1}{年間標準供用日数}$$

4-5　間接工事費

間接工事費は，「4-2-3　間接工事費」で述べたように，共通仮設費および現場管理費からなる。

4-5-1　共通仮設費
（1）一般事項

1）工種区分

①共通仮設費は表4-5に掲げる区分ごとに算定する。

表 4-5　工種区分

工種区分	工　種　内　容
河川工事	河川工事にあって，次に掲げる工事 築堤工，掘削工，浚渫工，護岸工，特殊堤工，根固工，水制工，水路工，河床高水敷整正工，堤防地盤処理工，河川構造物グラウト工，光ケーブル配管工等の補修およびこれらに類する工事 ただし，河川高潮対策区間の河川工事については「海岸工事」とする
河川・道路構造物工事	河川における構造物工事および道路における構造物工事にあって，次に掲げる工事 1. 樋門（管）工，水（閘）門工，サイフォン工，床止（固）工，堰，揚排水機場，ロックシェッド（RC構造），スノーシェッド（RC構造），防音（吸音・遮音）壁工，コンクリート橋，簡易組立橋梁，仮橋・仮桟橋，PC橋（工場製作桁の場合）等の工事およびこれらの下部・基礎のみの工事 ただし，河川高潮対策区間における樋門（管）工，水（閘）門工については「海岸工事」とする 2. 橋梁の下部工，床版工のみの工事 3. ゴム伸縮継手（新設橋），落橋防止工（RC構造），コンクリート橋の支承，高欄設置工（コンクリート，石材等），旧橋撤去工（鋼橋コンクリート橋上下部），トンネル内装工（新設トンネル） 4. 1・2および3に類する工事 ただし，工種区分の橋梁保全工事に該当するものは除く。また，門扉等の工場製作および揚排水機場の上屋は除く

表 4-5 （つづき）

工種区分		工　種　内　容
海岸工事		海岸工事にあって，次に掲げる工事 　堤防工，突堤工，離岸堤工，消波根固工，海岸擁壁工，護岸工，樋門（管）工，河口浚渫，水（閘）門工，養浜工，堤防地盤処理工およびこれらに類する工事 河川高潮対策区間の河川工事にあって，次に掲げる工事 　築堤工，掘削工，浚渫工，護岸工，特殊堤工，根固工，水制工，水路工，河床高水敷整正工，堤防地盤処理工，河川構造物グラウト工，樋門（管）工，水（閘）門工，光ケーブル配管工，護岸工等の補修およびこれらに類する工事
道路改良工事		道路改良工事にあって，次に掲げる工事 　土工，擁壁工，函（管）渠工，側溝工，山止工，法面工，落石防止柵工，雪崩防止柵工，道路地盤処理工，標識工，防護柵工およびこれらに類する工事
鋼橋架設工事		鋼橋等の運搬架設および塗装に関する工事にあって，次に掲げる工事 　1. 鋼橋架設工，鋼橋塗装工，鋼橋塗替工，鋼橋桁連結工，橋梁検査路設置工，高欄設置工（鋼製・アルミ等），スノーシェッド（鋼構造），ロックシェッド（鋼構造），落橋防止工（RC構造以外），鋼橋の支承，道路付属物を除く鋼構造物塗替工（水門，樋門，樋管，排水機場等） 　2. 簡易組立橋の塗装工事およびこれらに類する工事 ただし，工種区分の橋梁保全工事に該当するものは除く。
PC橋工事		工事現場におけるPC桁の製作（工場製作桁は除く），架設および製作架設に関する工事
橋梁保全工事		橋梁の保全に関する次に掲げる修繕工事 　1. 橋梁（鋼橋は除く）の修繕，橋台・橋脚補強工事 　2. 床版打替工，沓座拡幅工，落橋防止工（RC構造），コンクリート橋の支承 　3. 鋼橋等の修繕に関する工事で鋼橋桁連結工，橋梁検査路設置工，高欄設置工（鋼製・アルミ等），橋梁補修工（鋼板接着・増桁），落橋防止工（RC構造以外），鋼橋の支承修繕の工事 　4. 伸縮継手補修工，高欄取替工 　5. その他，橋梁保全のための修繕等の工事（塗装，舗装打替え等は除く）
舗装工事		舗装の新設，修繕工事にあって，次に掲げる工事 　セメントコンクリート舗装工，アスファルト舗装工，セメント安定処理路盤工，アスファルト安定処理路盤工，砕石路盤工，凍上抑制層，コンクリートブロック舗装工，路上再生処理工，切削オーバーレイ工およびこれらに類する工事 ただし，小規模（パッチング等）な工事で施工箇所が点在する工事は除く
共同溝等工事	（1）	共同溝および地下立体交差工事（地下駐車場，地下横断歩道等）にあって，次に掲げる工事 　施工方法がシールド工法または作業員が内部で作業する推進工法による工事
	（2）	共同溝および地下立体交差工事（地下駐車場，地下横断歩道等）にあって，次に掲げる工事 　施工方法が開削工法による工事

表 4-5 (つづき)

工種区分		工種内容
トンネル工事		トンネルに関する工事にあって，次に掲げる工事 1. トンネル工事 2. 施工方法がシールド工法または作業員が内部で作業する推進工法による工事 ただし，本体工を完成後別件で照明設備，舗装，側溝等を発注する場合，または併用開始後の照明設備，吹付け，舗装，修繕工事等は除く
砂防・地すべり等工事		砂防，地すべり工事および急傾斜地崩壊防止施設工事にあって，次に掲げる工事 堰堤工，流路工，山腹工，抑制工，抑止工，床固工，落石なだれ防止工，集水井工，集排水井ボーリング工，排水トンネル工およびこれらに類する工事
道路維持工事		道路にあって，次に掲げる工事 1. 管理を目的とした維持的工事 2. 道路附属物塗替工，防雪柵設置撤去工[※1]，トンネル漏水防止工，トンネル内装工（供用トンネル），路面切削工，路面工，法面工等の維持・補修[※2]に関する工事 3. 道路標識[※1]，道路情報施設，電気通信設備，防護柵[※1]，樹木等および区画線等の設置 4. 除草，除雪，清掃および植栽等の緑地管理に関する作業 5. 1, 2, 3 および 4 に類する工事 ※1：局部的新設，復旧・更新を主とする場合に適用 ※2：法面工の補修については局部的な場合に適用
河川維持工事		河川維持工事（河川高潮対策区間の工事を含む）にあって，次に掲げる工事 1. 管理を目的とした維持的工事 2. 堤防天端・法面等の補修工事 3. 標識，境界杭，防護柵および駒止め等の設置 4. 道路における電気通信設備以外の当該設備工事 5. 河川の伐開，除草，清掃，芝養生，水面清掃等の作業 6. 1, 2, 3, 4 および 5 に類する工事
下水道工事	(1)	下水道に関する工事にあって，次に掲げる工事 施工方法がシールド工法または作業員が内部で作業する推進工法による管渠工事
	(2)	下水道に関する工事にあって，次に掲げる工事 施工方法が開削工法または小口径の推進工法による管渠工事
	(3)	下水道に関する工事にあって，次に掲げる工事 ポンプ場工事，処理工事およびこれらに類する工事
公園工事		公園および緑地の造成整備に関する工事にあって，次に掲げる工事 敷地造成工，園路広場工，植樹工，除草工，芝付工，花壇工，日陰棚工，ベンチ工，池工，遊戯施設工，運動施設工，標識工およびこれらに類する工事
コンクリートダム工事		コンクリートダム本体を主体とする工事
フィルダム工事		フィルタイプでダム本体を主体とする工事
電線共同溝工事		電線共同溝に関する工事
情報ボックス工事		情報ボックスに関する工事（耐火防護も含む）

②工種区分は，工事名にとらわれることなく工種内容によって適切に選定する。

③2種以上の工種内容からなる工事については，その主たる工種区分を適用する。

なお，「主たる工種」とは，下記2）の①に定める対象額の大きい方の工種区分をいう。ただし，対象額で判断しがたい場合は直接工事費で判断する。

2) 算定方法

共通仮設費の算定は，表4-5の工種区分に従って所定の率計算による額と積上げ計算による額とを加算して行う。

共通仮設費の費目構成は，下記のとおりである。

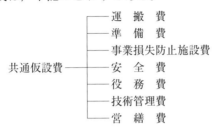

①率計算による部分

下記に定める対象額ごとに求めた率に，当該対象額を乗じて得た額の範囲内とする。

対象額(P) ＝ 直接工事費＋（支給品費＋無償貸付機械等評価額）
　　　　　　＋事業損失防止施設費＋準備費に含まれる処分費

ア．下記に掲げる費用は対象額に含めない。

　（あ）簡易組立式橋梁，PC桁，門扉，ポンプ，グレーチング床版，大型遊具（設計製作品），光ケーブルの購入費

　（い）上記（あ）を支給する場合の支給品費

　（う）鋼桁，門扉等の工場製作に係る費用のうちの工場原価

　（え）大型標識柱〔オーバーヘッド柱，オーバーハング柱（F型，T型，逆L型）〕の製作費を含む材料費

イ．支給品費および無償貸付機械等評価額は「直接工事費＋事業損失防止施設費」に含まれるものに限る。

　　ただし，コンクリートダム工事，フィルダム工事については，支給電力料を対象額に含めない。また，別途製作工事等で製作し，架設および据付工事等を分離して発注する場合は，当該製作費は対象額に含めない。

ウ．無償貸付機械等評価額の算定は次式により行う。

$$\begin{bmatrix}無償貸付機械等\\評価額\end{bmatrix} = \begin{bmatrix}無償貸付機械と同機種，同\\型式の建設機械等損料額\end{bmatrix} - \begin{bmatrix}当該建設機械等の設計書\\に計上された経費\end{bmatrix}$$

（貸付にかかる損料額）　　　（業者持込の損料額）　　　（無償貸付機械等損料額）

表 4-6 共通仮設費率

第1表

工種区分 \ 適用区分 \ 対象額	600万円以下 下記の率とする	600万円を超え10億円以下 算定式により算出された率とする。ただし，変数値は下記による		10億円を超えるもの 下記の率とする
		A	b	
河 川 工 事	12.53	238.6	－0.1888	4.77
河川・道路構造物工事	20.77	1,228.3	－0.2614	5.45
海 岸 工 事	13.08	407.9	－0.2204	4.24
道 路 改 良 工 事	12.78	57.0	－0.0958	7.83
鋼 橋 架 設 工 事	38.36	10,668.4	－0.3606	6.06
Ｐ Ｃ 橋 工 事	27.04	1,636.8	－0.2629	7.05
舗 装 工 事	17.09	435.1	－0.2074	5.92
砂防・地すべり等工事	15.19	624.5	－0.2381	4.49
公 園 工 事	10.80	48.0	－0.0956	6.62
電 線 共 同 溝 工 事	9.96	40.0	－0.0891	6.31
情 報 ボ ッ ク ス 工 事	18.93	494.9	－0.2091	6.50

第2表

工種区分 \ 適用区分 \ 対象額	600万円以下 下記の率とする	600万円を超え3億円以下 算定式により算出された率とする。ただし，変数値は下記による		3億円を超えるもの 下記の率とする
		A	b	
橋 梁 保 全 工 事	27.32	7,050.2	－0.3558	6.79

第3表

工種区分 \ 適用区分 \ 対象額	200万円以下 下記の率とする	200万円を超え1億円以下 算定式により算出された率とする。ただし，変数値は下記による		1億円を超えるもの 下記の率とする
		A	b	
道 路 維 持 工 事	23.94	4,118.1	－0.3548	5.97
河 川 維 持 工 事	9.05	26.8	－0.0748	6.76

第4表

工種区分		対象額 適用区分	1,000万円以下 下記の率とする	1,000万円を超え20億円以下 算定式により算出された率とする。ただし，変数値は下記による		20億円を超えるもの 下記の率とする
				A	b	
共同溝等工事	（1）		8.86	68.3	−0.1267	4.53
	（2）		13.79	92.5	−0.1181	7.37
トンネル工事			28.71	4,164.9	−0.3088	5.59
下水道工事	（1）		12.85	422.4	−0.2167	4.08
	（2）		13.32	485.4	−0.2231	4.08
	（3）		7.64	13.5	−0.0353	6.34

第5表

工種区分	対象額 適用区分	3億円以下 下記の率とする	3億円を超え50億円以下 算定式により算出された率とする。ただし，変数値は下記による		50億円を超えるもの 下記の率とする
			A	b	
コンクリートダム		12.29	105.2	−0.1100	9.02
フィルダム		7.57	43.7	−0.0898	5.88

共通仮設費の率分の算定は，表4-6の工種区分に従って対象額ごとに求めた共通仮設費率を，当該対象額に乗じて得た額の範囲内とする。

算定式

$$K_r = A \cdot P^b$$

ただし，K_r：共通仮設費率（％）

　　　　P：対象額（円）

　　　　A, b：変数値

（注）K_rの値は，小数第3位を四捨五入して，小数第2位止めとする。

②共通仮設費率の補正

共通仮設費率の補正については，「大都市を考慮した共通仮設費率の補正」または，「施工地域・工事場所を考慮した共通仮設費率の補正」により補正を行うものとする。ただし，工種区分が「公園工事」の場合は，「施工地域・工事場所を考慮した共通仮設費率の補正」における補正値（表4-7）のみが対象となる。

表 4-7　施工地域・工事場所区分による補正値

施工地域・工事場所区分		補正値（％）
市　　街　　地		2.0
山間僻地および離島		1.0
地　方　部	施工場所が一般交通等の影響を受ける場合	1.5
	施工場所が一般交通等の影響を受けない場合	0.0

（注）コンクリートダム・フィルダムおよび電線共同溝工事には適用しない。

〈施工地域区分〉

市　街　地：施工地域が人口集中地域（DID 地区），およびこれに準ずる地区をいう。

人口集中地域（DID 地区）とは，総務省統計局国勢調査による地域別人口密度が 4,000 人/km^2 以上で，その全体が 5,000 人以上となっている地域をいう。

山間僻地および離島：施工地域が人事院規則における特地勤務手当を支給するために指定した地区，およびこれに準ずる地区をいう。

地　方　部：施工地域が上記以外の地区をいう。

一般交通等の影響を受ける場合とは，以下の場合である。
　　イ　施工場所において一般交通の影響を受ける場合
　　ロ　施工場所において地下埋設物件の影響を受ける場合
　　ハ　施工場所において 50 m 以内に人家等が連なっている場合

工事場所において施工地域・工事場所区分が二つ以上となる場合には，補正値の大きい方を適用する。

③共通仮設費（率分）の計算

共通仮設費（率分）＝対象額(P)×(共通仮設費率(K_r)
　　　　　　　　　　　　＋施工地域・工事場所を考慮した補正値)

ただし，共通仮設費率は表 4-6 による。

設計変更時における共通仮設費率の補正については，工事区間の延長等により当初計上した補正値に増減が生じた場合，あるいは当初計上していなかったが，上記条件の変更により補正できることとなった場合は設計変更の対象として処理するものとする。

④積上げ計算による部分

現場条件等を的確に把握することにより必要額を適正に積み上げるものとする。

3）条件明示

安全対策上，重要な仮設物等については設計図書に条件明示し，極力指定仮設とする。

4）適用除外

この算定基準によることが困難または不適当であると認められるものについては適用除外とすることができる。

5）間接工事費等の項目別対象

間接工事費等の項目別対象は，表 4-8 のとおりである。

表 4-8 間接工事費等の項目別対象表

間接工事費等 項　目　　　　対象額	共通仮設費 対　象　額	現場管理費 直接工事費＋共通仮設費 ＝純工事費	一般管理費等 純工事費＋現場管理費 ＝工事原価
桁　　等　　購　　入　　費	×	○	○
処　　　分　　　費　　　等	処分費等(投棄料・上下水道料金・有料道路利用料の取扱いは，(注)(ト)参照)		
支給品費等　桁　　等　　購　　入　　費	×	○	×
支給品費等　一　　般　　材　　料　　費	○	○	×
支給品費等　別　途　製　作　の　製　作　費	×	×	×
支給品費等　電　　　　　　　　　　　力	○	○	×
無　償　貸　付　機　械　評　価　額	○	○	×
鋼　橋　門　扉　等　工　場　原　価	×	×	○
現　　　場　　　発　　　生　　　品	×	×	×
ダム工事　支　給　電　力　料 　　　　（基　本　料　金　含　む）	×	×	×
ダム工事　無　償　貸　付　機　械　評　価　額	○	×	×

　　　　　　　　　　　　　　　　　　　　　　　　　　　　　　　○対象とする　　×対象としない

(注)　(イ)　共通仮設費対象額とは，直接工事費＋支給品費＋無償貸付機械等評価額＋事業損失防止施設費
　　　　　＋準備費に含まれる処分費である。
　　(ロ)　桁等購入費とは，PC桁，簡易組立式橋梁，グレーチング床版，門扉，ポンプ，大型遊具（設計
　　　　　製作品），光ケーブルの購入費をいう。
　　(ハ)　無償貸付機械等評価額とは，無償貸付機械と同機種同型式の建設機械等損料額から当該建設機
　　　　　械等の設計書に計上された額を控除した額をいう。
　　(ニ)　別途製作する標識柱（F型柱，WF型柱，オーバーヘッド式）の場合の扱いは，鋼橋・門扉等工
　　　　　事原価の取扱いに準ずるものとする（t当たり製作単価として取扱う場合）。
　　(ホ)　現場発生品とは，同一現場で発生した資材を物品管理法で規定する処理を行わず再使用する場
　　　　　合をいう。
　　(ヘ)　別途製作したものを一度現場に設置した後に発生品となり再度支給する場合の扱いは，別途製
　　　　　作の製作費と同じ扱いとする。
　　(ト)　「処分費等」の取扱い
　　　　　「処分費等」とは，下記のものとし，「処分費等」を含む工事の積算は，当該処分費等を直接工
　　　　　事費に計上し，間接工事費等の積算は，表のとおりとする。
　　　　　1）処分費（再資源化施設の受入費を含む）
　　　　　2）上下水道料金
　　　　　3）有料道路利用料

表 4-9 処分費等の取扱い

区　　分	処分費等が「共通仮設費対象額（P）」の3％以下でかつ処分費等が3,000万円以下の場合	処分費等が「共通仮設費対象額（P）」の3％を超える場合または処分費等が3,000万円を超える場合
共　通仮設費	処分費等は全額を率計算の対象とする。	処分費等は「共通仮設費対象額（P）」の3％の金額を率計算の対象とし，3％を超える金額は率計算の対象としない。 ただし，対象とする金額は3,000万円を上限とする。
現　場管理費	処分費等は全額を率計算の対象とする。	処分費等は「共通仮設費対象額（P）」の3％の金額を率計算の対象とし，3％を超える金額は率計算の対象としない。 ただし，対象とする金額は3,000万円を上限とする。
一　般管理費等	処分費等は全額を率計算の対象とする。	処分費等は「共通仮設費対象額（P）」の3％の金額を率計算の対象とし，3％を超える金額は率計算の対象としない。 ただし，対象とする金額は3,000万円を上限とする。

(注) 1. 上表の処分費等は，準備費に含まれる処分費を含む。
　　　　なお，準備費に含まれる処分費は伐開，除根等に伴うものである。
　　 2. 上表により難い場合は別途考慮するものとする。

(2) 請負工事におけるイメージアップ経費の積算

請負工事におけるイメージアップに要する経費の積算要領は下記のとおりである。

1) 対象とするイメージアップの内容

　工事に伴い実施する仮設備，安全施設，営繕施設のイメージアップおよび地域とのコミュニケーション等に関するものを対象とする。

2) 適用の範囲

　周辺住民の生活環境への配慮および一般住民への建設事業の広報活動，現場労働者の作業環境の改善を行うために実施するもので，原則，全ての屋外工事を対象とする。ただし，維持工事等でイメージアップの実施が困難なものおよび効果が期待できないものについては，対象外とすることができる。

3) 積算方法

　①イメージアップ経費の積算

　　イメージアップ経費の積算は，以下の方法により行うものとする。ただし，標準的なイメージアップを行う場合は率計上とし，特別なイメージアップを行う場合は積上げ計上とする。

　　ア．積算方法は以下のとおりとし，イメージアップ経費に計上するものとする。

$$K = i \cdot Pi + \alpha$$

　　　　ただし，K：イメージアップに要する費用（単位：円，1,000円未満切り捨て）
　　　　　　　i：イメージアップ費率（単位：％，小数第3位を四捨五入して，小数第2位止めとする）

$i = 11.0 \cdot Pi^{-0.1380}$ （Piが5億円を超える場合は0.69%とする）

ただし，市街地についてはiに1.5%を加算する。

Pi：対象額（直接工事費（処分費等を除く共通仮設費対象分）＋支給品費（共通仮設費対象分）＋無償貸付機械等評価額）

なお，対象額が5億円を超える場合は5億円とする。

α：積上げ計上分（単位：円，1,000円未満切り捨て）

表4-10 イメージアップ費率

対象額：Pi		イメージアップ費率：i（％）	
		地　方　部	市　街　地
直接工事費（処分費等を除く） ＋ 支給品費 ＋ 無償貸付機械等評価額	5億円以下の場合	$i = 11.0 \cdot Pi^{-0.1380}$	$i = 11.0 \cdot Pi^{-0.1380} + 1.5$
	5億円を超える場合	0.69	2.19

　イ．率に計上されるものは，表4-11の内容のうち原則として各計上費目ごと（仮設備関係，営繕関係，安全関係，地域とのコミュニケーション）に1内容ずつ（いずれか1費目のみ2内容）の合計五つの内容を基本とした費用である。

　　また，選択に当たっては地域の状況・工事内容により組み合わせ，実施費目数および実施内容を変更しても良い。

　ウ．積上げ計上分（α）に計上するものは，費用が巨額となるためイメージアップ率分で行うことが適当でないと判断されるものとする。

②設計変更について

　率に計上されるものについては，設計変更を行わないものとする。ただし，対象金額（Pi）の変動に伴うイメージアップ費率iは変更される。また，積上げ計上分（α）については，内容に変更が生じた場合は設計変更の対象とする。

表4-11 イメージアップ経費率計上分

計上費目	実　施　す　る　内　容　（率　計　上　分）
仮設備関係	1. 用水・電力等の供給設備　2. 緑化・花壇　3. ライトアップ施設 4. 見学路および椅子の設置　5. 昇降設備の充実　6. 環境負荷の低減
営繕関係	1. 現場事務所の快適化　2. 労働者宿舎の快適化　3. デザインボックス(交通誘導警備員待機室) 4. 現場休憩所の快適化　5. 健康関連設備および厚生施設の充実等
安全関係	1. 工事標識・照明等安全施設のイメージアップ（電光式標識等） 2. 盗難防止対策（警報機等）　3. 避暑・防寒対策
地域とのコミュニケーション	1. 完成予想図　2. 工法説明図　3. 工事工程表　4. デザイン工事看板（各工事PR看板含む） 5. 見学会等の開催（イベント等の実施含む） 6. 見学所（インフォメーションセンター）の設置および管理運営 7. パンフレット・工法説明ビデオ　8. 地域対策費等（地域行事等の経費を含む）　9. 社会貢献

4-5-2 現場管理費

現場管理費は，工事施工に当たって，工事を管理するために必要な共通仮設費以外の経費とする。

（1）現場管理費の算定
1) 現場管理費は表4-12の工種区分に従って純工事費ごとに求めた現場管理費率を，当該純工事費に乗じて得た額の範囲内とする。
2) 2種以上の工種からなる工事については，その主たる工種の現場管理費率を適用するものとし，また，工事条件によっては，工事名にとらわれることなく工種を選定するものとする。
3) 設計変更で数量の増減等により主たる工種が変わっても当初設計の工種とする。

（2）現場管理費の積算

現場管理費＝対象純工事費×(現場管理費標準値＋補正値)

対象純工事費：純工事費＋支給品費＋無償貸与機械等評価額

(注) 1. 対象とする純工事費については，「4-5-1 共通仮設費(1)一般事項2)算定方法②共通仮設費率の補正，5)間接工事費等の項目別対象」を参照のこと。
2. 現場管理費率標準値は，表4-12による。
3. 補正値は，「4-5-2 現場管理費(3)現場管理費率の補正 1)施工時期，工事期間等を考慮した現場管理費率の補正」および「4-5-2 現場管理費(3)現場管理費率の補正 2)施工地域・工事場所を考慮した現場管理費率の補正」による。

（3）現場管理費率の補正

現場管理費率の補正については，「施工時期，工事期間等を考慮した現場管理費率の補正」および「大都市を考慮した現場管理費率の補正」，または「施工時期，工事期間等を考慮した現場管理費率の補正」および「施工地域・工事場所を考慮した現場管理費率の補正」により補正を行うものとする。ただし，工種区分が「公園工事」の場合は，「大都市を考慮した現場管理費率の補正」の対象とはならない。

1) 施工時期，工事期間等を考慮した現場管理費率の補正

施工時期，工事期間等を考慮して，表4-12の現場管理費率標準値を2％の範囲内で適切に加算することができる。ただし，重複する場合は，最高2％とする。

①積雪寒冷地域で施工時期が冬期となる場合
　ア．積雪寒冷地域の範囲：国家公務員の寒冷地手当に関する法律に規定される寒冷地手当を支給する地域とする。
　　　ただし，コンクリートダム，フィルダムの現場管理費率を適用する工事には適用しない。
　イ．積雪寒冷地の施工期間を表4-13のとおりとする。

表 4-12 現場管理費率標準値

第1表

工種区分 \ 適用区分 \ 対象額	700万円以下 下記の率とする	700万円を超え10億円以下 算定式により算出された率とする。ただし，変数値は下記による		10億円を超えるもの 下記の率とする
		A	b	
河 川 工 事	42.02	1,169.0	−0.2110	14.75
河川・道路構造物工事	41.29	420.8	−0.1473	19.88
海 岸 工 事	26.90	104.0	−0.0858	17.57
道 路 改 良 工 事	32.73	80.0	−0.0567	24.71
鋼 橋 架 設 工 事	46.66	276.1	−0.1128	26.66
P C 橋 工 事	30.09	113.1	−0.0840	19.84
舗 装 工 事	39.39	622.2	−0.1751	16.52
砂防・地すべり等工事	44.58	1,281.7	−0.2131	15.48
公 園 工 事	41.68	366.3	−0.1379	21.03
電 線 共 同 溝 工 事	58.82	2,235.6	−0.2308	18.72
情 報 ボ ッ ク ス 工 事	52.66	1,570.0	−0.2154	18.08

（注）基礎地盤から堤頂までの高さが20m以上の砂防堰堤は，砂防・地すべり等工事に2%加算する。

第2表

工種区分 \ 適用区分 \ 対象額	700万円以下 下記の率とする	700万円を超え3億円以下 算定式により算出された率とする。ただし，変数値は下記による		3億円を超えるもの 下記の率とする
		A	b	
橋 梁 保 全 工 事	63.10	1,508.7	−0.2014	29.60

第3表

工種区分 \ 適用区分 \ 対象額	200万円以下 下記の率とする	200万円を超え1億円以下 算定式により算出された率とする。ただし，変数値は下記による		1億円を超えるもの 下記の率とする
		A	b	
道 路 維 持 工 事	58.61	605.1	−0.1609	31.23
河 川 維 持 工 事	41.28	166.7	−0.0962	28.34

第4表

工種区分		対象額	1,000万円以下	1,000万円を超え20億以下		20億円を超えるもの
		適用区分	下記の率とする	算定式により算出された率とする。ただし，変数値は下記による		下記の率とする
				A	b	
共同溝等工事	（1）		48.95	367.7	−0.1251	25.23
	（2）		37.50	110.6	−0.0671	26.28
トンネル工事			43.96	203.6	−0.0951	26.56
下水道工事	（1）		33.46	50.8	−0.0259	29.17
	（2）		36.91	213.5	−0.1089	20.73
	（3）		31.58	48.4	−0.0265	27.44

第5表

工種区分	対象額	3億円以下	3億円を超え50億円以下		50億円を超えるもの
	適用区分	下記の率とする	算定式により算出された率とする。ただし，変数値は下記による		下記の率とする
			A	b	
コンクリートダム		22.60	301.3	−0.1327	15.56
フィルダム		33.08	166.5	−0.0828	26.20

算定式

$$J_o = A \cdot N_p^{\,b}$$

ただし，J_o：現場管理費率（％）
　　　　N_p：純工事費（円）
　　　　A, b：変数値

（注）J_oの値は，小数第3位を四捨五入して，小数第2位止めとする。

表4-13　積雪寒冷地の施工期間

施工時期	適用地域	摘　要
11月1日～3月31日	北海道，青森県，秋田県	積雪地特性を11月中の降雪が5日以上あることとした
12月1日～3月31日	上記以外の地域	

ウ．工場製作工事および冬期条件下で施工することが前提となっている除排雪工事等は適用しない。

エ．現場管理費率の補正率は次によるものとする。

　　　　補正値（％）＝冬期率×補正係数

　　　冬期率＝12月1日～3月31日（11月1日～3月31日）までの工事期間/工期

　　ただし，工期については実際に工事を施工するために要する期間で，準備期間と後片付け期間を含めた期間とする。また，冬期工事期間に準備または後片付けが掛かる場合は，準備期間と後片付け期間を含めた期間とする。

表 4-14　補正係数

積雪寒冷地域の区分	補正係数
1 級 地	1.80
2 〃	1.60
3 〃	1.40
4 〃	1.20

(注) 1. 冬期率は小数第3位を四捨五入して，小数第2位止めとする。
　　 2. 補正値は小数第3位を四捨五入して，小数第2位止めとする。
　　 3. 施工地域が二つ以上となる場合には，補正係数の大きい方を適用する。

②緊急工事の場合

　緊急工事は2.0％の補正値を加算するものとする。

2) 施工地域・工事場所を考慮した現場管理費率の補正

　①施工地域・工事場所を考慮した現場管理費率の補正は，**表4-12**の現場管理費率標準値に**表4-15**の補正値を加算するものとする。なお，コンクリートダム，フィルダムおよび電線共同溝工事には適用しない。

表 4-15　補正値

施工地域・工事場所区分		補正値（％）
市　　街　　地		1.5
山間僻地および離島		0.5
地方部	施工場所が一般交通等の影響を受ける場合	1.0
	施工場所が一般交通等の影響を受けない場合	0.0

(注) 1. 施工地域の区分は以下のとおりとする。
　　　　市　　街　　地：施工地域が人口集中地区（DID地区）およびこれに準ずる地区をいう。
　　　　　　　　　　　DID地区とは，総務省統計局国勢調査による地域別人口密度が4,000人/km^{2}以上でその全体が5,000人以上となっている地域をいう。
　　　　山間僻地および離島：施工地域が人事院規則における特地勤務手当てを支給するために指定した地区，およびこれに準ずる地区をいう。
　　　　地　　方　　部：施工地域が上記以外の地区をいう。
　　 2. 施工場所の区分は以下のとおりとする。
　　　　一般交通の影響を受ける場合：ア．施工場所において一般交通の影響を受ける場合
　　　　　　　　　　　　　　　　　　イ．施工場所において地下埋設物件の影響を受ける場合
　　　　　　　　　　　　　　　　　　ウ．施工場所において50m以内に人家等が連なっている場合
　　 3. 施工地域・工事場所区分が二つ以上となる場合の取扱い
　　　　工事場所において，施工地域・工事場所区分が二つ以上となる場合には，補正値の大きい方を適用する。

②以下の施工地域・工事場所および工種区分の場合における現場管理費率の補正は表 4-12 に表 4-16 の補正係数を乗ずるものとする。

表 4-16　補正係数

施工地域・工事場所区分	工種区分	補正係数
市街地	鋼橋架設工事	1.1
	橋梁保全工事	
	舗装工事	
	電線共同溝工事	
	道路維持工事	

※①および②の補正のどちらも適用できる場合，当該工事の補正については，②の補正を適用するものとする。

3）その他

　設計変更時における現場管理費率の補正については，工事区間の延長，工期の延長短縮等により当初計上した補正値に増減が生じた場合，あるいは当初計上していなかったが，上記条件の変更により補正できることとなった場合は設計変更の対象として処理するものとする。

（3）支給品の取扱い

資材等を支給するときは，当該支給品費を純工事費に加算した額を現場管理費算定の対象となる純工事費とする。

現場管理費の積算において支給品，貸付機械がある場合は，次により積算する。

1）別途製作工事で製作し，架設（据付け）のみを分離して発注する場合は，当該製作費は積算の対象とする純工事費には含めない。
2）当初の支給品の価格決定については，官側において購入した資材を支給する場合，現場発生資材を官側において保管し再使用品として支給する場合とも，入札時における市場価格または類似品価格とする。
3）コンクリートダム工事，フィルダム工事については，無償貸付機械等評価額および支給電力料（基本料金を含む）は，積算の対象となる純工事費には含めない。

4-6　一般管理費等および消費税等相当額

4-6-1　一般管理費等

（1）一般管理費等の算定

　一般管理費等は，一般管理費および付加利益の額の合計額とし，表 4-17 の工事原価ごとに求めた一般管理費等率を，当該工事原価に乗じて得た額の範囲内とする。

（2）一般管理費等率の補正

1) 前払金支出割合の相違による取扱い

前払金支出割合が 35％ 以下の場合の一般管理費等率は，表 4-18 の前払金支出割合区分ごとに定める補正係数を表 4-17 で算定した一般管理費等率に乗じて得た率とする。

2) 契約の保証に必要な費用の取扱い

前払金支出割合の相違による補正までを行った値に，表 4-19 の補正値を加算したものを一般管理費等とする。

3) 支給品等の取扱い

資材等を支給するときは，当該支給品費は一般管理費等算定の基礎となる工事原価に含めないものとする。

表 4-17　一般管理費等率

（1）前払金支出割合が 35％ を超え 40％ 以下の場合

工 事 原 価	500 万円以下	500 万円を超え 30 億円以下	30 億円を超えるもの
一般管理費等率	20.29％	一般管理費等率算定式により算出された率	7.41％

（2）算定式

［一般管理費等率算定式］

$$G_p = -4.63586 \times \log(C_p) + 51.34242 \ (\%)$$

ただし，G_p：一般管理費等率（％）

C_p：工事原価（円）

(注) 1. G_p の値は，小数第 3 位を四捨五入して，小数第 2 位止めとする。
2. 対象とする工事原価については，「4-5-1 共通仮設費(1)一般事項2)算定方法②共通仮設費率の補正，5)間接工事費等の項目別対象」を参照のこと。

表 4-18　一般管理費等率の補正

前払金支出割合区分	0％ から 5％ 以下	5％ を超え 15％ 以下	15％ を超え 25％ 以下	25％ を超え 35％ 以下
補 正 係 数	1.05	1.04	1.03	1.01

(注) 表 4-17 で求めた一般管理費等率に当該補正係数を乗じて得た率は，小数点以下第 3 位を四捨五入して，小数第 2 位止めとする。

表 4-19　契約保証に係る一般管理費等率の補正

保 証 の 方 法	補正値（％）
ケース 1：発注者が金銭的保証を必要とする場合（工事請負契約書第 4 条を採用する場合）	0.04
ケース 2：発注者が役務的保証を必要とする場合	0.09
ケース 3：ケース 1 および 2 以外の場合	補正しない

(注) 1. ケース 3 の具体例は以下のとおり。
予算決算及会計令第 100 条の 2 第 1 項第 1 号の規定により工事請負契約書の作成を省略できる工事請負契約である場合。
2. 契約保証費を計上する場合は，原則として当初契約の積算に見込むものとする。

4) 自社製品の取扱い（プレテン桁，組立式橋梁，規格ゲート，標識等を製作専門メーカーに発注する場合）について

自社製品であっても，他社製品と同様に一般管理費等の対象とする。

4-6-2 消費税等相当額

消費税等相当額の積算は次のとおりとする。

消費税等相当額は，工事価格に消費税および地方消費税の税率を乗じて得た額とする。

4-7 市場単価方式による積算

4-7-1 市場単価とは

一般的に土木工事は，構造物の種類，規模，仕様，立地条件・施工条件または気象条件・海象条件等の違いによって工事価格が異なるため，従来より土木工事の積算（港湾工事を含む）は，工事物件ごとに歩掛を用いて行われてきた（いわゆる積上げ積算）。また，一般建設資材のように需要と供給の関係で価格が決まる商品取引的な意味合いでの市場は存在しないものと考えられてきた。近年の土木工事の施工形態は，受注業者による直接施工体制から工事のパーツごとに受注業者に外注する分業施工体制に移り変わっており，施工体制の変化に伴って多くの工種で外注価格の市場が形成されている。

このように形成された施工単位当たりの価格のうち，一定の要件を満たしたものを「市場単価」と定義する。

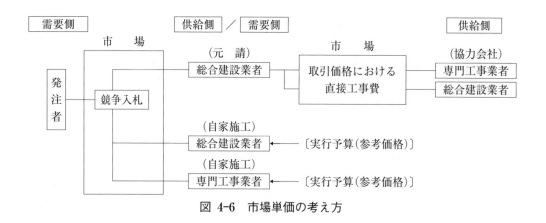

図 4-6 市場単価の考え方

4-7-2 市場単価方式とは

公共工事を発注する際の積算は，原則として歩掛による積上げ方式で実施されている。これに対して市場単価方式は，工事を構成する一部または全部の工種について歩掛を用いず，材料費，労務費および直接経費（機械経費等）を含む施工単位当たりの市場での取引価格を把握し，直接的に直接工事費の積算に利用する方法である。

従来，公共土木工事における直接工事費の積算に当たっては，必要な資材，労働力，建設機械などを順次積上げる歩掛方式がとられてきた。

しかし，「市場単価」が基本的に直接工事費（機・労・材）に相当する施工単位当たりの市場での取引価格であることから，この「市場単価」で，そのまま積算を実施するというのが「市場単価方式」である。

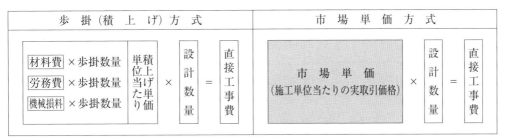

図 4-7　市場単価方式の概念

4-8　施工パッケージ型積算方式の概要

4-8-1　概　　要

工事の予定価格の算出方法としては，従前より，機械経費，労務費，材料費を各工種ごとに積み上げる積算方式（積上げ積算方式）が広く行われてきたが，受発注者の積算業務に多大な負担がかかっていたことから，平成 16 年度より「ユニットプライス型積算方式」が試行導入された。

しかしながら，ユニットプライス型積算方式について，価格の妥当性への懸念，価格の透明性の確保等について課題が指摘されてきていたことから，当該積算方式に代わる新たな積算方式として，平成 24 年 10 月より，「施工パッケージ型積算方式」が試行導入されている。

施工パッケージ型積算方式では，機械経費，労務費，材料費が一つにパッケージ化された単価（標準単価）を，目的物の積算条件ごとに選択し，数量を掛け合わせることで，積算を行う。また，価格の妥当性への懸念に対応するため，標準単価は，受注者との合意単価，応札者単価，複数年の単価傾向，および実態調査による実際の施工状況等の変動を踏まえて決定されるとともに，透明性を確保するため，国土交通省国土技術政策総合研究所のホームページに公表がされている。

なお，共通仮設費，現場管理費および一般管理費等の間接費については，従来の積上積算方式と変わらず率式等を用いて計上することとしている（図 4-8 および図 4-9 参照）。

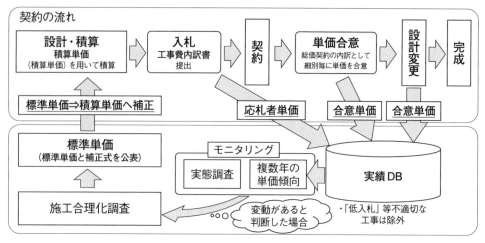

図 4-8　施工パッケージ型積算方式の概略の流れ

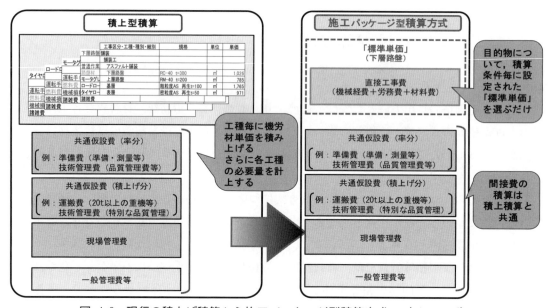

図 4-9　現行の積上げ積算から施工パッケージ型積算方式へ（イメージ）

4-8-2　特　　徴

施工パッケージ型積算方式は，次の点に大きな特徴を有する。

1）元下間の契約の透明性の向上

「標準単価」として直接工事費が公表されるとともに，施工パッケージ単位で総価契約単価合意を実施し，合意単価が示されることになるため，元下間の契約の透明性にも効果が見込まれる。

2）価格の透明性の向上

標準単価および積算単価への補正方法等を公表することにより，発注者の価格設定が明確

化され，受注後の単価協議や設計変更時等における受発注者の協議の円滑化が見込まれる。
3) 積算業務等の負担軽減

　積算作業の簡素化が図られる。

引用・参考文献
1. 「土木工事標準積算基準書（共通編）平成28年度（4月版）」，国土交通省
2. 経済調査会積算研究会編「平成28年度版 工事歩掛要覧〈土木編 上〉」，経済調査会
3. 「平成28年度版 建設機械等損料表」，日本建設機械施工協会
4. 「施工パッケージ型積算方式について 平成28年7月」，国土交通省国土技術政策総合研究所（http://www.nilim.go.jp/lab/pbg/theme/theme2/sekop/sekopsetsumei28.pdf）
5. 経済調査会積算研究会編「改訂 建設機械経費の積算」，経済調査会

第5章 植物管理の考え方

5-1 植物管理工

5-1-1 植物管理工の考え方

　青々とした芝生や美しい草花に夏の日差しがふりそそぎ，空に向かって羽を広げたようにそびえる樹木の下に，そよ風に吹かれながら寝そべる親子や語らう若者たちの姿を見るにつけ，ほほえましく幸せな気分になってくる。

　公園緑地の種類等がそれぞれ異なっていても緑のない公園は皆無といってもよいほど，公園にとって植物は欠かせないものとなっている。

　緑本来の機能・効用（第1章1.1.1～1.1.3を参照）を十分発揮するためには，当初の植栽計画・設計の意図を十分把握し，管理方針（管理の考え方）や管理水準の上に立って成長・変遷する植物に対応しながら健全に育成し維持していくことが，公園緑地における植物管理の基本である。

表 5-1　管理項目別管理水準（参考事例）

(1) 樹木管理水準の考え方

管理水準	樹木の役割・機能	管理の考え方
Ⅰ	景観木，鑑賞木等で修景要素の高い樹木および花木	抑制管理が中心となり，きめ細かな管理を行う
Ⅱ	修景要素よりも緑陰等の利用形態を考慮した樹木	自然成長を前提としながら，障害除去を行う保護管理を実施する
Ⅲ	保全植栽のように，ほとんど修景要素のない樹木，あるいはすでに完成形の樹木	基本的には放置型の保全管理を行う

(2) 芝生管理水準の考え方

管理水準	芝生地の役割・機能	管理の考え方
Ⅰ	単一芝により構成され，美観を要求される修景・観賞用芝生地	修景要素を重視するため，雑草の排除，病虫害防除に特に留意する
Ⅱ	修景的機能も有するが，食事，休憩などの静的利用にも供される芝生地	通常の芝生管理で対応し，芝生として常に被覆されている状態に管理する
Ⅲ	遊び，運動等の動的利用芝生地および美観要求度の低い芝生地	当初は芝生として整備されるが，芝以外の草本をも含んだ，緑のターフとして管理する

(3) 草地管理水準の考え方

管理水準	草地の役割・機能	管理の考え方
Ⅰ	修景的要素の強い植栽地の周辺や動的利用に供される草地	常時低い草丈で維持する（草刈り3回/年）
Ⅱ	修景的要素が弱く，原っぱ的雰囲気を持つ草地	時期的あるいは部分的には高い草丈となる（草刈り2回/年）
Ⅲ	保全植栽や土壌保全を目的とした草地でほとんど立入利用のない草地	枯草刈り程度で対応（草刈り1回/年）

出典：経済調査会「改訂 植栽の設計・施工・管理」

管理方針に基づいて植栽の管理対象空間の目的が達成されるよう，植栽した植物が活着するまでの養生段階，目的とする形態に育成するまでの育成段階，目的とする形態がほぼ達成された後の維持(抑制)段階に分けて，経年変化に対応した管理作業を設定することが必要である。

　公園緑地における植物管理には，樹木管理，樹林管理，芝生管理，草花管理，草地管理などがある。

　植物を管理する者は，植物と心を通わせて個々の性質を尊重するように心掛けることが最も大事なことである。

　人々に心のやすらぎや憩うことのできる時間や空間等を提供してくれる植物と会話できることを誇りに思い，励んでほしい。

5-2　樹木管理工

5-2-1　樹木管理の考え方

　樹木管理は本来，単体としての樹木の管理であるが，周囲の環境条件や空間条件などを考慮しながら管理しなければならないことはいうまでもない。例えば伝統的な日本庭園の役木では大きさや樹形を維持するための剪定技法が要求される。一方，一般の公園樹木ではその成長や生態的遷移に伴って刻々変化する状況に合わせて，周囲との調和を保ちながら健全に育成および維持管理していくという立場をとる場合が多い。

　従って，公園における樹木管理は単に個体レベルとしてだけの管理としては捉えず，樹種による特性や四季の変化，一つのまとまりとしての景観，群落レベルとの関連も考慮しなければならない。1本の松の木も，それが庭園風のところに植えられているのか，森林公園風の景観の中にあるのか，自然林あるいは雑木林の中にあるのか，また周囲の樹木との関わりによっても，仕立て方，育成の仕方は全然違ったものとなる。場合によっては植栽密度や景観を管理する上で樹木を伐採するといった大胆な処理も必要になることもある。この場合には，その理由を利用者に十分周知しながら行うなどの，きめ細やかな配慮も必要である。

　もちろん，剪定などの設計に当たっては個々の樹木ごとに積算を行うが，常に周囲の樹木相互の関わり合いの中で最も適切な剪定内容などを選択していくことが大切である。

　以上を考えた場合，本書で示している各種歩掛はあくまで標準的なものであり，実際の現場においては樹種，植栽場所，与えられた機能，目的により剪定内容などが異なってくるのが一般的である。むしろ画一的である方が不自然ともいえる。

　このように，樹木管理と一口にいっても，その内容は多種多様であり，設計者は樹種ごとの剪定，刈込みなどに対する特性を十分認識するとともに，設計意図に沿った適切な管理が効果的に行われるよう，常に現場の把握に努める必要がある。

　適切に育成および維持管理された樹木は，その樹木本来の機能，目的を果たすだけではなく，財産価値も年々増大していくものであり，建築物や施設が完成された時点を頂点に，年々財産価値が逓減するのと比較して大きな相違がある。公園・緑地の維持管理においては樹木管理が極めて大きな役割を担っている。

5-2-2　樹木維持管理計画

　維持管理の計画は，一般に年間作業計画として年間単位で策定される場合が多いが，樹木管理に関しては年間計画以外に，より長いスパンの管理計画が必要となる。それは樹木，樹林の成長に合わせて，2年あるいは3年に1度といった作業が実施されるためである。

　特に庭園などで樹木相互の関係を一定に保つ場合や，樹木または樹林を，植栽計画に基づく目標とする樹林相・植栽景観に育成したい場合などは，計画目標年次に合わせて10年，20年単位で，より綿密な樹木管理計画を策定する必要がある。

　樹木管理計画の策定に当たっては，植物としての樹木の生理機能，伸長，萌芽（ほうが），肥大，充実などの一般的事項のほか，病虫害の発生時期など季節的・気候的要因による各種影響について十分認識し，それぞれの管理作業が樹木の生理や生活のリズムを狂わすことのないよう，また時期を失しないで的確に行われるよう作業項目，時期を明示しなければならない。

　また，各作業項目について公園管理者自ら行う管理作業（直営作業）と，造園業者に委託あるいは工事請負に出す管理作業（請負作業）を，ある程度明確に区分する必要がある。

　それぞれに長所や短所があり，個々の管理者の方針および組織体制，利用者側の意識や要

表 5-2　地域別の長期的管理計画（参考）

1) 地域別の管理計画の例

地域名・地域概要	管理の考え方	現状診断	管理方法
広場 　土壌	土壌の膨軟化と自己施肥を人工的に支援	全体的に土壌は固結	チップ敷均し，松炭の利用，落葉・刈草の集積，ピックエアレーション
樹林地 　松林	松枯対策，土壌改良，クロマツ手入れ	松枯れ（マツノザイセンチュウ）や衰弱が見られる	枯れ松の伐採，処理（松炭化，薬剤処理），薬液注入，施肥
桜林	桜林の更新，維持，害虫防除	樹木が全体的に老朽化している。害虫の被害が見られる	若木の植栽，施肥，薬剤散布
雑木林	雑木林の維持，林床植生の復元	樹木が大きくなり，密となってきたため，林内が暗くなり，林床が裸地化している	皆伐，間伐，枝打ち 構成種の植栽，野生草花の導入，ヤマツツジ植栽
草地 　太陽広場	原っぱとして整備，管理していく	野草を中心とした草地で，自由なレクリエーション空間として利用されているが，過密利用により裸地化が見られる	草刈り4回/年 エアレーションおよび種子吹付け
北側斜面	草地の復元	野草(牧草)を中心とした草地で周辺にサクラがあり，また園路でもあることから過密利用により裸地化し，斜面が崩壊してきている	種子吹付け

表 5-2 （つづき）

2) 植物系の管理計画表（参考）

地域名・地域概要	管理作業項目	4月	5月	6月	7月	8月	9月	10月	11月	12月	1月	2月	3月	作業サイクル	備考
広　場															
土　壌	チップ敷均し	○												2年	
	松炭の利用												○	2年	
	落葉の集積								○					毎年	
	刈草の集積			○		○		○						毎年	(3〜4回/年)
	ピックエアレーション											○		2年	
樹林地															
松　林	枯れ松伐採，処理									○				毎年	
	薬液注入											○		適宜	
	施肥			○										1〜3年	
	クロマツ手入れ		○											毎年	
桜　林	害虫防除							○						適宜	
	施肥			○										毎年	
雑木林	間伐，枝打ち										○			適宜	
草　地	草刈り			○		○		○						毎年	(3〜4回/年)
	エアレーション											○		3年	
	吹付け											○		毎年	

望，対象公園の規模形態，維持管理内容および密度，維持管理予算などにより一概にはいえない。管理者はこれらの項目について十分検討し，総合的判断の上に立って最も効果的かつ効率的な体制を組むべきである。

樹木維持管理計画を策定する上で留意すべき事項は，次のようなものである。

1) 長期的管理計画の場合
　①対象となる樹木の植生管理方針に基づいて，年度ごとの作業箇所，作業目的，作業内容，作業期間を明らかにする
　②長期的な視点に立ち，年度ごとの経費の差がないように計画することが望ましい
　③定期的に管理計画を見直し，フィードバックしながら計画を修正する

2) 年間管理計画の場合
　①直営作業と請負作業が明確に区分され，それぞれの作業スケジュールが一目でわかるようにしておく
　②作業期間はある程度の幅をもたせておく必要があるが，作業量と整合させる
　③作業量が多い場合は，公園別や地区別，樹種別などに分けて記入する
　④それぞれの作業の順序，重なり合いなどを勘案し，作業スケジュールに無理が生じないようにする
　⑤一つの作業項目でも作業内容，作業目的などが異なる場合は，具体的に表示する

表 5-3 年間管理計画表（参考）

種別	業務名	内容	4月	5月	6月	7月	8月	9月	10月	11月	12月	1月	2月	3月
直営	樹木手入れ	一般樹木手入れ			━	━				━				
直営	クロマツ手入れ	クロマツ手入れ			━									
直営	刈込物手入れ	株物手入れ			━									
直営	サクラ手入れ	ヤゴ，枯枝							━	━				
直営	草刈り	委託区域外 太陽広場その他周辺				━	━	━						
直営	支障木処理	園路際および利用者の多い所 随時，伐採，枝切り	━	━	━	━	━	━	━	━	━	━	━	━
直営	枯枝取り	園路際および利用者の多い所 随時，伐採，枝切り	━	━	━	━	━	━	━	━	━	━	━	━
直営	発生材処理	伐採，枯枝，手入れ等の焼却処分 随時	━	━	━	━	━	━	━	━	━	━	━	━
直営	桜花期対策	広場の補修，サクラの枯枝取り										━	━	
直営	薬剤散布	主にサクラのモンクロ防除				━	━	━						
直営	衰退木保護	サクラ，マツ類										━		
直営	流れ清掃	○○池下流部				┅	┅			┅	┅			
直営	園地清掃	委託区域外	━	━	━	━	━	━	━	━	━	━	━	━
直営	林床整理	山林内	━	━	━	━	━	━	━	━	━	━	━	━
委託	桜花期清掃委託	園地清掃延べ○回　○○ a/回 便所清掃延べ○回　○○ m²/回	━											
委託	園地清掃委託	重点地区延べ○○○か所　○か所/回　○回/年 普通地区延べ○○○a　○○○a/回　○回/年												
委託	草刈作業委託	草刈り○回，笹刈り○回，除草○回 堤防下園庭，主要園路ほか一部		━	━	━								
委託	公園植物生態調査						━	━	━	━				
工事請負	植込地土砂流出防止	裸地化した斜面の土砂流亡が著しい 石積○m²，株物植栽○株，種子吹付け○○m²							━	━				
工事請負	桜植込地土壌改良	踏圧等により植栽地が固く，根も露出し樹勢の衰えが著しい 土壌改良，施肥，ピックエアレーション○本										━	━	
工事請負	マツノザイセンチュウ対策	マツノザイセンチュウによる枯木約○本 薬剤処理										━	━	
工事請負	樹木手入れ	道路，境界，日照，枯枝等 危険となるものが主である				━								

5-2-3 剪定(せんてい)

(1) 剪定の目的

剪定は単に樹木の枝を切るという意味ではなく，その樹木の植栽目的に沿って樹種による特性を考慮しながら樹形を整えていくことであり，「整枝剪定」あるいは「整姿剪定」と呼ばれることも多い。剪定という言葉は，もともとは果樹の枝を切る際に使用されていた言葉であり，「剪定ばさみ」も当初は果樹園芸の分野で使用されていた。その目的は，よい花を咲かせ，立派な果実を得るための枝切り作業であり，現在，造園界で使われている樹形を整え，美しく見せるという概念とは異なっていた。それでは庭園における樹木に対してはどのような言葉が使われていたかというと，刈込み，切込みなどの，「込み」という文字が使われていた。道具は「木ばさみ」であり，これを自由に使いこなすことが植木職人としての誇りであった。

今日の公園における樹木の剪定は，一般に庭園ほどのきめ細かな手入れを必要とするケースは少なく，植栽目的に沿いつつも，大胆でかつ要領を得た剪定作業が求められている。

剪定の目的は大別して美観上，実用上，生理上の三つに分けられる。

1) 美観上の目的

貴重木や景観木など単独の樹木そのものの美観を保持する剪定と，組合せ植栽において，樹木間のバランスを維持するために行う剪定とがある。

前者の場合には一般に自然樹形を尊重し，樹木そのものが持つ円錐形・杯形・枝垂形(しだれけい)などの美的特性を生かした剪定がなされる。後者の場合には，周囲とのバランスを重視し時には強く剪定する場合もある。どちらも樹形形成上，不必要な幹や枝を切り落とし，景観に最大限配慮した剪定がなされる。

2) 実用上の目的

果樹や花木の剪定の場合には立派な果実を得たり，花を見るという明確な目的があるが，公園の樹木の場合には防火，防風あるいは景観，遮蔽など複数の機能，目的を兼ねている場合が多い。剪定に当たっては，これらの目的を認識した上で作業する必要がある。場合によっては十分枝葉を繁茂(はんも)させることが目的に沿う場合もある。

3) 生理上の目的

枝葉が繁茂しすぎると通風，日照などが阻害され，病虫害や枯損枝(こそんし)，台風や雪による枝折れ，倒木などが発生しやすい。剪定により徒長枝(とちょうし)（とび枝），ふところ枝（こみ枝）を間引き，通風，採光をよくしてこれら病虫害を予防する。

また，剪定することで花付きをよくしたり，衰弱した樹木や移植した樹木の枝葉を詰めたり切り戻して，新しい枝を発生させ若返らせたりするのも，吸収と蒸散の水分のバランスを保つことで，生理的に樹木を健全にするための方法である。

なお，剪定の作業内容は対象となる樹木がいまだ生育段階にあるのか，目標とする大きさ・樹形をすでに形づくり一定の形姿を維持する段階にあるのかによって異なる。前者の場合には，目標とする形姿に樹木を健全に育成するための剪定作業が主体となり，枝おろし，誘引などの作業が行われる。後者の場合には，一定の形姿を維持するための枝葉の整理が中心となる。

剪定前　　　　　　　　　　　　剪定後

写真 5-1　落葉樹基本剪定

剪定前　　　　　　　　　　　　剪定後

写真 5-2　常緑樹整枝剪定

　剪定作業を行うに当たって胆に銘じなければならないことは，「強く切れば相手も強く反発してくる」ということである。後のフォローを考えない極度の強剪定は，徒長枝などの発生を促し，樹木の形を崩すだけでなく，腐りを生じさせたり，何回も継続して行うと，樹木そのものを衰弱させる原因となるので，十分な注意が必要である。

（2）剪定の時期
　樹木は，適期に剪定を行わないと，花芽の分化が阻害されたり，樹木の生育の障害となり，樹勢が衰えたり，時には枯死することもあるので，注意が必要である。
　剪定の時期は樹種によって異なるが，関東地方では一般的に，針葉樹は真冬を避けた10～11月頃と春先がよく，常緑樹は春の新芽が伸び，成長が休止する5～6月頃と，初秋に土用芽や徒長枝が伸びきって成長が休止する9～10月頃がよい。また，落葉樹は新緑が出そろって葉が固まった7～8月頃と，落葉した11～3月頃が適期である。ただし，花木の場合には，より多くの美しい花を咲かせるのが目的であるため，花芽の分化時期と位置に注意する必要がある。
　基本的には針葉樹は年1回，常緑樹や落葉樹は年2回行うが，庭園や街路樹など特に修景上あるいは管理上必要な場所以外では，樹種，植栽条件により適宜定めることが合理的である。

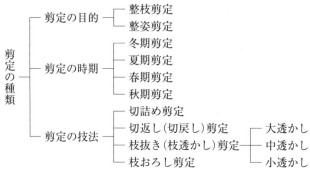

図 5-1 剪定の種類
出典：経済調査会「緑化・植栽マニュアル」

剪定前

剪定後

写真 5-3 樹木整枝剪定

写真 5-5 マツの手入れ

写真 5-4 高所作業車による剪定作業

一般的には，秋の台風シーズン前の7～9月（夏期剪定）と，冬期の12～3月まで（冬期剪定）の2回に分けて行う。

（3）剪定の作業
剪定には，整枝剪定と整姿（軽）剪定および刈込みがある。

1）整枝剪定

　整枝剪定は，密生した枝や不必要な枝を除去して樹形の骨格をつくるためのものであり，主に冬期に行う。方法としては樹種，植栽目的，剪定頻度によって異なるが，大きく剪定する場合は，鋸（のこぎり）により大胆に樹形全体のバランスを考えながら，枝おろし，枝抜き（枝透かし）を行うこともある。一定の樹形を維持するような場合には，切詰め，切返し，枝透かしなど細かい技術を持った剪定が行われる。

● 整枝剪定に当たっての留意事項
　①公園樹木は特に修景および管理上，特別の場合を除き，自然形に仕立てる
　②腐れや不定芽の発生原因となる「ぶつ切り」は行わない
　③下枝の枯死を防ぐよう，上方を強く，下方を弱く剪定する
　④太枝の剪定は，切断箇所の表皮が剥がれないよう切断予定箇所の数十cm上よりあらかじめ切断し，枝先の重量を軽くした上で切除する

2）整姿（軽）剪定

　整姿剪定は，樹冠の整正，込みすぎによる枯損枝の発生防止などを目的とするもので，主として夏期剪定に適用する。方法としては，切詰め，枝抜き（枝透かし）などが主体となる。

　夏期剪定は，当年伸びた新生枝を切除するため樹体に与える影響や景観上からも強度の剪定には注意する必要がある。また，剪定して残された芽から発生した枝は，成長が盛んであるため，剪定はその後の枝の成長を考えて行わなければならない。

　近年の夏期剪定は枝葉の量の変化が明らかに確認できるよう，必要以上に強く行う傾向にあるが，樹形の骨格をつくるような剪定は，本来樹木の休眠期で，しかも枝の状況がよくわかる冬期に行うべきである。

（4）主として剪定すべき枝
樹木，樹形のいかんによらず，まず剪定すべき枝を挙げると次のようなものがある。

1）枯れ枝
2）病虫害に冒されている枝（病虫害枝）
3）折れた場合，危険が予想される枝（危険枝）
4）通風，採光，架線，人や車両の通行などの障害となる枝（障害枝）
5）成長の止まった弱小の枝（弱小枝）
6）樹冠，樹形形成上および生育上不必要な枝（冗枝（じょうし））
　①やご（ひこばえ）
　　樹木の根元または根元に近い地中の根から発生する小枝をいい，美観だけでなく放置す

ると養分が取られ樹勢が衰弱するため,早く切り取った方がよい。また,樹木が衰弱すると多く発生する場合もある。
②胴ぶき(幹ぶき)
　樹木の衰弱などが原因となって,幹から小枝が発生するもので,放置すると美観上悪いだけでなく,樹体そのものをますます弱らせることになる。
③徒長枝(とび枝)
　幹枝から一直線にまっすぐ飛び出すのが特徴で,夏芽や土用芽の枝はこの類である。長大だが組織的に軟弱で,放置すると樹形を乱したり,養分を取りすぎるため,通常,切り取る必要がある。
④からみ枝(交差枝)
　1本の枝がほかの残したい枝にからみつくようになって発生するもので,樹形構成上不必要な場合が多い。
⑤さかさ枝(下り枝)
　枝が樹種固有の性質に逆らって逆の方に伸びた枝で,一般に下向きに生えたものが多い。樹形を乱すもととなる。
⑥ふところ枝(こみ枝)
　樹枝の内部にある弱小の枝で,日当たりや風通しを悪くするほか成長の見込みがないものが多く,整理を必要とする。

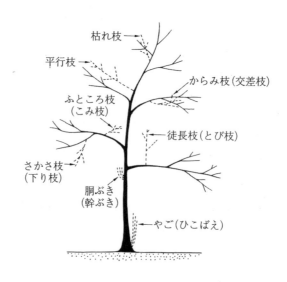

図 5-2　基本剪定名称図
出典:経済調査会「改訂 植栽の設計・施工・管理」

(5) 剪定の技法
主な技法としては,1)切詰め剪定,2)切返し(切戻し)剪定,3)枝抜き(枝透かし)剪

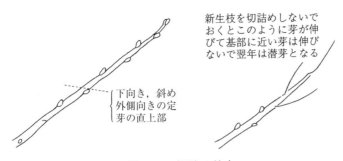

図 5-3 切詰め剪定
出典：経済調査会「改訂 植栽の設計・施工・管理」

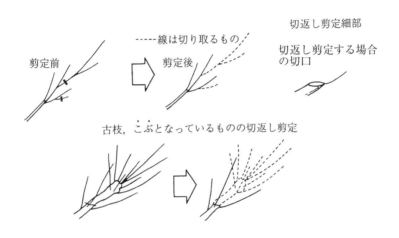

図 5-4 切返し剪定
出典：経済調査会「改訂 植栽の設計・施工・管理」

定，4)枝おろし剪定などの方法がある。

1) 切詰め剪定

　主として新生枝を，樹冠の大きさが整う長さに定芽の直上の位置で剪定することをいう。この場合，定芽はその方向が樹冠をつくるのにふさわしい枝となる向きの芽（原則として外芽，ヤナギなどは内芽）とする。

2) 切返し（切戻し）剪定

　樹冠外に飛び出した枝の切取りや樹勢を回復するため樹冠を小さくする場合などに行い，適正な分岐点より長い方の枝を付け根より切り取る。

　骨格枝となっている枯枝および古枝を切り取る場合は，後継枝となる小枝または新生枝の発生がある場所を見つけて，その部分から先端の枝を切り取る。

3) 枝抜き（枝透かし）剪定

　主として込みすぎた部分の枝を透かすように剪定することをいう。ケヤキのような杯状形のものは特に枝葉が込みすぎると，日照・通風などが悪くなり，枝葉が枯損して落下する恐れもあるので，留意する必要がある。樹冠の形姿構成上不必要な枝（冗枝）を透かすことを第一とし，原則，その枝のつけ根から切り取る。

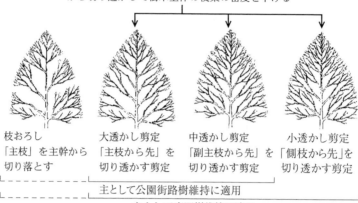

図 5-5　枝抜き剪定
出典：日本造園建設業協会「街路樹剪定ハンドブック第3版」を一部改変

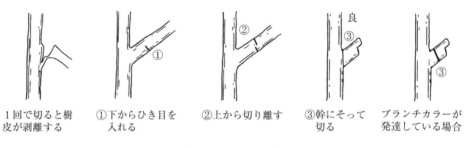

図 5-6　太枝の切り方
出典：経済調査会「改訂 植栽の設計・施工・管理」

4）枝おろし剪定

　通常，鋸を用いて太枝を切り取ることをいう。樹木にとって大きな負担となるので，樹形や樹木の生理などを考慮しながら行う必要があるほか，切った枝のつけ根が裂けないよう枝の下側にあらかじめ鋸でひき目を入れた後に切り落したり，さらに切戻しをするなど熟練した技術を必要とする。特にぶつ切りにならないよう注意しなければならない。比較的細い枝はそのつけ根から切るが，比較的太い枝で「ブランチカラー」（枝のつけ根の膨らんだ部分）が発達している場合には「ブランチカラー」を残す位置で切る方が切り口の癒合が早い。

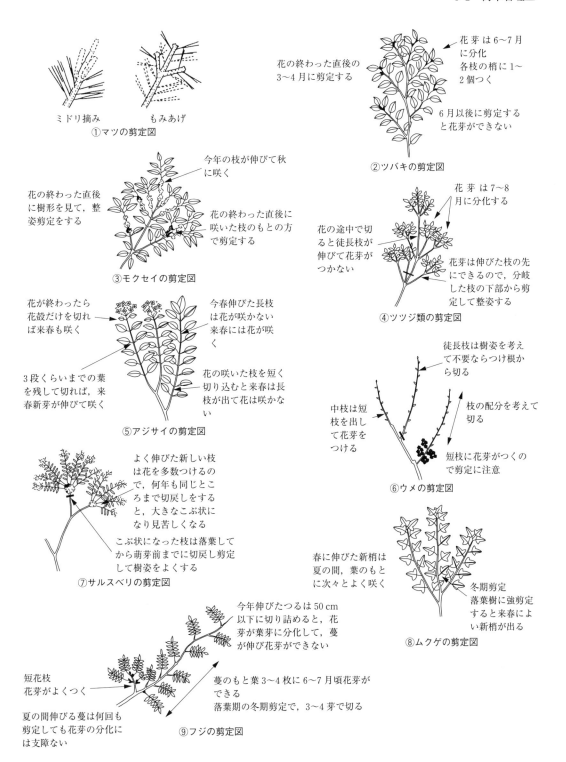

図 5-7　主な樹種の剪定図（関東を標準）

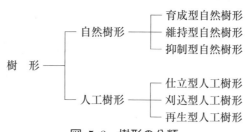

図 5-8 樹形の分類
出典：経済調査会「緑化・植栽マニュアル」

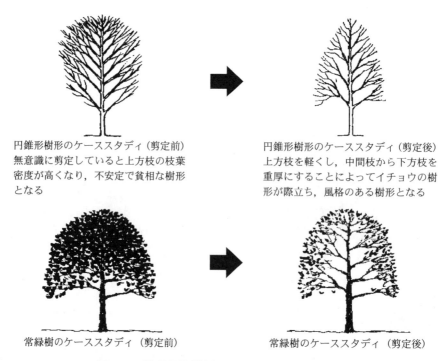

図 5-9 管理目標樹形とケーススタディの事例
出典：日本造園建設業協会「街路樹剪定ハンドブック第3版」

（6）並木の剪定

公園内の並木の樹形は，自然樹形を基本に庭園樹仕立ての方法で行われてきた。しかし，空間等の制限，利用者や予算の制約，熟練技術者の不足などにより，現在では，並木全体に統一のとれた自然樹形はほとんど見当たらなくなってきている。

並木の中から標準的なものを選び，全体の管理目標樹形の見本として剪定を行い，それをケーススタディとして個々の樹木の剪定を行うと，樹木の持つ樹種特性を生かしたプロポーションの並木を求めることができる。

5-2-4 刈込み

（1）刈込みの目的

刈込みとは，樹木を一定の形に保ちたいときに，樹冠を刈り取り，縮小させる方法で，整形された樹木の表面の枝葉を密にし，より美しさを強調したり，通風，採光をよくし，病虫害な

どに対する抵抗力を強めるために行う．

　剪定が個々の樹木の枝のあり方に重点を置いているのに対して，刈込みは全体としての樹形のバランスに重点を置いたものである．ツゲの仕立物など1本の樹木で楽しむ場合もあるが，寄植えなどの仕立てで用いられることが多く，刈込み整形された樹木の統一性とバランス，個々の樹木の色合やテクスチャーの微妙な違いを楽しむことができる．

　刈込みに適する樹木は，一般に小葉で枝の数が多く，枝の切口から生ずる新生枝も一斉かつ数多く発生する萌芽力の強いものとされている．樹種としては，イヌツゲ，サワラ，サツキ，ツツジ，マサキ，イブキ，アベリアなどである．

（2）刈込みの時期

　樹勢や樹種による萌芽力の違いによって刈込みの回数は異なるが，年1～3回行うのが一般的である．

　年1回の場合には6～7月に行い，ほとんどの樹種はこの時期に行って問題がない．花木は，再萌芽した芽が花芽を形成する時間的余裕をみることが必要であり，ツツジ，サツキ類の場合は，7月下旬が限界とされている．

　年2回の場合は，萌芽力が強く伸長のよいマサキ，ネズミモチなどに行い，新芽が成長を休止する5～6月に1回刈り込み，その後伸長した芽が形を乱すので，土用芽が成長を休止した10月頃に2回目の刈込みを行って，形を整える．ただし，この時期に刈込みを行うと，新しく出てくる芽には花芽をつけないので，花芽分化が前年枝で行われる花木には適さない．また，耐寒性のないものは，新梢（しんしょう）が凍寒害を受けやすいので注意を要する．

　年3回以上の場合は，特に萌芽性の強い樹種で，仕立物やトピアリーなど修景上，常に同じ形で美観を保つ必要があるような特殊なものに行う．

（3）刈込みの種類，方法

　刈込みを行う対象には，単木，寄植え，混植などいろいろな植栽形式があるが，刈込みの種類としては，樹冠を一斉に刈る「総刈り」と，剪定・枝おろし・刈込みを併用して樹形をある形に仕立てていく「木づくり」がある．

　1）総刈り

　　刈込みというと一般にこの総刈りのことを指す．総刈りは1株の樹木に行う場合，円錐づくり，ろうそくづくり，玉づくり，トピアリーなどさまざまな形につくることが可能である．また，寄植えや混植された生垣や大刈込みでは，その機能，形状に応じて集団としての美観を維持するように，成長度や樹種の特性に配慮しながら刈り込む．

　2）木づくり

　　木づくりは，全体の輪郭をつくるのではなく，個性に富む樹形をつくり上げるのに用いられ，マツでいえば門冠り（もんかぶ），片枝もの，根あがりものなどの仕立てに行われる．

　　木づくりは単に切ればよいというのではなく，後の生育を考えて行わなければならない．そのため，枝の曲げ方やひねり方，誘引の仕方などの知識も必要とされる．

表 5-4 花芽分化の時期

樹種	分化期	花芽の位置	開花期
アジサイ	10月上旬～10月下旬	頂芽	6月上旬～7月中旬
ウメ	7月上旬～8月中旬	側芽	1月中旬～3月中旬
カイドウ	7月中旬	側芽	4月上旬～4月下旬
クチナシ	7月中旬～9月上旬	頂芽	5月下旬～7月上旬
コデマリ	9月上旬～10月上旬	側芽	4月下旬～5月上旬
サクラ	6月下旬～8月上旬	側芽	3月下旬～4月下旬
ザクロ	4月中旬	頂芽・側芽	5月中旬～6月中旬
サザンカ	6月中旬～6月下旬	頂芽	11月上旬～1月下旬
サツキ	6月下旬～8月中旬	頂芽	4月下旬～6月下旬
サルスベリ	4月下旬	頂芽	8月上旬～9月下旬
サンシュユ	6月上旬	側芽	2月下旬～4月上旬
シャクナゲ	6月上旬～6月中旬	頂芽	5月中旬～6月中旬
ジンチョウゲ	7月上旬	頂芽	3月中旬～4月下旬
ツツジ	6月中旬～8月中旬	頂芽	4月上旬～6月中旬
ツバキ	6月上旬～7月上旬	頂芽	11月中旬～4月下旬
ドウダンツツジ	8月上旬～8月中旬	頂芽・側芽	3月下旬～4月下旬
ニワウメ	8月中旬	側芽	3月下旬～4月下旬
ハクチョウゲ	3月下旬～4月上旬	頂芽	5月上旬～7月上旬
ハクモクレン	5月上旬～5月中旬	頂芽	3月中旬～4月上旬
ハナズオウ	7月上旬	側芽	4月上旬～5月上旬
フジ	6月中旬～6月下旬	頂部の側芽	4月下旬～5月下旬
ボケ	8月下旬～9月上旬	側芽	3月下旬～4月下旬
ボタン	7月下旬～8月下旬	頂芽	4月下旬～5月下旬
ミズキ	6月中旬	側芽	4月中旬～5月中旬
ムクゲ	5月下旬	側芽	7月上旬～9月下旬
モクセイ	5月中旬～6月中旬	側芽	9月下旬～10月下旬
モモ	8月上旬～8月中旬	側芽	3月下旬～4月下旬
ユキヤナギ	9月上旬～10月上旬	側芽	3月下旬～4月下旬
ライラック	7月中旬～8月上旬	頂部の側芽	4月中旬～5月中旬
レンギョウ	8月上旬～8月下旬	頂芽・側芽	3月中旬～4月下旬

出典：鹿島出版会「造園植物と施設の管理」

　木づくりを必要とする樹木の積算に当たっては，別途見積りなどの方法で行う必要がある。

3）刈込みの方法

　刈込みはある程度成長した樹木に施されるもので，毎年の刈込みを重ねることで目標とする形に仕立てていく。一定の求める形に近付いたら前年の切口面（刈地）に従って刈り込む。往々にして徐々に形が膨らんでくるので注意を要する。

　ただし，長年同じところばかりで切っていると，どうしても切口からの萌芽力が落ちてくるので，時には深く切り戻すことも必要である。このときは対象木の樹勢などを十分見極めた上で実施し，あまり強い刈込みは，樹勢を弱らせ，枯らす原因ともなるので気をつける。

　刈込みにはその対象樹木によって，高刈込み，低刈込み，生垣刈込みといった区別があ

る。それぞれの特徴は表 5-5 に示す。

　生垣の刈込みに当たっては，上方部分（天端）を強く，下方部分（裾）を弱く刈り込むことで，下枝が枯れずに裾の美しい線を保つことができる。

　木づくりの場合には，枝の曲げ方として上方に持ち上げる「吊上げ」，下方に曲げる「吊下げ」などがある。その他，枝のひねり方や誘引の仕方にも独特な方法はあるが，特殊な場合以外は公園樹木の維持管理にはあまり用いられない。

表 5-5　刈込みの技法

	高 刈 込 み	低 刈 込 み	生 垣 刈 込 み
目　的	高さ2～4mに刈り込んで一定の形に仕立てる	高さ2m以下に刈り込んで人工的に一定の形に仕立てる	生垣を人工的に一定の形に刈り込む
方　法	密生している枝を透かし，下枝等の枯枝を取り除いてから刈込みを行う。ヒノキ，サワラのように不定芽の発生しにくいものは，一度に刈り込まないで徐々に行う	単木的に植えられていることもあるが，一般に寄せ植えまたはマス植えとなっている場合が多く，全体としての形をつくり上げるように考慮する	枯枝をとり，枝葉の粗密をなくすよう誘引を行い，上端をそろえ両面刈りとする。マサキ等は四ツ目垣と併用している場合が多いので四ツ目垣の補修も行う。 生垣の高さによる厚みの標準は，次のとおりである 高さ　30　60　100　120　180　250 cm 厚さ　20　30　40　40　50　70 cm
時　期 実施回数	8月～翌年3月 ただし，厳寒期は除く 枝葉の引き締まった時期で萌芽前に行う 花木類については，落花直後に行う 原則として年1回	7月～翌年3月（常緑樹） ただし，厳寒期は除く 11月～翌年3月（落葉樹） ただし，厳寒期は除く 花木類については，落花直後に行う 原則として年1回	ピラカンサ…5～6月，8月，9～10月に各1回　計3回 マサキ，ネズミモチ…5～6月，9～10月に各1回　計2回 サワラ，カイヅカイブキ，ニッコウヒバ，ヒムロヒバ…10月　計1回
対象樹木	サワラ，カイヅカイブキ，ニッコウヒバ，シイノキ，カシ類，サンゴジュ，ツバキ，サザンカ，モクセイ，ネズミモチ	落葉樹…ドウダンツツジ，ユキヤナギ，コデマリ，アジサイ，ボケ，レンギョウ，アベリア，ヒュウガミズキ，ムクゲ，ナナカマド 常緑樹…サツキ・ツツジ類，クチナシ，ジンチョウゲ，キョウチクトウ，ハクチョウゲ，イブキ，サワラ，アスナロ，イヌツゲ，トベラ，ウバメガシ，シャリンバイ，マサキ	

出典：鹿島出版会「造園植物と施設の管理」

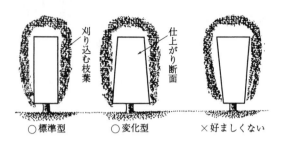

図 5-10 生垣の刈込み
出典：永岡書店「小庭園のつくり方」

5-2-5 剪定枝葉等のリサイクル

剪定により発生した枝葉のチップ化および堆肥化については，増大するゴミの減量化，あるいは有機物のリサイクルの一環として，その有効性が注目されている。

公園・街路樹の管理作業では，剪定・刈込みなどにより大量の枝葉が発生している。従前，これらの多くは園内焼却または園外搬出処分といった形で単純廃棄をしており，有効利用はほとんどされていなかった。

しかし，都市化された地域では焼却処理を行うと，煙による苦情が絶えず，園外処分についてもゴミの減量化に逆行するだけでなく，運搬処理費にも相当な経費を要する結果となっている。

一般に公園から発生するゴミの約 20% は，落葉等再資源可能な有機物が占めているといわれている。このため，地方公共団体の中には「落葉等のリサイクルシステム」を策定し，枝葉のチップ化の促進と，堆肥やマルチング材の生産，住民への配付や各公共施設での利用，積極的に資源化に努める事例が増えている。

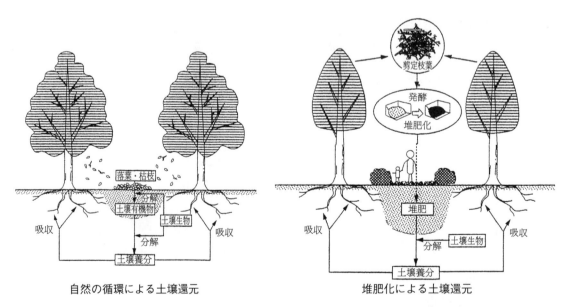

図 5-11 土壌還元のサイクル
出典：日本造園建設業協会「造園工事業におけるみどりのリサイクルシステムの構築報告書」

（1）枝葉等のチップ化

チップ化の機械には，枝葉・枝木を一端叩いて粉砕処理する工法と切り削って処理する工法の2種類がある。切り削る工法はきめが細かく大きさの一定したチップができるが，太枝が混入している場合や，大量に処理するのには不向きである。一方，粉砕工法はチップの大きさが一様でなく見栄えはよくないが，大量かつかなり太い枝まで処理でき，組織を破壊するため土壌還元化も比較的早い。なお，一般に針葉樹は広葉樹よりもワックス成分が豊富で腐りにくく，比較的長期にわたって元の形を保つ傾向がある。

1）チップの利用方法

チップの利用方法および利用に当たっての留意点には次のようなものがある。

①マルチング材として地面に敷き均す

　厚さ5～10cm程度に均一に敷き均すことにより，夏期の地表面の乾燥防止や地温調整，雑草防止などに効果がある。ただし，生チップの植栽地への大量施用や水の溜まりやすい箇所，湿地への施用は樹木などの生育に障害となる場合があるので注意する。

②クッション材として園路・遊び場などに敷き均す

　公園・庭園などの園路に敷き均すことにより，クッション効果のある歩きやすい園路をつくり出すことができる。また，遊具の周りに敷き均すことによって，転落などの際の事故防止に効果的であり，安全な遊び場の確保につながる。しかし，傾斜の急な園路などへの施用は流亡に注意する必要があり，遊び場への施用はささくれの多いチップに注意する必要がある。

③堆肥などの原料として使用する

　そのまま野積みするか，落葉やその他の有機物と混合して堆肥をつくる。また，カブトムシの養殖材としても利用できる。

2）チップの用途別品質管理基準

リサイクルが円滑に循環されるには，チップの品質が重要な要素となる。施工現場条件と品質が一致しないと，結果的に製品が流通できないケースもあり，品質管理には十分な注意が必要である。

以下に代表的なチップの品質管理基準を示す。

①園路材

　園路材のふるい分け試験の方法は，日本工業規格 JIS A 1204 に準拠する。

表 5-6 園路材の品質管理基準

利用場所	管理項目		基準値		特記事項
	呼称	粒径（長径）	ふるい目(mm)		
			通過質量		
景観に配慮が必要な公園や庭園の主たる園路	G-30	30 mm 以下 (0〜30 mm)	4.75	37.5	樹種が特定できること 幹材のみをチップ化したもの
			30%	90%	
日常的に利用する園路	G-30	30 mm 以下 (0〜30 mm)	4.75	37.5	
			30%	90%	
林床などの利用者の少ない園路	G-50	50 mm 以下 (0〜50 mm)	53.0		
			90%		

（注）1. 人の手に触れる可能性がある場合には，ささくれの有無などの形状に留意する
2. 対応年数が長い方が望ましく，分解の緩やかな幹材主体のチップが望ましい
3. サクラや針葉樹などの芳香効果が期待できる樹種が有効
4. 製品には，品質管理項目を表示することが望ましい
5. 上記品質基準を満たさないチップ材は園路材としては使用できない

出典：日本造園建設業協会「みどりの発生材 リサイクルガイドライン」

②マルチング材

表 5-7 マルチング材の品質管理基準

利用場所	管理項目		基準値		特記事項
	呼称	粒径（長径）	ふるい目(mm)		
			通過質量		
花壇や菜園などの草本類に使用	G-10	10 mm 以下 (0〜10 mm)	4.75	9.5	窒素飢餓回避のため一次発酵を終了したもの
			30%	90%	
苗木の植栽地 成木の植栽地で景観に配慮が必要な場所	G-30	30 mm 以下 (0〜30 mm)	4.75	37.5	
			30%	90%	
成木の植栽地 景観に配慮が必要な場所	G-50	50 mm 以下 (0〜50 mm)	53.0		
			90%		
成木の植栽地 景観に配慮が不要な場所	無調整	―	―		

（注）1. 人の手に触れる可能性がある場合には，ささくれの有無などの形状に留意する
2. 土壌改良効果も期待できる分解の早い，枝葉主体のチップが望ましい
3. 防草効果を期待している場合には，3年程度で効果が小さくなるので定期的な敷設が必要
4. 未分解チップ材の厚い敷設（10 cm 以上）は発酵熱により，周囲の樹木の枯損の原因となる可能性があるので，敷均し厚さに注意すること
5. 製品には，品質管理項目を表示することが望ましい

出典：日本造園建設業協会「みどりの発生材 リサイクルガイドライン」

③衝撃吸収材

表 5-8　衝撃吸収材の品質管理基準

利用場所	管理項目		基準値		特記事項
	呼称	粒径（長径）	ふるい目（mm）		
			通過質量		
子どもが利用する遊具の下	G-30	30 mm 以下 （0～30 mm）	4.75 30%	37.5 90%	ささくれのあるチップ材を人力などにより取り除いたもの
主に子どもが利用する広場	G-30	30 mm 以下 （0～30 mm）	4.75 30%	37.5 90%	
子どもの利用が少ない広場	G-50	50 mm 以下 （0～50 mm）	53.0 90%		

（注）1．人の手に触れる場所での使用につき，ささくれの有無など形状には特に留意すること
　　　2．製品には，品質管理項目を表示することが望ましい

出典：日本造園建設業協会「みどりの発生材　リサイクルガイドライン」

3）チップ化作業の留意点

チップ化作業に当たっての留意点は次のようなものである。

①チップ化作業

チップ化には，固定式チップ化プラントに運搬してチップし，再び必要箇所に運搬して利用する方法と，移動式または車載式粉砕機により現地でチップ化する方法の2種類がある。

現在，公園樹木や街路樹では，現地でのチップ化が主流のようである。しかし，市街地の面積の狭い公園では，騒音などの理由から公園内での作業が困難な場合が多く，広い公園内に固定式のチップ化プラントを設置し，そこで集中処理しているところもある。

チップ化を行う作業場所の条件としては，剪定枝葉を野積みしておく場所が確保できることと，騒音対策上近隣住宅地より100 m程度離れていること，4 tトラックが通行できることなどである。直接チップにすることが可能な枝の大きさは，粉砕式の場合で直径が15 cm程度までであり，それ以上のものはいったん薪割り機などで直径15 cm以下にした上で，処理機械にかける。チップは一般に5～25 mm程度の粒度に仕上げるが，利用目的に応じて特別な形状が要求される場合は別途指定する必要がある。

チップ化作業に当たっては，特に枝葉を投入する際の機械への手・衣服の巻込みに十分注意する。また機械に大きな負荷がかかるため，刃や回転軸の状態を常に観察し，異常を発見したら直ちに作業を中止し，点検整備を行わなければならない。定期的な刃の交換も必ず実行する。

②敷均し

チップの敷均しに当たっては，指定箇所に指定の厚さで均一となるよう敷き均す。チップを敷き均した場所は雑草も生えて来ないので，必要以上に広くあるいは厚く敷き均さな

いように注意する。

　また，樹木周囲で水たまりのあるような場所や湿地に施用すると，酸素不足を生じ，樹木が枯死する場合があるので注意する。

写真 5-6　チップ化作業

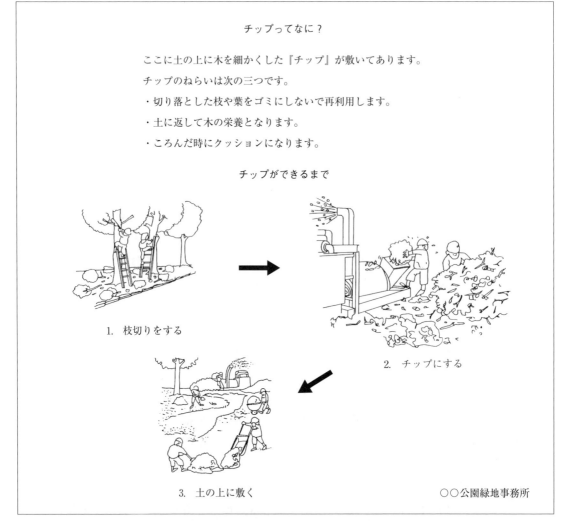

図 5-12　チップ化作業に対する広報板の例

写真 5-7 「チップ」敷均し作業中

写真 5-8 「チップ」敷均し作業後

（2）堆肥づくり

「緑のリサイクル」として，従来から行われているものに，落葉やチップによる堆肥づくりがある。小規模には庭園などで昔から行っているところが多いが，剪定枝葉のチップ化と合わせて，堆肥づくりのための専用の培養施設を設け，計画的に堆肥化を図る地方公共団体も増えてきた。

堆肥は，植栽地の土壌改良や草花の植付けに使用したり，住民への配布などを行っているところが多い。また，堆肥をつくる過程でカブトムシの養殖に利用しているところもある。

1）堆肥の品質基準

堆肥として供給する場合の品質基準は下記事項に留意し，使用目的，地域によって考慮する。

堆肥の品質基準は，製造過程と完成品について定められている。

堆肥を製造し安定した品質で供給するためには，需要家の立場に配慮し品質を保持すること。

①堆肥製造過程での品質基準

品質に関わる下記の事項を確認し，堆肥としてそぐわない素材を排除する。

・樹種の偏りがないこと
・枝葉比率の偏りがないこと
・水分
・発酵期温度・熟成期温度
・養生期間，状態
・保管状態

②製造過程の管理基準

熟成期間は発酵完了後の期間であり，発酵の完了にはおよそ3か月が必要である。

③完成堆肥に関する品質基準

完成堆肥の品質基準は次の事項により確認し，不適切な製品を排除する。

・原料：造園由来の植物性発生材であること
・C/N比

表 5-9

温度管理および水分管理	1回/10日程度実施しこれを記録する
温度管理	60℃以上を1か月以上継続させる
熟成期間内の水分比	理想的には50～60%（40～70%の範囲で管理する）
熟成期間	発酵の方法，原材料の種類により適正期間を定める

出典：日本造園建設業協会「チップ及び堆肥の特記仕様書（案）」

表 5-10

基準値	肥料取締法，自主管理基準
品質判定	品質判定基準
製品の分析	1回/年以上実施 原材料の変更を行った場合はその都度重金属類の分析も行う
原材料の表示	必要
C/N比	35以下

（注）ただし，自家用で使用する場合には上記の基準は適用しない

出典：日本造園建設業協会「チップ及び堆肥の特記仕様書（案）」

・全窒素含量

・全リン酸含量

・全カリ含量

・pH

・水分

ただし，自家用で使用する場合には表5-10の基準は適用しない。

④品質判定基準

　完成した堆肥の品質判定は，堆肥が有機物であり，製造過程で微生物を利用した自然発酵であることから，製造時期，環境，地域等により条件が異なるため，数値化とともに，人による判断が重要である。

　経験，五感による判定の基準は，次の方法による。

・悪臭のない堆肥であること

・握ったときに適度な弾力を保っていること

・握ったときに適度な湿度を保っていること

・色が濃褐色から黒色に近いこと

2）堆肥化の手順

堆肥製造の標準的なフローを図5-13に示す。

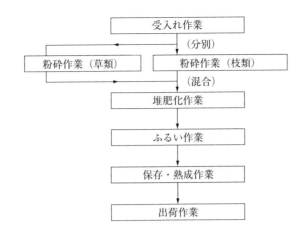

図 5-13 標準的フロー図
出典：経済調査会「緑化・植栽マニュアル」

5-2-6 施　　肥

（1）目　　的

　樹木は，自然界では一般に必要な養分を土壌中より吸収して生育する，いわゆる自己施肥によって成長している。しかし，造成されたばかりの土地や道路脇など環境条件の悪い場所に植栽された樹木では，水分や養分などが不均衡である上に，量的に不足しがちである。また，大気汚染など都市における環境条件の悪化は，樹木の十分な呼吸，光合成作用を阻害し，生育不良をもたらす原因ともなっている。

　このため，樹木を健全に生育させるための土壌条件の改良と，大気汚染などに対する抵抗力を高めるための処方が必要となる。施肥は，樹木の必要とする栄養分を効果的に補給することにより，これらの期待に応えようとするものである。具体的には，土壌改良により土壌中の微生物の活動を助長したり，不可給態養分を可給態化するなど養分吸収の条件を整えた上で施肥を行い，植物の生育に必要な栄養素を補給する。適切な施肥によって健全な植物体の形成を誘導することで，病虫害や干ばつ，大気汚染などに対する抵抗力が増す。さらに開花，結実を促進し，立派な花や美しい味のよい果実とともに，緑濃い樹木が提供されることになる。

　樹木の成長に不可欠な要素として重要なものは，植物タンパクや葉緑素をつくり樹木の成長に欠かせない窒素（N），細胞の核タンパクや貯蔵養分をつくり花や果実の形成に欠かせないリン（P），炭水化物やタンパク質をつくり丈夫な根や茎の形成に不可欠なカリ（K）などがあり，この三つを肥料の3要素と呼んでいる。さらに，細胞間結合を高めたりする上で重要な役割を果たしているカルシウム（Ca）を加えた四つを4要素ということもある。そして，それぞれを補給するための肥料がつくられている。

　効果的な施肥を行うために，事前に土壌調査を実施することが望ましい。土壌調査には大別すると，土壌の性状を詳しく知るための土壌断面調査，水，空気の供給力や根の伸長度を判定するための土壌の物理性調査，養分含量とその供給調節機能を判定するための土壌の化学性調査などがある。

表 5-11 肥料の3要素とカルシウムの生理作用

要素	役割	欠乏の症状	過多の症状	改良点
窒素（N）	原形質の主成分であるタンパク質（生命）や葉緑素をつくる。生育を促す	葉緑素が生成されず葉が黄変し，葉枯れを起こし，生育は止まる	葉が濃緑色になり生育旺盛で花が遅れたり咲かない。病気にかかりやすくなる	窒素肥料を与える 元肥と追肥をする 葉肥ともいう
リン酸（P）	植物体内の生理作用をよくする。細胞増加，花芽分化の促進。成熟期の種子，果実，花に必要	葉は暗緑色となり，葉の周辺に黒色の汚点を生じ変色，葉枯れする。花の色，成熟が悪くなる	過剰害は出にくい 鉄欠乏を起こしやすい 矮化する	リン酸肥料を与える 元肥として有機物と一緒に与える 実肥，花肥ともいう
カリ（K）	植物体内の新陳代謝をよくする 根や茎が丈夫になる 炭水化物やタンパク質の移動と関係がある 光合成と関係が深く，デンプン粉の合成に大きな働きをする	気孔や水分代謝の調節を欠き，吸収作用が盛んになると軟弱体になる。アントシアン色素が増え幼葉は青緑色になる 葉脈の間に黄色の斑点ができ，枯れる	窒素，カルシウム，マグネシウムの吸収を妨げるので生育が悪くなる 根が侵されて矮小化，黄化する	カリ肥料を与える 元肥と追肥 根肥ともいう
カルシウム（Ca）	新陳代謝の結果できる酸類を中和する 細胞間の結合を強くする 土の酸性を中和する	若葉が巻き上がり，根の成長が止まる 芯ぐされになる 土が酸性になり，リン酸，マグネシウムなど欠乏する	微量要素が植物に吸収されなくなり，マンガン，ほう素，鉄等の欠乏症となる 土がアルカリ性になる	石灰を与える 元肥として有機物と一緒に与えると分解促進する

出典：経済調査会「緑化・植栽マニュアル」より作成

（2）種類，時期

　肥料は土壌粒子に吸着保持されたり水分に溶けて存在しており，それが樹木の根によって吸収利用されるので，施肥は土壌水分が比較的豊富な時期に行うのが望ましい。ただし，効果のある期間を長く保つため，腐食を徐々に進行させながら吸収させる元肥（もとごえ）などは，樹木の休眠期に施す。一般に元肥は12～2月，追肥（おいごえ）は4～6月および9月頃に施す。花木類は落花後と花芽が分化する前に施すと効果的である。

　施肥量は，樹木の種類，形状，地域あるいは土壌条件などによって一定ではないが，次式によって算出することができる。

$$施肥量 = \frac{樹木の養分吸収量 - 土壌の養分天然供給量}{肥料の吸収率}$$

　一度に多量の肥料を施すと，土壌溶液中の濃度が高くなり，浸透圧の関係で細胞内の液が外へと移動し，根の生理作用が障害を受けて原形質分離を起こし，ついには葉焼けを起こして枝葉が枯れることがある。施肥効果をあげるには養分吸収特性を知り，樹木の生育時期に応じて

表 5-12 肥料の分類

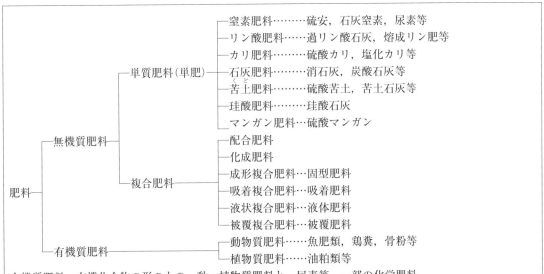

```
有機質肥料…有機化合物の形のもの。動・植物質肥料と，尿素等，一部の化学肥料
無機質肥料…無機化合物の形のもの。大部分の化学肥料がこれである
単　　　肥…単味肥料，単質肥料ともいう。混合しないもの。3要素中1成分しか含まないものをいう
複　合　肥　料…窒素，リン酸，カリの中で2種類以上を含むものをいう
高度化成肥料（濃厚肥料）…3要素合計量30％以上をいい，30％以下を低度化成肥料（稀薄肥料）という
固　型　肥　料…2成分以上の肥料を含み，泥炭等を加え3mm以上に成形した肥料で，粒径6〜10mmの粒状
　　　　　　　　固型肥料と1個10〜15gくらいの大型固型肥料とがある
吸　着　肥　料…ベントナイト等に水溶液を吸着させたものをいう
液　体　肥　料…液状のままで流通している肥料で，土壌施肥用と葉面散布用があり，前者には液肥とペースト
　　　　　　　　肥料がある。ペースト肥料は一定の粘性を有する高濃度成分の液状複合肥料である
被　覆　肥　料…水溶性肥料を硫黄や合成樹脂等の膜で被覆し，肥料の溶出量や溶出期間を調節したものをいう
```

出典：経済調査会「緑化・植栽マニュアル」より作成

適量を施すことが大切である。

（3）方　　法

　元肥は根の成長が休止しているときに与えるため，多少根を傷めても支障はないので，樹木の周囲を15〜30cmの深さに掘り，肥料が効果的に働くように施す。

　一方，追肥は根の活動が盛んなときに与えるため，濃度障害や肥当たりが発生しないよう浅く耕うんし，何回かに分けて施す必要がある。

　肥料をその内容成分から分類すると，無機質肥料（単肥，複合肥料）と有機質肥料（油粕，骨粉，堆厩肥など）に分けられる。

　一般に窒素・リン酸・カリを一定割合で吸収させた固型肥料や粒状複合肥料および打込み型の棒状肥料などがよく用いられているが，近年は地力をつける意味から，牛糞や鶏糞，堆肥などの有機質肥料も見直されている。

　施肥の方法としては次のようなものがある。

表 5-13 樹木の主な肥料と性質

	種類	主成分	化学的組成	化学的反応	生理的反応	肥効	時期	摘要
窒素肥料	硫安	硫酸アンモニア $(NH_4)_2SO_4$	無機	弱酸性	酸性	速効	基・追肥	アルカリと一緒にするとアンモニアが発生、悪影響。カルシウム、マグネシウムの流亡、助長、施用後葉が色濃くなるが肥切れも早い
	石灰窒素	カルシウムシアナミド $CaCN_2$	無機	塩基	塩基	緩効	基肥(直後除ける)	シアナミドは有害で、植物は枯れ、種子は芽阻害。シアナミド石灰は土壌コロイドの接触作用で尿素に変わる
	尿素	$(NH_2)_2CO$	無機(扱い)	中性	中性	速効	基・追肥	アンモニアに分解するまで土壌の吸着、保持は少ない。過多だと濃度障害、葉面散布、吸湿性が強い
	硝安	硝酸アンモニウム NH_4NO_3	無機	中性	中性	速効	追肥	雨水による流失、溶脱、連用はよいが多用は障害。吸湿性が大きく、水に溶けやすい。基肥は無駄
	油粕 (ナタネ,ダイズ,綿実油かす)	窒素分5%くらい リン酸2% カリ1.3%くらい	有機	中性	中性	遅効	基肥	腐敗分解して水溶性成分に変化、窒素はタンパク態。過リン酸石灰や草木灰と併用するとよい
リン酸肥料	過リン酸石灰	リン酸1石灰ほか $CaH_4(PO_4)_2 \cdot H_2O$	無機	酸性	中性	速効	基・追肥	特有の酸臭あり。優れた肥効を示す。吸収率20〜25%。その他は無効遅効性
	熔成リン肥	石灰、苦土、ケイ酸(熔成リン酸ほか)	無機	塩基	塩基	緩効	基肥	溶融による総称で、我が国は熔成苦土リン肥が主体。硫安、塩化カリと混合すると効果あり。酸性土壌によい
	焼成リン肥	石灰、ケイ酸ソーダ(熔成リン酸ほか)	無機	中性	塩基	緩効	基肥	各種焼成による総称で、我が国は低ソーダリン酸法が主体。酸性、塩基とも配合がよい。雨水による流亡はない
	鶏糞	窒素1.2〜3.6% リン酸1.7〜3.8% カリ0.9〜1.4%	有機	—	—	遅効	基肥	販売肥料として利用価値が高い。カリを補うとよい。乾燥風乾して使用すると肥効大
カリ肥料	硫酸カリ	硫酸カリウム K_2SO_4	無機	中性	酸性	速効	基・追肥	カリはほとんど水溶性。硫酸根を含むため生理的反応は酸性。カリの吸収率は50〜60%。イオンとして保持
	塩化カリ	塩化カリウム KCl	無機	中性	酸性	速効	基・追肥	大部分吸着イオンとして保持され、窒素より移動。流亡は少ない。多少吸湿性あり、保持に注意
	灰類	草木灰のカリ5〜10%ほか石灰	有機	塩基	塩基	速効	基・追肥	わらの灰、木の灰がよい。水溶性
カルシウム肥料	生石灰	酸化カルシウム CaO	無機	塩基	塩基	緩効	基肥	アルカリ分のみ成分量80%。酸性土壌きょう正石灰岩またはドロマイトを焼き炭酸ガスを放出。空気中では水、炭酸ガスを吸収
	消石灰	水酸化カルシウム $Ca(OH)_2$	無機	塩基	塩基	緩効	基肥	アルカリ分のみ成分量60%。酸性土壌きょう正生石灰に水を作用させると生ずる。水に溶けにくい。空気中に放置すると炭酸ガスを吸収
	炭酸カルシウム(炭カル)	炭酸石灰 $CaCO_3$	無機	塩基	塩基	緩効	基肥	アルカリ分のみ成分量53%。石灰岩を粉砕したもの。土壌酸性中和力は粉末の大きさに左右される

出典：経済調査会「緑化・植栽マニュアル」より作成

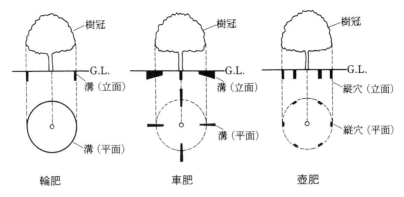

図 5-14 施肥の位置

1）高木施肥

輪肥は，樹木の幹を中心に葉張りの外周線下に，深さ20cmくらいの溝を輪状に掘り，所定の肥料を平均に敷き込み覆土する。溝掘りの際，特に支根を傷めないよう注意し，細根が密生している場合は，その外側に溝を掘るようにする。

車肥は，樹木の幹を車輪の中心に見立て，中心から遠ざかるにつれて幅広く，かつ深く放射状の溝を掘り（原則として4か所），所定の肥料を敷き込み覆土する。溝の深さは20cmくらい，長さは葉張りの1/3くらいで，溝の中央が葉張り外周線下にくるように掘る。

壺肥は，樹木の幹を中心に，葉張り外周線下に縦穴を掘り（標準6か所），所定の肥料を入れ覆土する。縦穴の深さは20cm程度とする。

移植後1年以内の樹木および剪定直後の樹木で，葉張り外周線が不明なものは，溝の中心線が幹の中心より根元直径の5倍くらいの位置にくるように掘る。

2）低木施肥

一本立および小規模な寄植えの場合は，輪肥，壺肥を主体とし，その方法は高木施肥に準ずる。列植の場合は，生垣施肥に準ずる。

群植，大規模な寄植えの場合，有機質肥料については，1m当たり3か所の縦穴を掘り，所定の肥料を入れ覆土する。化成肥料については，植込み内に均一に散布する。

3）生垣施肥

元肥は，生垣の両側に縦穴を1か所ずつ計2か所1本ごとに掘り，所定の肥料を入れて覆土する。縦穴の深さは20cm程度とする。

追肥は，生垣の両側に深さ20cmくらいの溝を平行に掘り，所定の肥料を入れて覆土する。樹勢の強弱により施肥量の増減が必要である。また，縦穴の位置は，細根の密生部分より，やや外側の方がより適する。

5-2-7 病虫害防除

（1）目　的

病気や害虫により樹木が著しく被害を受けたり，美観が損なわれた場合は，適切な措置を講じる必要がある。病虫害防除はこれらの害を最小限に防ぐ方法である。

表 5-14 食害虫の種類

個所	食害虫
葉	チョウ・ガの幼虫であるケムシ, シャクトリムシ, アオムシ, ヨトウムシ, ハマキムシ, シンクイムシ, アメリカシロヒトリ
花	コガネムシ, ゾウムシ
枝幹	カミキリムシの幼虫(テッポウムシ), キクイムシの幼虫
地下部	コガネムシの幼虫, センチュウ
汁液吸収	アブラムシ, カイガラムシ, ダニ, カメムシ, グンバイムシ

出典:鹿島出版会「造園植物と施設の管理」

表 5-15 樹木などに発生するカイガラムシ類

種類	カイガラムシ名	被害樹種
ワラジカイガラムシ類	オオワラジカイガラムシ	カシ, シイ, クリなど
	イセリアカイガラムシ	モチノキ, トベラ, ツバキ, サザンカ, ナンテン, カキなど
コナカイガラムシ類	オオワタコナカイガラムシ	サクラ, アカメガシワ, モクレン, カキなど
	ツツジコナカイガラムシ	ツツジ, サツキ
	クワコナカイガラムシ	サクラ, ウメ, モモ, イチョウなど
ワタカイガラムシ類	モミジワタカイガラムシ	カエデ, カシなど
	ツバキワタカイガラムシ	ツバキ, モッコク, モチノキなど
ロウムシ類	ツノロウムシ	ツバキ, モチノキ, マサキ, クロガネモチなど
	カメノコロウムシ	モチノキ, モクセイ, キャラ, ツバキ, ヤナギ, カエデ, ザクロなど
	ルビーロウカイガラムシ	モチノキ, モクセイ, ヤナギ, カエデ, ツバキなど
カタカイガラムシ類	トビイロマルカイガラムシ	モクセイ, イヌツゲ, モチノキ, モッコク, ツバキなど
	ヒメナガカキカイガラムシ	キャラ, イヌマキ, イブキ, ビャクシンなど
	クワシロカイガラムシ(クワカイガラムシ)	サクラ, ウメ, モモ, ヤナギなど
シロナガカイガラムシ類	ナシシロナガカイガラムシ	サクラ, ヤナギ, カエデなど

　公園の樹木管理においては,病気に対する防除よりも,アメリカシロヒトリなどの害虫防除が主体となっている。かつては薬剤による方法が一般的だったが,近年では薬剤使用をできるだけ抑えて,天敵や遺伝的操作,生理活性物質などさまざまな方法を合理的に組み合わせ,これらが相互に助長し合うことにより,自然にある害虫死亡率を最大限引き出すような防除,すなわち「総合防除」という考え方が浸透している。

(2) 時期,回数
　病気や害虫の発生時期は,それぞれの病原菌,害虫の種類および天候状態などにより異なる

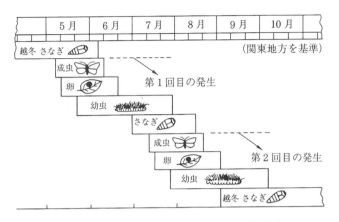

図 5-15 アメリカシロヒトリの生活史

表 5-16 樹木などに発生する主なドクガやイラガ

科　名	害　虫　名	主　な　被　害　樹　種
ドクガ科	ヤナギドクガ	ヤナギ，ポプラ
	モンシロドクガ	ウメ，サクラ，クヌギ，ナラなど
	チャドクガ	チャ（チャノキ），ツバキ，サザンカなど
	ドクガ	サクラ，ウメ，リンゴ，カキ，バラ，クヌギ，ナラなど
イラガ科	イラガ	サクラ，ウメ，ヤナギ，カエデ，ザクロなど
	クロシタアオイラガ	サクラ，ウメ，クヌギ，クリ，カキなど
	アカイラガ	クヌギ，コナラ，カエデ，ウメ，サクラ，モモなど
	テングイラガ	サクラ，ヤナギ，カエデ，サルスベリなど

写真 5-9 アメリカシロヒトリの食害

写真 5-10 噴霧作業

ため，防除の時期も一定しない。しかも病虫害は発生すると短期間のうちに蔓延する場合が多いので，過去のデータから判断して発生時期になったら点検を強化するよう努める。

　病気や害虫の発生を発見したらできるだけ早くその種類，性質などを見極め，被害が広がることが予想される場合は早めに手当することが必要である。管理所などに直営の作業班が配置されている場合は問題が少ないが，全て委託契約で対応している場合は，迅速に対応できる体制を整えておく必要がある。

　委託契約の場合，一般に害虫の発生時期は4〜10月頃までに集中するため，この時期に合わせて，樹木1本当たりもしくは1回散布当たりの単価により契約を行っている場合が多い。

（3）防除の方法
1）薬剤散布

　病虫害が広く分散したり，大量発生した場合には，薬剤散布による防除が効果的である。薬剤散布による健康被害や環境汚染を防ぐため，薬剤は正しい知識と用法をもって使用する。薬剤散布に当たっての基本的な要件については，「5-13　農薬使用時の注意事項」を参照のこと。

2）剪定，切除

　被害の出た枝葉の部分を剪定もしくは切除するもので，最も確実，安全な方法である。アメリカシロヒトリやチャドクガ等の幼齢期，葉に群がっている時期に剪定，焼殺したり，カイガラムシを削り取って退治する方法は，薬剤散布よりも効果的な場合がある。また，テングス病などは被害枝を早期に切除しないと蔓延する恐れがある。

3）捕殺，誘殺

　誘蛾灯による捕殺や樹木に藁バンドを取り付けたり，粘着剤を塗布したりして，害虫を誘殺する方法である。

　マツ類に対しては昔からコモ巻きとして行われており，冬眠場所を求めて下降してくるマツカレハなどのケムシ類やカイガラムシの仲間，避寒場所を探すカメムシなどを捕殺できる。

　コモ巻きは，一般に10月末から11月頃，幹の地上1～2mのところに50cm幅の藁むしろを巻き付けておき翌春2月頃取り外して焼却する。ただし，近年はクモやサシガメ（マツカレハの天敵）など益虫を捕殺してしまうという報告も知られており，使用に際しては状況・効果を確認しつつ，適宜対応すべきである。

　また，ケヤキに発生するニレハムシについて，主幹に粘着テープを巻き付けて捕獲効果を挙げている例がある。

5-2-8　枯損・支障木処理

（1）目　的

　公園緑地の樹木は，年月とともに成長し都市に良好な緑を形成する反面，寿命や気象災害，管理状況等により，いずれは衰弱したり枯損する。枯損木とは，枯れ木と損傷した木のことであり，病虫害や寿命により細胞が死に枯れてしまった樹木を枯れ木，強風等により枝が折れたり，傷口や空洞ができているものを損傷木と呼んでいる。また，景観上，樹木管理上もしくは利用上，不必要あるいは危険な樹木を支障木といい，支障木処理には密度調整のための間伐や間引きが含まれる。

　近年は，枯れ木だけでなく，成長した樹木が突然倒伏して公園や道路施設に損害を与えたり，落枝により来園者が怪我を負うなどの事故が発生し，樹木管理における安全対策への関心が高まっている。また，公園の主要景観木や樹林景観を良好な姿で保つためには，樹木の樹勢や外見上の異常を早期に発見し，樹勢回復や伐採等，必要な措置を講じる必要がある。対応の遅れは，景観・美観の悪化，事故発生の可能性を高めるばかりか，マツノザイセンチュウによ

るマツ枯れのように，周辺の健全木にまで影響を及ぼす原因となりかねない。

このため，近年は，公園や街路樹で樹木（高木）の点検や診断をリスクアセスメントの観点から定期的に行い，異常を早期に発見し，枯損・支障木等へ適切な措置を施すことで，倒木等による事故を未然に防止したり，生育不良樹木の回復を図り，樹木の健全育成を図る取組みが進められている。

（2）枯損・支障木の発生要因

枯損木や支障木が発生する原因は，寿命以外は何らかの外的要因によって引き起こされるのが普通であり，外的要因には，自然的要因と人為的要因がある。

1）自然的要因による場合

枯損・支障木の多くは，病虫害等の生物的要因や，気象，地形や土壌，周辺樹木との競争による日照条件等の立地環境要因，すなわち自然的要因により引き起こされる。

樹木に害を与える動物は，アブラムシ（吸汁性害虫），アメリカシロヒトリ（食葉性害虫），カミキリムシ（穿孔性害虫）などの昆虫類から，シカのように幹を食害するほ乳類に至るまで多種多様である。特にマツノマダラカミキリが運ぶマツノザイセンチュウのように，微細で樹体内で増殖してしまうものは，すぐには外見に異変が現れないため，気がついたときはすでに手遅れとなる場合が多い。

樹木病害の要因は，カビやキノコと呼ばれる菌類（真菌類）が大きな比率を占めている。多くの菌類は，カビ状に見える菌糸（栄養体）と胞子（繁殖体）からなり，寄生菌では，サビ病菌やウドンコ病菌，胴枯れ病菌などが知られている。樹木の腐朽病害は，ベッコウタケやコフキタケなどの木材腐朽菌によって生じる。これら，菌類の胞子は，風や雨滴を通じて運ばれ，傷口から樹体内に菌糸が侵入して種々の病気を発生させる。

原核生物の一種である細菌類は，根頭がんしゅ病やコブ病などの原因となる。

気象に伴うものとしては，豪雨，豪雪，強風などの気象異変により，倒木，幹折れ，枝折れなどの被害が発生する。また，落雷や夏の干ばつ，冬の凍霜害などにより損傷を生じることもある。

土壌条件としては，凹地で地下水位が高い場合や，透水性・通気性が悪く排水不良な土壌の場合，過湿による酸素不足で根に障害が発生し樹勢が低下する。

その他，密植された場所では，樹木相互との密度競争や隣接木の被圧により衰弱枯死する場合も多い。

2）人為的要因による場合

人間活動が環境に与える影響は年々大きくなってきており，近年では地球的規模での環境問題にまで発展している。特に都市部における樹木の生育環境は，劣悪な状態に陥っている場所も少なくない。また，管理の不備から環境の悪化を招いたり，枯死させる場合もある。

管理の不注意によるものとしては，施肥の量が多すぎたり，剪定や草刈り作業時の不適切な維持管理作業に起因することがほとんどである。特に，近年は剪定時の切口の事後処理に不備があったり，草刈り作業時に樹木の根元付近を損傷することで傷口からベッコウタケ等

の腐朽菌が侵入し樹木が衰弱する事例が多く認められる。

その他，剪定すべき時期に剪定しなかったり，寒さに弱い植物に防寒措置を行わないなどの予想される環境条件の変化に対して対策を怠ることも間接的要因としてあげられる。

環境の悪化によるものとしては，移植などにより樹木自体が生理的，環境的に大きな変化を受ける場合と，人間活動の活発化に伴う大気汚染や踏圧，舗装による地面の締固めや工事に伴う根のせん断，建築物による風，日照などの気象変化，交通量の増大による排気ガス汚染などがある。

（3）樹木診断とその手法

樹木診断は，まず外観診断を行い，必要に応じて（異常のある場合）精密診断を行い，これらを総合的に評価して判定を行っていく。一般的には，樹木診断は，樹木医資格を持つ者が行うのが望ましい。

1）外観診断

外観診断は，ナイフや鋼棒，木槌などの簡易な道具を使用しながら，目視によって樹木の活力や損傷状態，病害虫被害の度合いなどを診断する。

樹木の活力は，樹木を枝葉の生育状況や樹形から5段階に分けて判定する。また，幹や根元などの部位ごとに，開口空洞の有無，キノコの発生，幹や大枝の分岐部の異常（腐朽や入り皮），穿孔やフンなど虫害の痕跡，胴枯れ病等病害がないかを診断する。また，木槌で幹を打診し異常音がないか確認したり地際の根に鋼棒を刺し込むことで，幹や根株に腐朽が生じていないか診断を行う。

2）精密診断

外観診断の結果，樹木内部に腐朽や空洞が存在すると判断された場合には，専用の機器を用いて幹を計測し，数量的に腐朽や空洞の規模を推定する。代表的な計測器としては，木の幹に金属製の錐（きり）を貫入させ，深さごとの抵抗値を計測することで腐朽度合いを推定する貫入抵抗測定器（レジストグラフ）が用いられる。抵抗値が低下したり，抵抗がなくなる状況をグラフ化し，幹断面における腐朽や空洞の発生率を推定する。幹の空洞率が50％を超えると倒木の危険性が高まるとされる。

外観診断では，樹勢の衰え等の原因を特定できない場合や，根株に腐朽の恐れのある場合は，一定範囲の根系を露出させ，根の分布や，根の裏側も含め腐朽の状況を詳細に観察する根系診断を行うこともある。

3）総合判定

外観診断や精密診断の結果は，診断カルテとして記録し総合的に判定を行う。診断カルテの事例を**表5-17**に示す。

（4）診断後の対処法

樹木診断の結果と総合判定に基づき，その後の対応措置を決定する。

対応措置は公園緑地の緑を良好な状態に育成する観点から定めることになるが，大きく分け

5-2 樹木管理工

表5-17 樹木診断カルテの事例

公園等名		天候		診断年月日 平成 年 月 日	
樹種名		樹木医		樹木番号	点検番号
指定等		形状寸法 H= m C= cm W= m 根元周= cm			
植栽区域		□園路広場 □樹林地 □外周部 □道路・鉄道脇 □住宅脇 □その他（ ）			
風通し		□風通しがよく、強風を受けやすい　　□樹林と一体、あるいは建物等で直接風を受けにくい			

活力診断

樹勢（枝の伸長量、梢端の枯損、枝の枯損、葉の密度、葉の大きさ、葉色等）	良 □1 □2 □3 □4 □5 不良
樹形（主幹・骨格となる大枝・枝などの枯損及び欠損、枝の密度と配置等）	□1 □2 □3 □4 □5

特記事項

外観診断 部位診断

	根元	幹	骨格となる大枝
樹皮枯死・欠損・腐朽部（周囲長比率）	□なし □1/3未満 □1/3以上	□なし □1/3未満 □1/3以上	□なし □1/3未満 □1/3以上
芯に達した開口空洞（周囲長比率）	□なし □1/3未満 □1/3以上	□なし □1/3未満 □1/3以上	□なし □1/3未満 □1/3以上
芯に達していない開口空洞（周囲長比率）	□なし □1/3未満 □1/3以上	□なし □1/3未満 □1/3以上	□なし □1/3未満 □1/3以上
キノコ	□なし □あり（ ）	□なし □あり（ ）	□なし □あり（ ）
木槌打診（異常音）	□なし □あり	□なし □あり	□なし □あり □診断せず
分岐部・付根の異常	□なし □あり	□なし □あり（ ）	□なし □あり □診断せず
胴枝枯れ性などの病害	□なし □あり（ ）	□なし □あり（ ）	□なし □あり（ ）
虫穴・虫フン、ヤニ	□なし □あり（ ）	□なし □あり（ ）	□なし □あり（ ）
不自然な樹幹傾斜	－	□なし □あり（ ）	－
鋼棒貫入異常	□なし □あり	樹皮枯死・開口空洞等被害箇所計測	
幹を押したときの根元の揺らぎ	□なし □あり		被害周囲長　全周囲長　被害周囲長率
ルートカラー	□見える □見えない（ ）	根元部 cm cm ％	
巻き根	□なし □あり（ ）	幹部 cm cm ％	

上記以外の特記事項（病害虫・梢端枯れ等）

外観判定 部位判定

	根元	幹	骨格となる大枝
おおむね異常なし	□	□	□
今後観察が必要	□	□	□
剪定が必要	□	□	□
撤去が必要		□	
精密診断が必要	□	□	□
支柱・ブレース	□処置不要　□新設　□補修が必要　□再設置が必要		

外観判定：□A:健全か健全に近い　□B1:目だった被害が見られる　□B2:不健全に近い　□C:不健全

所見

精密診断判定

根元（ ）空洞率： ％　幹（ ）空洞率： ％
判定 □継続観察　□保護措置（ ）　□撤去（植替え）が必要
所見

総合判定と処置

総合判定：□A:健全か健全に近い　□B1:目だった被害が見られる　□B2:不健全に近い　□C:不健全
特記事項

処置	必要性	□あり □なし	緊急性	□あり □なし
	内容（「あり」の場合）	□継続観察（留意点）： □枝の剪定 □支柱等の設置 □支柱等の補修 □撤去 □植え替え □踏圧防止 □土壌改良 □施肥（ ） □その他（ ）		

出典：東京都公園協会資料

て保護対策の実施，伐採処理，経過観察に分けられる。
1) 保護対策の実施
　公園緑地の樹木は，健全育成を図るとともに，樹勢の低下や損傷した場合や倒伏等の危険性がある場合や公共財産としての観点からも，一義的には樹勢回復措置や存続のための措置を検討することが望ましい。保護対策としては，以下のような措置を施す。
　①土壌の改良
　　踏圧等による樹木周囲の土壌環境を改善するため，根元周囲に立ち入り防止柵を設置したり，根元回りをリュウノヒゲ等の地被植物で覆う等の措置を行う。
　　より積極的な土壌改良手法としては，土壌の通気性や透水性を改善し根系の発達を促進するため，ピックエアレーションを実施したり，ダブルスコップ等で深さ50cm直径30cmほどの縦穴を複数掘って割竹を建て込み，竹の周囲を完熟堆肥等で充填する方法などが用いられる。
　②日照条件の改善
　　密植され込み合った樹木を間伐したり，隣接樹木からの被圧を受けて樹形が変形したり樹勢が衰えている場合は，育成すべき樹木の優先順位を検討の上，被圧している隣接木の剪定や伐採等を行う。
　③支保工の施工
　　倒伏・傾斜した樹木や，空洞や亀裂があり幹折れ等の恐れのある樹木を人為的に支える方法としては，幹を下から丸太支柱で支える方法と，幹や大枝をワイヤー等で引っ張って支えるケーブリング方式がある。
　　丸太支柱で支える方法には，八ツ掛支柱や鳥居型支柱のほか，傾斜した幹や大枝を支えるため，頬杖型支柱を用いることも多い。また，近年は，移植時に植穴の底部の土壌にアンカーを打ち込み，根鉢をベルトで締め付け樹木全体を支える地下支柱方式も用いられている。支柱やワイヤーを掛ける位置は，樹木を支える上で，最もバランスの良い位置となるよう注意するとともに，ケーブリングで確保する構造物や周辺樹木は堅固なものを選び，かつ，ワイヤー等が利用者の安全に支障のないように配慮する。
　④外科的措置による処理
　　外科的措置は高度な技術が必要であり，処理に当たっては慎重な判断が求められることから，主として古木や銘木等の保存に用いられる。施工に際しては樹木医など専門家に委ねるなどの対応をとることが望ましい。
2) 伐採による処理（枯損・支障木伐採）
　樹木診断の結果，保護対策をとっても回復の見込みの低いものや，倒伏の危険性が高く安全上問題のある場合等は，伐採処理を行う。伐採を行う場合は，各現場において，公園利用者や関係者に周知の上措置するが，状況に応じて公開樹木診断を行うなど丁寧な対応と説明を行い，利用者や地域の方々の理解を得ることも肝要である。
　実際の伐採に当たっては，小さな樹木は簡単に伐採処理できるが，大木の場合には周囲の状況や障害物との関係あるいは樹木自体の腐朽の程度を考慮して手順，伐倒方法を決定する。

作業時には事故が起きやすいので，あらかじめ現地を下見し作業計画を立てることと，作業者全員が役割分担を理解した上，統制のある作業を行うことが大切である。チェーンソーを用いた伐採は，特定講習を修了した有資格者が行うなど，法令上の規定（労働安全衛生規則）に従わなければならない。

通常の伐採処理の作業手順の一例を以下に示す。

① 木に登る
② 状況に応じ，伐倒に支障となる枝や主幹を順次吊り降ろす
③ 主幹にロープを2本掛ける
④ 倒す方向に合わせてロープを張り，人をつける
⑤ 受口を切る
⑥ 追口の切断作業を行う
⑦ クサビを打ち込む
⑧ 倒す方向を合わせて，声掛けを行いながらロープを引く
⑨ 伐採した倒木の玉切りを行う

また，周囲に障害物があったり，大木を処理するときに車両が進入できないような場所では，それぞれの状況に応じて「吊るし切り」などの方法を考えなければならない。

① 周囲に障害物がない場合は，枝をある程度払った後，根元から鋸やチェーンソーで切り倒す
② 周囲に障害物があるが車両が入れる場所では，レッカー車で幹，枝を吊るしながら上から順次切り落とす
③ 周囲に障害物があり，車両が入れない場所では，滑車に吊るしながら，枝，幹を1～2mの長さで順次切り落とす

伐倒する場合，倒れる瞬間が一番危険なため，作業者は足元を整理し，逃げ道を考えて行動する。また，芝生上に倒す場合などは，シートを被せるなど保護処置を行う。

伐採木の根株は，人がつまずいたりする危険のないよう地際より処理する。根株まで掘り起こして処理するようになっている場合は，掘り出した後，時には土を補充しながらよく整地をしておく。

写真 5-11 貫入抵抗測定器を用いた精密診断

写真 5-12 枯損木伐採

写真 5-13 クレーンによる枯損幹枝処理

特に根に病気を持っている場合は，掘り跡を消毒しておくことも忘れてはならない。

伐採した樹木は枝払いし，一定の長さに切断した後，指定箇所に搬出処理する。

3) 経過観察

被害状況が軽微で，特別な対策を取らなくても被害が急激には進行しないと判断される樹木等は経過観察を行う。対象木は，定期的に樹木診断を実施し，カルテを更新してその都度，対応措置を見直していく。

5-2-9 支柱取替え，撤去，結束直し

（1）目　的

支柱は樹木の植栽時もしくは移植したときなど，まだ根が十分に張っておらず，強風などにより樹木が倒れたり，新しく張り出した根が切断されたりする被害が予想される場合にこれを防ぐ目的で施すものである。支柱はその種類，材質にもよるが，おおむね2～3年すると結束部分が弛んだり，もしくは樹木に食い込んだり，あるいは特に竹の支柱などでは支柱そのものが腐ったりする。

従って，絶えず点検をし，不具合を発見したら，その樹木の生育や根張りの状況，強風が吹く場所かどうかなどを確認した上で，支柱の取替えや撤去あるいは結束直しを行うかどうかを決定しなければならない。

支柱はあくまで植込み直後の樹木を健全に生育させるための補助的道具であり，街路樹，広場など一部の特殊環境にあるもの以外は，樹木が自立して生育できるようになったら速やかに撤去する。標準的には樹木の幹回り15 cm程度のもので撤去の時期はおおむね6年を目安とする。いつまでも支柱のある植栽地は景観上好ましくないばかりか，草刈りなど維持管理作業の支障ともなる。

（2）種　類

支柱には，添木，脇差し，八ツ掛，布掛，鳥居型などがあり，これらを総称して控木（ひかえぎ）ともいう。材料は一般に杉丸太か唐竹が用いられるが，近年は広場，街路樹用を中心として，鉄，鋳鉄あるいはプラスチックなどの各種製品が数多く生産されている。

また，控木の代わりにワイヤーロープにより根鉢を地中で固定したり，幹を固定する方法なども考案されている。

1) 添　木

支柱の中では一番簡単な方法で，苗木や若木に用いられる。幹に添わせて丸太か唐竹を地中に立て込み，数か所を杉皮を巻いた幹に結わえつけるもので，幹の揺れを防いだり，幹を真っすぐに伸長させる効果もある。

2) 脇差し

高さ3 m以下程度の樹木に丸太か唐竹を斜めに取り付けるもので，一定方向の風が吹く場所や斜面上で効果的である。丸太は地中に十分差し込み，樹木の幹か太枝に杉皮をあてて，その部分を結束する。2か所以上で結束すると丈夫である。

3）八ツ掛

樹木の高さの2/3程度の丸太か唐竹を3本，均等になるように差し掛けて，上部で樹木の幹や太枝および控木同士を結束し支える方法である。

控木の根元は地中に十分差し込んで根杭で固定し，上部の結束部分は樹木に杉皮をあてて幹が傷つかないようにして，2か所以上でしっかり結束する。

4）布 掛

地上から2～4mの高さに丸太か唐竹を水平に渡して樹木相互を固定する方法で，高密度で列植されている場合などに効果的である。渡した丸太の最初と最後のほか，ところどころに斜めの支柱を取り付ける。何本かの樹木を一度に取り扱い，しかも高所での作業であるため，1人で行うのは困難である。

5）鳥居型支柱

短い丸太の両端に2本の長丸太の一端をそれぞれ鉄線で結わえつけ，富士山や鳥居の形に組んだものを樹木に取り付けて支えるもので，街路樹や広場の樹木のように，大きな控木がとれないような場所に効果的である。鳥居型支柱の取付けは，前もって作った組形を樹木の方に若干傾けて，植穴に建て込んでから結束する。結束部分は樹木に杉皮を巻いてからしゅろ縄で結わえる。結束部分は釘打ちにしてから鉄線で結わえて頑丈にする。樹木の大きさに応じて，二脚鳥居，三脚鳥居，十字鳥居などを使い分ける。

（3）方　法

1）支柱取替え，撤去

継続して支柱を必要とする樹木には支柱取替えを行うが，樹木の成長に合わせて支柱の種類も異なってくる。時として，樹木の太さよりも太い丸太の支柱を見かけるが，景観的にも経済的にも好ましくないため事前の調査が必要である。

在来の控木および添木の取外しは樹木を損傷しないよう注意し，根元から完全に引き抜く。また杉皮，しゅろ縄，鉄線，洋釘および幹巻材もきれいに取り除き，発生材（ごみ）を適正に処理する。丸太をはずすときは，振り回したりして他人を傷つけたりしないよう注意する。また，控木に打ち込まれた釘や鉄線で，足を踏み貫いたり手を刺したりしないよう，はずした丸太の釘はハンマーで打ち曲げておく。

支柱の再取付けに当たっては，それぞれの種類に応じて樹木に確実に取り付ける。

写真 5-14　布掛結束作業

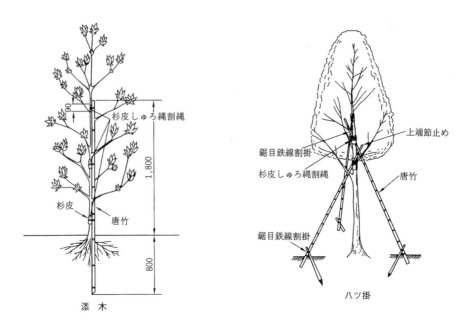
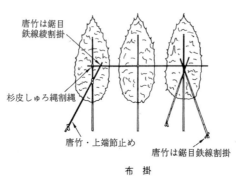
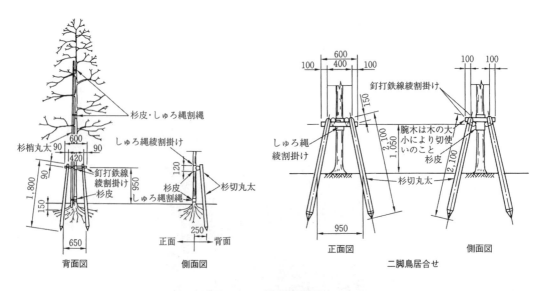

図 5-16 控木の種類

出典：東京都建設局

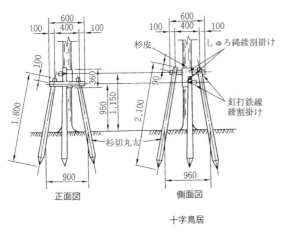

正面図　側面図　平面図

十字鳥居

図 5-16（つづき）

出典：東京都建設局

2）結束直し

在来の杉皮，しゅろ縄，鉄線は樹木を損傷しないよう丁寧に取り除き，新しい材料で樹幹に緊密に固着するよう杉皮を巻き，しゅろ縄で結束する。養生のための幹巻きは必要がなければ撤去する。

5-2-10　雪吊り

冬の積雪は保温効果が大きく，埋没した植物を寒風や乾燥害から守り，融雪期には水分を供給するなどの利点もある。しかし一方では，雪の荷重による幹折れ，枝折れなどの冠雪害や，降雪により樹木が埋没した場合，積雪圧から起こる雪圧害などの被害も多い。

雪害から樹木を守るため雪吊り，雪囲い，支柱，枝打ち，刈込み，施肥，地拵え，雪おこし，根固めなどがある。雪吊りや雪囲い等は，冬の風物詩として公園や庭園景観に彩りを添える効果も期待されている。

1）雪吊りを行う際の留意事項は，次のとおりである。
　①対象樹木は，積雪に弱く枝折れしやすい樹木とする
　②丸太材にて心立てを行い，枝張の状態を勘案しながら丸太材最上部からわら縄で均一に枝を吊る。二段吊りについてはさらに丸太材途中からわら縄で枝を吊る

2）雪囲い（むしろがけ）を行う際の留意事項は，次のとおりである。
　①対象樹木は，寒さに弱い低木類または枝折れしやすい仕立物などとする
　②竹（3本以上）で心立てを行い，動かないように上部をわら縄で固定する
　③心立ての後，むしろで外側から覆い，上部から下部にわら縄で巻き下げる
　④取外しに当たっては，まず，むしろのわら縄をほどいて仮外しを行い，外気温に慣らした後，本外しを行う

3）雪囲い（枝おり）を行う際の留意事項は，次のとおりである。
　①対象樹木は，積雪に弱く枝折れしやすい樹木，傾斜地などで積雪の被害を受けやすい箇所の低木類とする

　　　雪吊り　　　　雪囲い（むしろがけ）　　雪囲い（枝おり）

図 5-17　雪吊り，雪囲い

　②外側にはった枝をしおりあげ，わら縄で3か所程度固定する
　③取外しに当たっては，しおられた枝を広げるようにし，花芽などを傷つけないよう注意して行う

5-2-11　倒木復旧

（1）目　的

　台風などにより樹木が傾きあるいは倒れた状態になったものを，元の状態に戻すための作業である。倒木復旧にはその程度により，倒木復旧と半倒木復旧の2通りがある。

　作業は通常人力で行うが，大径木のものやクレーン車での作業が可能な場所では，根を傷めないように注意しながら，引起こしはクレーンで行うのが一般化している。

　倒木は，根部の状態をよく観察し，あまりに根張りのないもの，根部の腐朽が進んでいるなどで，立て直しても健全な生育が望めない場合は，伐採の処置を取ることもある。

（2）方　法

　倒木とはほぼ全倒したものをいい，樹木の根が地上に突き出す状態を指す。この場合，まず根部を乾燥させないようコモなどで覆い，根の大きさに合わせて丁寧に掘り取る。傷んだ根を切り戻し，根部の状態に合わせて剪定あるいは枝おり，幹巻きを施したあと立て直して，根部に十分に土がまわるよう必要に応じ水極めを行いながら植え付ける。クレーンで立て直す場合には，幹皮を剥いだり，根部を引っ張ったりしないよう注意する。

　半倒木とは，樹木は傾いたが，根などがまだ地上に露出していない程度のものをいう。根部付近を必要に応じて掘り，傷んだ根の切戻しを行い，根部に合わせて剪定した後，垂直に樹木を立て直しながら，根部に土が十分まわるように水極めの処置を行う。必要に応じ幹巻きなどの保護措置を施す。

　なお，支柱取付けに当たっては，「5-2-9　支柱取替え，撤去，結束直し」を参考に取り付ける。

5-2-12　クズ（葛）の除去

（1）目　的

　造成直後の法面や植込地の林縁にはクズが繁茂し，景観的に見苦しいだけでなく，植栽した

樹木などに絡みつき，時にはそれらを枯死させる場合もある。
　クズ防除はこのような状況を防止するために行うが，樹木内を保護するマント群落として機能していたり，法面の崩落防止的な役目を果たしている場合もあるため，慎重に対処する必要がある。

（2）時期，方法
　クズ防除には薬剤を茎部に注入する方法と，人力作業にて除去する方法がある。根部まで枯死させるには1本1本に薬剤を注入する方が確実であるが，面積が広いと相応の手間が必要となる。
　防除の時期は，あらかじめ発生が予想される場所では，クズが成長をはじめたらなるべく早く，こまめに処置する方が根元を確実に把握できるので効果が高い。

5-2-13　除　　草
（1）目　的
　植栽樹木の密度が高く，草刈りが不適当な場所や，低木類を寄植えしてある場所などで雑草を根から取り除く作業である。雑草による養分や水分の搾取を防止したり，丈の高い雑草や蔓性雑草による日照の阻害を防止する意味もある。非常に手間の掛かる作業であり，特に修景上必要な場所や造成直後で雑草の生育の旺盛なときなど限定的に行う場合が多い。

（2）方　法
　既存植物を傷めないよう除草フォークなどを用いて根から取り除く。丈の高い雑草や蔓性雑草は根元をよく確認して根ごと引き抜くようにする。この際，土をよくふるい落とし，既存植物の根が浮き上がった場合には，よく抑えて植え直す。
　抜き取った雑草は，毎日指定箇所に集積してまとめて処理し，除草跡はきれいに均し清掃をする。

5-2-14　灌　水
（1）目　的
　植物は根から水分を吸収し，葉から蒸散している。日照りなどで吸収より蒸散の方が上回ると葉が萎縮したり落葉し，ついには枯死してしまう。
　樹木の正常な生育のためには，蒸散と水分吸収のバランスが保てるよう，場合によっては灌水を施す必要がある。
　灌水を行う際は，土壌の性質や土壌水分の働きなどに関する知識が必要である。

（2）時期，方法
　灌水は水分吸収と蒸散のバランスが崩れたときに行うものであり，夏期の日照りの続いたときだけでなく，植栽や移植した直後の樹木，人工地盤など乾燥しやすい条件の場所に植えられ

た樹木などにも必要である。
　一般に土壌の水分容積率が5％以下で灌水を行い，30％以上では灌水を停止してよいとされているが，通常はその都度土壌水分測定器で検知するようなことはしていないので，樹木の状況を見ながら，あまり萎縮状態にならないうちに灌水するよう心掛ける。
　灌水の方法は地表面から浸み込ませる方法と地中配管により地中から直接行う方法がある。また，それぞれスプリンクラーなどの機械を用いるものと，人力によるものがある。

5-3　芝生管理工

5-3-1　芝生管理の考え方

　芝生管理は，芝草で構成された一定の広がりを持つ植栽空間を維持するものであり，芝草の健全な育成を図るために，芝刈り，施肥，エアレーション，目土掛け，除草，病虫害防除，ブラッシング，灌水，補植などの作業を行うものである。
　芝生地として公園緑地に整備されている空間は，競技場・ゴルフ場などのスポーツグラウンド，日本庭園や主要建築物の前庭のような美観が強く求められる芝生地，ピクニックや遊戯に利用される芝生広場，法面などにおいて土砂の流亡や飛砂を防ぐことを目的として整備された芝生地など，その果たす役割や機能は多様である。従って，前述の各作業の必要性，頻度，内容などは，それぞれの芝生地の役割や機能を達成させる視点から考えるべきである。
　例えば，近年の国営公園における芝生管理の実態を踏まえて標準的な芝生管理のランク分けを試みた事例が表5-18である。芝生地の修景性の度合いによって四つのランクに区分し，各

表 5-18　国営公園における標準的な芝生管理のランク分け

ランク	A	B	C	D
修景性	高い	普通	普通	低い
芝生地の評価	主要な広場や施設まわりなどで修景性が高く，芝生の美しさが重要な景観構成要素となり，良好に管理すべき芝生地	広場や施設まわりなどのうち修景性が中程度で，芝生の緑が一景観要構成要素となり，良好に管理すべき芝生地	Bに準ずるランクで，予算の制約上，管理水準を下げ単一草種を維持するための最低限度の管理を行う芝生地	主として法面など土壌保全あるいは，草地化を目的とした芝生地で，緑を保持するための最小限の管理を行う芝生地
管理作業項目・回数				
・芝刈り	7〜10回/年	4〜6回/年	1〜3回/年(集草あり)　6〜8回/年(集草なし)	3〜4回/年
・施肥	2〜3回 (15〜20g/年)	1〜2回 (10〜15g/年)	1回 (10〜15g/年)	―
・エアレーション	1〜2回/年	1回/1〜2年	1回/数年	―
・目土掛け	1〜2回/年	1回/1〜2年	1回/数年	―
・人力除草	4〜6回/年	1〜3回/年	0〜1回/年	―

表 5-19 作業頻度に影響を及ぼす変動要因

作 業 項 目	作業頻度（回数）の変動要因
芝　刈　り	芝の伸長度（草種，気候条件，土壌，踏圧負荷，施肥量）
施肥（N量）	肥料要求度（草種，芝刈頻度，肥料過敏性）
人　力　除　草	雑草発生度（草種，気候条件）
目　土　掛　け	踏圧負荷，サッチ集積度，土壌条件
エアレーション	踏圧負荷，サッチ集積度，土壌条件
病虫害防除	病虫害発生度（草種，気候条件）河川など周辺環境条件
灌　　　水	芝の耐乾性，気候条件，土壌条件
補　　　植	踏圧負荷，芝の耐踏圧性

出典：公園緑地管理財団「公園管理基準調査報告書」

作業の標準的回数を示している。特筆すべき点は，昨今の社会環境の変化を受けて維持管理費を節減するため，芝刈時に集草あり・なしを組み合わせて実施する手法（ランクC）を導入していることである。集草を行わなければ芝生地に刈りくずやサッチが堆積して景観を阻害し，利用に支障が出るとともに芝生の生育にも影響を及ぼす。従って芝刈の実施回数と集草あり・なしの実施時期の設定が肝要であり，国営公園では数年かけてその影響を調査しながら本格的な導入に至っている。なお，このランク分けは，国営公園で使用されている主にコウライシバ，ノシバについて，特別な要因が加わらない標準的な条件下での試案であり，表5-19のような変動要因があることは認識しておくべきであろう。また，プロスポーツなどの競技グラウンドとして使用される芝生地については，激しい利用に耐えること，かつ高い修景性が求められるため，この表に示すAランクよりも高い管理目標設定と管理作業回数が必要となる。

その他，西日本から東日本の太平洋側の公園緑地では，外来植物であるメリケントキンソウの繁茂が広がりつつあり注意が必要である。果実にある小さなトゲが利用者に危害を及ぼすケースが見受けられ，拡散して数が多くなると対応に苦慮するため，適切な対策が必要である。

5-3-2　芝草の種類，特性と芝生管理計画
（1）芝草の種類，特性

芝草は，その性質から日本芝に代表され夏期に生育する暖地型芝草と，西洋芝に多く，冷涼な気候で生育良好な寒地型芝草とに分類できる。そしてこれら芝草の性質は作業内容，作業方法に影響を与える主要因の一つである。

表5-20は，暖地型芝草の特性を示したものである。さらに表5-21は，暖地型芝草と寒地型芝草の特性を比較したものである。暖地型芝草は日本の温暖な気候風土に適しており，一般の都市公園ではコウライシバやノシバに代表されるシバ類が，また近年校庭の芝生緑化材料としてバミューダグラスの一種であるティフトンシバがよく使われている。なお，後者は生育が旺盛で踏圧に強い特徴を持つため少ない植栽数で緑化できるメリットがある一方，芝刈りを頻繁に行う必要があるなど管理作業に留意が必要である。

表 5-20 暖地型芝草の特性　　　　　　　　　　　　（Beard, 1973. 一部改変）

特性		スズメガヤ亜科		キビ亜科			
		バミューダグラス類	シバ類	セントオーガスチングラス	センチペドグラス	カーペットグラス	パヒアグラス
植物的記載	葉の組織	細	細〜中	極粗	粗	極粗	極粗
	密度	高	中〜高	中	中〜高	中〜高	低
	生育型（匍匐茎）	地上および地下匍匐茎	地上および地下匍匐茎	太い扁平な地上匍匐茎	短い地上匍匐茎	地上匍匐茎	短い地下および地上匍匐茎
	種子着生穂の発達	短い少数から多数	短く少ない	太く，短く少数，多い品種あり	低く目立たない	高く多数	高く，硬く，多数
適応性	耐暑性	極大	極大	極大	極大	極大	極大
	耐寒性	中	中	小（特に小）	小	小	やや小
	耐干性	極大	大	中〜大	小	小	極大
	耐陰性	極小	大	極大	中〜大	中〜大	大
	土地適応性	広い	広い	広い	酸性痩薄	湿潤，酸性	広い
	耐塩性	大	大	極大	小	小	小
	すれきれ抵抗性	極大	特に極大	中	小	小〜中	大
管理（栽培）	集約度	中〜高	中	中	低	低	極低
	刈取り(mm)	6〜25	13〜25	38〜64	22〜51	25〜51	38〜64
	好まれるモア	リール	リール	リールまたはロータリ	リールまたはロータリ	ロータリ	ロータリ
	窒素要求(g/m², 生育期1か月分)	4.0〜9.0	2.5〜5.0	2.5〜5.0	0.5〜1.5	1.0〜2.0	0.5〜2.0
	サッチ集積	大	中〜大	極大	中〜大	小	極大
病害虫	病気	ブラウンパッチ，ヘルミントスポリウム，ダラースポット，春はげ症	ブラウンパッチ，ダラースポット，さび病，ヘルミントスポリウム	ブラウンパッチ，ダラースポット，SADV，グレイリーフスポット	ブラウンパッチ	ブラウンパッチ	ブラウンパッチ，ダラースポット
	害虫	ツトガ，ヨトウムシ，ケラ，バミューダグラス・ヌイト，カラバエ類	コクゾウムシ類，ヨトウムシ，ケラ，ツトガ	ナガカメムシ類	カイガラムシ類		ケラ
	その他	線虫	線虫		線虫		

出典：日本芝草学会「新訂 芝生と緑化」

（2）芝生管理計画

通常の公園緑地の芝生では，年間を通した気候条件や利用条件の変化，あるいは芝草の生理・生態的特性を踏まえて，各管理作業の実施時期を計画的に設定することが必要である。計画事例を表 5-22，5-23 に示す。

表 5-21　暖地型芝草と寒地型芝草の特性比較

	暖地型芝草（夏芝）	寒地型芝草（冬芝）
日本芝の品種	ノシバ，コウライシバなど	―
西洋芝の品種	バミューダグラス類，セントオーガスチングラスなど	ベントグラス類，ケンタッキーブルーグラス，トールフェスク，ペレニアルライグラスなど
気候への適応	温暖な気候によく適している	冷涼な気候に適している
生　育	高温期に生育旺盛 冬期に休眠	冷涼な気候で生育良好 夏に弱い
葉質・葉色	葉質は硬い 春から秋は緑色，冬は枯れて茶色	葉質は柔らかい 濃い緑色で鮮やか，冬も緑色を保つものが多い
生　育　型	匍匐型	株立型が多い
踏圧への耐性	踏圧に耐える	暖地型芝草より劣るものが多い
耐　陰　性	日陰に弱く，日照が必要	日陰に耐える種類を含む

表 5-22　年間管理計画事例(1)

（コウライシバ，ノシバの標準管理　関東）

種別	工　種	第1四半期			第2四半期			第3四半期			第4四半期			備　考
		4月	5月	6月	7月	8月	9月	10月	11月	12月	1月	2月	3月	
芝生管理	芝刈り		━━	━━━━━━━━━━━━━━━━━━━━━━━━				━━						対象面積×3～7回
	除　草		━━━━━━━━━━━━━━━━━━━━━━━━━━										━	〃　×4～7回
	施　肥		━										━	〃　×1～3回
	目土掛け		━										━	〃　×1～2回
	エアレーション		━										━	〃　×1～2回
	病虫害防除		‥‥‥‥‥‥‥‥‥‥‥‥‥‥‥‥‥‥‥‥											適宜
	灌　水				━━━━━━━━━━━━━━									適宜
	芝切り											━		
	補　植		━━										━━	適宜

（注）1．芝刈りで集草あり・なしを組み合わせて行う場合，集草は一年の刈始め時，夏の生育旺盛時，最終の刈止め時に行うのがよい。
　　　2．目土掛け，エアレーションについて年1回施工の場合は芝生が活動を開始する直前の3月下旬の施工が効果的である。

表 5-23 年間管理計画事例(2)

(ケンタッキーブルーグラスの標準管理　北海道)

種別	工種	第1四半期			第2四半期			第3四半期			第4四半期			備考
		4月	5月	6月	7月	8月	9月	10月	11月	12月	1月	2月	3月	
芝生管理	芝刈り		━━	━━	━━	━━	━━	━━						対象面積×9～12回
	除草			━━	━━	━━								〃 ×2～4回
	施肥		━━		━━	━━	━	━						〃 ×2～4回
	目土掛け		━━				━━							〃 ×1～2回
	エアレーション		━━											〃 ×1～2回
	病虫害防除			┈┈	┈┈	┈┈	┈┈	┈┈						適宜
	灌水				━━	━━								適宜
	補植		━				━━							適宜

(注) 目土掛け，エアレーションについて年1回施工の場合は芝生が活動を開始する直前の5月中旬から下旬の施工が効果的である。

5-3-3 芝刈り

(1) 芝刈りの目的

芝刈りは，良好な芝生地を維持するために欠かすことができない重要な管理作業の一つであり，以下のような目的がある。

　①芝生面を平滑にし，美観を高める

　②芝生の分けつを促進し，ターフを密生させる

　③利用目的，修景目的に応じた芝生の刈込高を維持する

　④通風，日射を確保し，健全な生育を促す

　⑤雑草を減少または消滅させたり，雑草の侵入を防ぐなど，除草効果を高める

(2) 芝刈りの時期，回数

芝刈りの時期，回数などは，芝生の種類，場所，生育状態などにより異なるが，通常，都市公園などにあるノシバ，コウライシバの場合，5月中旬～10月下旬に年間4～7回刈りを標準とする。また，秋から翌春にかけ生育する越年雑草が多く発生した場合は，冬期に刈込みを行い，雑草の結実を防ぐ手法もある。

西洋芝のベントグラス類，ブルーグラス類，フェスク類，ライグラス類などは4～6月と10～11月が適期である。

これらに含まれない特殊な目的に使われる芝生地として，常に平滑面を要求される競技グラウンドやパターゴルフコースがあり，生育期間中，週1回から場合によっては毎日刈り込み，ターフを形成させる。

芝刈りで集草あり・なしを組み合わせて行う場合は，少なくとも集草は1年の刈始め時，夏の生育旺盛時，最終の刈止め時に行うのがよい。やむを得ず集草回数を減らしたい場合は，防火上の観点からも最終の刈止め時には必ず実施したい。

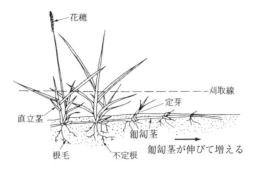

図 5-18　刈取線の位置図

（3）刈込高

　刈込高は年間を通じて一定ではなく，気候や成長量，芝生地の利用目的によって決まる。芝草は成長点と呼ばれる部位から葉を伸ばすため，この成長点より高い位置で刈り込むことが基本となる。日本芝の場合，春期の芽出し時は枯葉の除去を兼ねて成長点近くで低く刈り込み，成長量に合わせて徐々に高くしていき，生育期間中 2～3 cm の刈込高を保つようにしたい。また，成長点は芝草の直立茎が伸びるとともにその位置を伸長方向へ移していく。このため芝草が長く伸びた後に低い位置で刈ると，成長点が刈り取られて芝草の軸だけが残り，外観上見苦しいばかりでなく芝生の衰弱につながる。

　刈込みによる葉の除去は，成長点から葉先までの長さの 3 分の 2 を残すようにし，刈込高を低く維持したい場合は刈込頻度を高くするのがよい。

　踏圧が激しく茎葉の損失が著しい場所では，過度の刈込みは芝草の損失を招くため刈込回数を減らし，刈込高を高めに設定する。

（4）芝刈りの方法

　通常，芝刈りは機械を使用するが，極小面積あるいは機械使用が不可能な場合は補助的に手刈りで行う。

　芝刈りの作業方法は，次のとおりである。

　①芝生地内にある石，空缶など障害物はあらかじめ取り除く

　②芝生地内にある樹木，草花，施設などを損傷しないよう注意し，刈りムラ，刈残しのないよう均一に刈り込む

　③樹木の根際，柵類のまわりなど，機械刈りが不適当または不可能な場所は手刈りとする。芝刈機により樹木の根や幹を傷つけると根株腐朽の原因となることがあるため，無理な機械刈りは行わない

　④刈り取った芝は，速やかに処理して刈跡はきれいに清掃する。刈草の清掃は，一般的には人手で行うが，大面積の芝生地ではスイーパ（吸引式清掃機械）を使うと効率的である

（5）芝刈機械

　芝刈機械には，刈刃の機構によりリール式とロータリ式があり，その運転方式には手動式，

写真 5-15　狭い場所でも小回りがきくロータリモア

写真 5-16　刈跡がきれいに仕上がるハンドガイド式リールモア

写真 5-17　急斜面の芝刈りに適するフライモア

写真 5-18　大面積の芝生地で活躍する3連トラクターモア

自走式，牽引型がある。使用する機種は，芝生地の面積，傾斜，障害物の状況，刈込高，草種に適したものを選定する必要がある。

　リール式は平坦な芝生地に適し，回転刃と受け刃をすり合わせて葉を切断するため，きれいな切口となり刈上りが美しい。刈込高は刃の高さの調整により 0.5～3 cm に設定できるが，すり合わせの調節に注意を要し，定期的な研磨，調整が不可欠である。

　ロータリ式は多少の傾斜地でも作業可能で，プロペラのように刃が水平に回転して，葉を切断ではなくそぎ取る方式のためリール式に比べ仕上がりは劣る。刈込高は 2～10 cm に設定できるため，刈込高の高い芝生地に適する。ロータリ刃の回転による飛石防止のため，芝刈機の吐出口に安全ガードが欠損なくついているかを作業前に確認しておく必要がある。また万が一，吐出口から小石等が飛んだ場合を想定し，吐出口をガラス窓や利用者に向けないように注意する。

　通常の公園緑地では，自走タイプのリール式アプローチモアまたはロータリモアが多く使われるが，障害物の少ない大面積の芝生地ではカッティングユニットを3連，5連と組み合わせた乗用式の芝刈機が効率的である。

　乗用式の芝刈機には牽引式のギャングモアと刃を直接駆動させるトラクタモアがある。牽引式は芝刈機としての歴史が古く，トラクタモアはカッティングユニットが油圧で駆動し刈込作

業も運搬作業も容易で集草装置がついているものもある。

また，小規模な芝生地や，樹木，支柱など障害物の多い場所では，小型のロータリモア（手押式，刈幅48 cm）および肩掛式草刈機（カッター径255 mm）が適している。

急傾斜において，草丈が長く，あるいは障害物の多い場所の作業は，プロペラ状の刃が回転し，刃の角度により作業機が浮き上がった状態で刈り込めるフライモア（手押式）が適している。

なお，肩掛け式草刈機等での作業時にも飛石の危険性が高いため，飛散防止ネットを設置したり合図者を配置して人や車両が近付いた場合に一旦作業を中断するなどの安全措置を行うのがよい。

5-3-4 施　　肥
（1）施肥の目的
施肥の目的としては，
　①芝生の生育の促進
　②芝生の病虫害に対する抵抗力を高める
　③土壌の改良および地力の維持

などであり，芝刈りと同様に芝生を美しく維持するために不可欠な作業である。特に一定以上の踏圧がかかる場所では，芝生の再生を高め，裸地化を防ぐために必要である。

（2）施肥の時期，回数，施肥量
施肥の時期，回数は，芝生の種類などにより異なるが，原則として，必要な施肥量を複数回に分けて行う方が安全で，平均した生育を促すことができる。

一般にノシバ，コウライシバの芝生地の場合，元肥は，晩秋に耐寒性を強め春の芽出しをよくするために遅効性肥料を施す。追肥は，速効性のものを年2回（4，6月）〜年4回（4，5，6，9月）施す。良好な芝生を維持するためには3回以上の施肥が必要であるが，芝生の利用状況などにより何度も散布できないときや肥料やけの懸念があるときには，IB態窒素肥料など肥効の長いものを与えるとよい。

芝の色が褪せてくる前に施肥することが大切であり，美しい芝生を維持するために芝刈回数を多くする場合は，施肥の回数も増やす必要がある。施肥量についても芝生の種類や土質，気候，利用頻度などにより異なってくるが，ノシバ，コウライシバの場合，年間有効成分1 m^2 当たり窒素15〜25 g程度である。標準的な成分割合は窒素(N)：リン酸(P)：カリ(K)＝(1〜1.5)：1：1，火山灰土壌のようなリン酸吸収係数の高いところではN：P：K＝1：1.5：1とするとよい。

（3）施肥の方法
1) 一般的には人力による手撒きか背負式小型散布機や手押式肥料散布機を用いて行うが，障害物のない大面積の芝生地では大型の肥料散布機を使用すると効率的である。また，

写真 5-19 背負式小型散布機と人力による施肥

写真 5-20 大型肥料散布機を用いた機械施肥

表 5-24 各栄養要素に対する芝の反応

各栄養要素の過不足に対する芝の反応は次のようになる。
①窒　素
　欠乏：生育が衰え，葉が黄変する（黄化現象）
　過剰：葉が育ちすぎ軟弱になる
②リン酸
　欠乏：発芽，発根が衰え，生育不良となる。濃緑色に変色
　過剰：ほとんどない
③カ　リ
　欠乏：窒素欠乏と同様黄化現象を生ずる。甚しい場合には，葉に白色斑点を生じ，やがて葉の周辺から枯れる
　過剰：ほかの養分の吸収を妨げる
④カルシウム
　欠乏：根の発育が不良となり，若葉が黄変し，巻き上がったりする
　過剰：土壌をアルカリ化するので，酸性土壌を好む芝に悪影響を与える
⑤マグネシウム
　欠乏：葉の色が薄くなり，生育が衰える
⑥鉄
　欠乏：葉緑素形成が阻害され，黄化現象を生じる

1回の施肥量が少ないときは人力だとムラが生じやすいので，なるべく機器を用いて行う。
2）散布に当たっては所定の施肥量を芝生面にムラのないよう均一に散布するとともに，園路など舗装部分に散らばらないよう注意する。
3）原則として，降雨直後などで葉面が濡れているときは，肥料が葉面に付着し肥料やけを起こすので行わない。地表面が著しく乾燥している場合も同様である。
4）散布後の肥料の流亡や雑草による吸収を防ぐため，芝刈りや除草後に行うようにする。

5-3-5　目土掛け
（1）目土掛けの目的
目土掛けの目的としては，
　①露出した地下茎を保護し，不定芽，不定根の萌芽を促進させる
　②地表面を平坦にする
　③肥料や土壌改良剤を混合し，芝生の表層の状態をよくする
　④堆積した刈くずなどの分解を促進させる
などである。芝刈り，エアレーション施工後ただちに行うと効果的である。

写真 5-21　人力による目土掛け

写真 5-22　大型の目土散布機による目土掛け

（2）目土掛けの時期，回数，目土の量

　時期は，ノシバ，コウライシバの場合，3〜7月の生育が旺盛となる時期が最適期であり，一般の都市公園では利用動向を考慮し，比較的利用者の少ない3月または6月に施工する場合が多い。暖地型芝草は初秋の頃，寒地型芝草は秋から初冬にかけても適期である。

　回数は芝生の利用目的や芝生の生育状況などにより異なるが，修景性が中程度の芝生地では1〜2年に1回程度，運動競技場や日本庭園など管理水準の高い芝生地では年1〜2回程度の施工が多い。なお，都市公園で一般的な利用に供される芝生地の場合，できる限り年1回は実施したい。

　目土の量は，一般的には0.5cm程度，多くても1cmまでとし，葉先が隠れるほどの厚い目土は芝に悪影響を与える。

　目土の質は原則として床土と同質のものが基本であるが，土壌の理化学性の改良やすり込みの作業性を向上させる必要があるときは，砂質土壌（真砂土）を用いたり，砂や土壌改良剤を混合する。焼土機による熱処理を行えば，雑草，種子，病原菌，害虫の卵などの駆除および作業性の向上が期待できる。

（3）目土掛けの方法

　①目土は植物の根茎やがれきなどがなく，必要に応じてふるい分けしたものを用いる
　②砂や土壌改良剤および肥料を混入する場合は，所定の混入率となるように入念に混合する
　③目土はとんぼやスチールマットなどを用いて所定の厚さにムラなく均一に十分すり込む。なお，芝生面に不陸がある場合は，不陸整正を勘案しながら行う
　④障害物のない大面積の芝生地ではトラクタ牽引式の目土散布機などを用いた機械施工を行う

5-3-6　除　　草

（1）除草の目的と考え方

　除草の目的としては，
　　①雑草による芝生の日照障害や成長の抑制作用を防ぐ

②通風をよくし，虫などの発生を予防する
③美観の維持

などである。特に造成後数年間は，客土や目土の中に雑草が混入していることが多いため，人力除草の頻度を高めることで，以降の管理作業の軽減につながる。また，雑草の発生時期をよく観察し，生育初期に行うことが大切であり，増殖を防ぐために雑草の結実前の除草も有効である。

なお，単一種の芝生地を維持していく場合，定期的な除草作業は必要不可欠だが，それにかかる労力も大きい。芝草をベースにある程度の雑草の侵入を許容するような芝生地として管理するならば，芝生管理の中で大きな作業量を占める除草作業は軽減できる。ただし，修景性の高い芝生地や利用頻度の高い芝生地など，場所によってはコスト高になっても除草作業を行うという考え方も必要であろう。

（2）雑草の種類

芝生の雑草は大別すると，次のように分けられる。
①メヒシバ，エノコログサなどのように春から秋までに一生を終える一年生雑草
②スズメノカタビラ，ヒメジオンなどのように秋から翌年にかけて生育する越年性雑草
③チガヤ，ムラサキカタバミなどのように球根，地下茎，塊茎などで二年以上生育する多年生雑草

このほか，葉の形態から，イネ科雑草と広葉雑草とに分けられる。

また図5-19は，芝生地雑草の時期と発生の関係，図5-20は雑草の発生時期を示したものである。

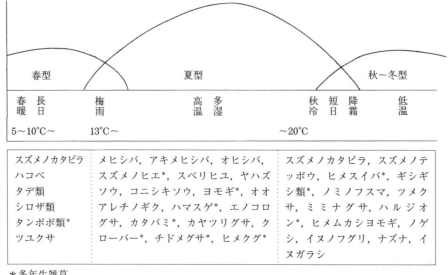

図 5-19　芝生地雑草の時期と発生

出典：日本芝草学会「新訂 芝生と緑化」

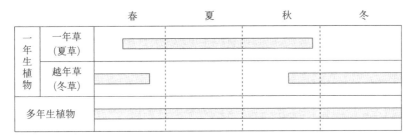

図 5-20 雑草の発生時期

（3）除草の方法

人力で雑草を抜き取る作業であり，降雨後の土が柔らかいときに行うのが効率的である。シロツメクサやカタバミ，スズメノカタビラなど雑草の種類によっては根が細く切れやすいなど人力で全て抜き取ることが難しいものもあるが，ヘラや鎌を使ってできうる限り根から抜き取る。

除草剤を使用する薬剤除草については，来園者，周辺住民，動物，植物および水系など公園および周辺環境への影響を考慮してできる限り控えるのが良い。やむを得ず使用する場合には，「5-13　農薬使用時の注意事項」に記載のとおり，農薬取締法を遵守し，低毒性で安全性が高い薬剤を選定の上，安全面に注意して行う。

また近年，西日本から東日本の太平洋側にある都市公園で問題となっている南アメリカ原産の外来植物メリケントキンソウについては，果実に小さなトゲがあり，これが肌を刺すために注意が必要である。一般に秋，ときに春に発芽して 4〜5 月に開花，5〜6 月に結実し，種子が靴などに刺さって広がっていく。早期発見して数が少ない状態のときに駆除するのが肝要であり，開花前に人力で根から抜き取る。拡散して数が多くなった場合には，除草剤が使える場所ではこれを使う方法もあるが，人体に害のない塩化マグネシウムやクエン酸などが主成分の散布剤や重曹を散布することで被害を抑える取組みが各地で試行的に行われており，これらの情報を都度収集して対策に生かすのがよい。

写真 5-23　メリケントキンソウ

写真 5-24　メリケントキンソウの被害を抑える取組み（重曹散布）

5-3-7　病虫害防除
（1）病虫害防除の基本的な考え方

　病虫害は，病原や害虫が生息していても大発生するものではなく，多くの場合これらを取り巻く環境や，芝生そのものの活力不足により大きな害となって表れる。そのため，病虫害が発生してからの処置を講じる以前にまず，発生を防ぐ環境づくりや，活力ある芝生にするための管理が重要である。芝生の通常管理（芝刈り，施肥，目土掛け，除草，エアレーションなど）を適切に行うことで芝生の活力は増し，病虫害に対しても抵抗力が表れ，その予防に役立つ。一般に病虫害防除は薬剤散布することに主眼が置かれるが，散布することで目に見えない自然のバランスを崩したり，病原や害虫が抵抗力をつけるなど悪影響が出ることもある。

　また，多様な利用がなされる公園緑地では，来園者や周辺環境に対する十分な配慮が必要である。まずは健全な芝生の育成による予防を心掛け，薬剤による防除は補助的手段であるという認識が重要であり，予防散布はなるべく控えるべきである。

（2）主な病虫害とその防除方法

　予防のかいなく発生してしまった病虫害は，早目に処置をしないと大きな被害となる可能性

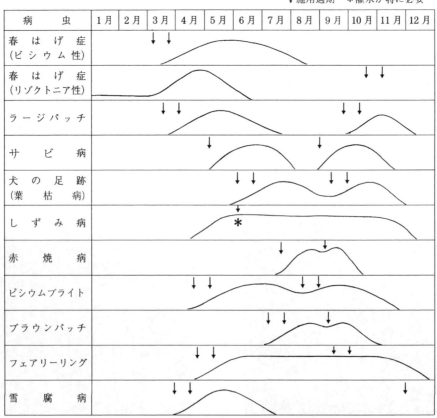

図 5-21　主な病害発生の季節的消長と殺菌剤施用の適期
出典：日本芝草学会「新訂 芝生と緑化」

がある。そこで、日常の巡回点検において病虫害に注意を払い早期発見に努める。そして、薬剤を使用する場合は、「**5-13 農薬使用時の注意事項**」に記載のとおり、農薬取締法を遵守し、低毒性で安全性が高い薬剤を選定の上、安全面に注意して行う。

芝生の病害は主にサビ病、黄化病、ブラウンパッチなどがあり、外観を損ない生育が低下したり、芝草の枯死に至る被害がある。虫害は芝に寄生する線虫類、茎葉を食害するヨトウムシ類、地下茎を食害するコガネムシ類がある。

5-3-8 エアレーション

(1) エアレーションの目的

踏圧や沈圧により土壌が固結した芝生地に対して穴や切込みを入れる土壌通気作業であり、
　①土壌の通気を図り、地下茎、根の呼吸を助ける
　②根の発育を促進することで芝の老化を防止し、若返りを図る
　③水分や肥料の浸透をよくする
　④サッチが堆積した層を部分的に取り除き、生育を活性化させる
などを目的として実施する。

(2) エアレーションの時期、回数

エアレーションの時期は、コウライシバなど日本芝の場合は、活動を始める3～4月が最適期であるが、一般の都市公園では、利用動向から比較的利用の少ない時期（6月）に施工することも多い。

回数は芝生の利用目的や芝生の生育状況などにより異なるが、修景性が中程度の芝生地で1～2年に1回程度、運動競技場や日本庭園など管理水準の高い芝生地や利用が集中して土壌が固結しやすい芝生地では年1～2回程度の施工が多い。なお、都市公園で一般的な利用に供される芝生地の場合、できる限り年1回は実施したい。

(3) エアレーションの方法

一定以上の面積の芝生地では、主に以下のような機械を用いて行う。工作物の近くや狭い場所ではスパイクなどを用いて人力で行うこともある。

1) コアリング型（穴あけ）

コアリング型には、回転により円筒を土中に挿し込み土壌をえぐり取る方法と、動力によりパイプを上下に動かすことにより、土壌を垂直に抜き取る方法がある。

前者は土壌を膨軟にするが芝生面が多少攪乱される。後者は径10～18 mm、長さ7～12 cmの円筒が垂直に芝生地に入るため、芝生面をあまり損傷しないできれいな通気孔をあけることができる。また、小面積の場合には動力手押式のグリーンセアなどが、大面積の場合にはトラクタ牽引式のものが使用される。
　①機械を使用する場合は芝生内の石などをあらかじめ除去しておく
　②コアの深さは、だいたい地表面から7～10 cm程度、間隔は5～15 cm程度で、芝生全

写真 5-25　垂直にコアを抜き取る油圧式グリーンセア

写真 5-26　トラクタ牽引式のコアリングレノベータ（小型）

写真 5-27　トラクタ牽引式のコアリングレノベータ（大型）

写真 5-28　芝生地の土中に圧縮空気を注入する空気注入式深耕機

面にムラなく行う
③牽引式で土壌が硬く十分な深さを得られないときは，重りにより貫通力を確保する
④起伏のある芝生地に行う場合は，小型の機械やエアレーションホイールが独立した牽引式を使用すれば，機械が起伏に沿って均一な作業が行える
⑤穴あけ後，取り出されたコアはチェーンマットなどで敷き均す。その後，茎葉，サッチなどは速やかに集めて処理する

2）バーチカット型

　芝生地と垂直に回転する刃で芝の表層を切ることで，芝生の更新，マットの回復，芝生密度の適正化，凹凸の修正，サッチの除去，病害の除去などの効果が得られる。施工後に施肥や目土掛けを行えばその効果は一層高まる。

　使用する機械はバーチカルモアと呼ばれる切幅約 50 cm のものや，大面積ではトラクタ牽引式による 3 連式切幅 210 cm 程度のもので，バーチカッターが油圧高速回転して芝生の表層に切込みを入れる。

①激しい更新方法であるため生育のよい時期に行う。過度に行うと芝生の回復が困難になることがあるため注意する

②刈くず，サッチの清掃は大型スイーパなどを用いると効率的である

3）空気注入型

空気注入式深耕機で芝生地の土中に圧縮空気を注入し，土壌中の空隙を増やして膨軟化させることにより，土壌の物理性を改善して芝生の生育を活性化させる。法面や狭い場所でも使用でき，芝生地はもとより樹木の植栽地にも広く活用される。

①施工箇所が偏らないよう，注入する間隔，位置などあらかじめテープなどで位置出しを行い施工する

②コアリング式に比べ深い穴があくため，施工後は土壌改良剤などで穴をふさいでおく

③工作物の近くなどで地下埋設物が浅くにある場合は損傷しないよう事前によく調査し施工する

5-3-9　ブラッシング

（1）目　　的

ブラッシングは水平に伸びた芝生を立てて，刈込みの効率を高めたり，匍匐茎（ほふく）や根の切断とともに茎葉間のサッチや枯死した芝生を除去し，芝生の更新を促すために行う。

（2）時　　期

刈込みの効率を高めるために行うときは刈込み前に，サッチの除去のために行う場合は生育期間中に適宜行う。暖地型芝生の場合，冬期における雑草除去を目的として，ブラッシングで地表面に伸びた雑草を起こしてから刈り込む手法もある。

（3）方　　法

小面積の場合にはレーキ，フォークなどを用いて人力により芝生面を丁寧に引っ掻くように行う。大面積の場合にはトラクタなどにローラー状のブラシやクシ状の刃を取り付けて行う。

発生した枯葉，枯茎などは速やかに処理し，ブラッシング跡はきれいに清掃する。

5-3-10　灌　　水

（1）目　　的

灌水は芝生を乾害から保護し良好な生育を促すために行う。土壌の状態，芝生の密度，根の深さ，刈込高などをよく観察して必要により実施する。過度の灌水は雑草の発芽や侵入を助ける，土壌中の養分を流出させる，病虫害の発生を促すなどの悪影響があるため，時期や量には注意する。

（2）時　　期

新規の張芝や補植後の灌水は必須であるが，日本芝の場合，乾燥に対して抵抗力があるので，一般には，夏葉を巻いて生気を失うほどの乾燥時以外はあまり必要としない。しかし，西洋芝（ベントグラス，ブルーグラスなど）は夏の高温や乾燥時には灌水が必要である。

写真 5-29 生育不良箇所を切断，土壌改良を伴う補植作業

（3）方　　法

　公園緑地では利用者への配慮および芝生の病害，過度の蒸散を防ぐため，朝または夏は夕方に行うのが望ましい。灌水量は，土壌の構造にもよるが，6.0〜6.5ℓ/m²を目安に十分な量を行い，少量の中途半端な灌水はかえって芝生に対し悪影響を及ぼすため注意する。

　灌水にはスプリンクラーなど機器による方法と，ホースや散水車などを用いた人力による方法があるが，均一な灌水と，省力化のためにはスプリンクラーが適している。

　スプリンクラーは移動式のものと固定式のものがある。移動式のものは噴頭とホースの移動を要するが任意の場所に設置できる。固定式のものは配管，噴頭が地下などに設置されており，バルブやスイッチなどの操作で灌水ができるため作業の省力化になる。さらにタイマーをつけることにより任意の散水時間がセットでき，利用者のいない時間を選んで効率的に灌水ができる。

　スプリンクラー設備のない芝生地では，散水車などのタンクローリまたは最寄りの水源（池，河川，散水栓など）を利用して，散水ポンプを用いて行う。

5-3-11 補　　植

（1）目　　的

　芝生が老化して生育が衰えたり，踏圧，病虫害，その他の生理障害によって状態が悪くなり，あるいは枯損した場合，その部分を速やかに切り取り，補植（張替え）して芝生地を回復させるために行う。補植に際してはその原因を調査し，障害の要因を取り除いた上で，条件を改善して行い，必要に応じ客土，土壌改良剤，肥料などを施用する。

（2）時　　期

　植栽時期と同様に春〜初夏，秋が適しているが，補植後の養生や灌水を考慮すると梅雨期前に行うのが望ましい。

（3）方　　法

　①張替箇所を大き目に形を整えて切り取り，深さ15〜20cm程度まで床土を交換または

耕うんする
②耕うん時に土壌の状態をよく把握し，土壌の物理的特性を改善する場合は，土壌改良剤などを混入する
③耕うん後，沈下防止のため足やローラーでよく転圧し，不陸整正を行い，表面排水できるような緩勾配をつけておく
④過剰な踏圧が予想されるときは地表面に各種保護帯などを設置し，芝生の保護を図ることも必要である
⑤作業性の向上や早期回復を目的にする場合，芝はロール状のものを使用するとよい。芝張りは周縁と同じ高さになるよう調整し，転圧後は目土を施し，適宜灌水を実施する。また，必要に応じて養生のための柵を設置する

5-4 樹林地管理工

5-4-1 樹林地管理の考え方

　樹林地管理の目的は，植栽された樹木群を，成熟し安定した樹林へ育成・維持する，あるいは計画地に取り込まれた既存樹林を育成・保全していくことによって樹林地に課せられた目的・機能を発揮することにある。これらの樹林地では，一般的な造成植栽地のような樹木1本1本の個体を対象とする管理とは異なり，ある程度の規模を持った樹林区域をまとまりとして管理することが重要である。特に公園緑地における樹林地管理は，利用者等への安全確保はもとより，レクリエーション利用や環境保全などを前提とした管理であり，基本的に用材生産を目的とした管理とは異なる。林業技術が，用材生産効率を高めるためにさまざまに工夫されてきたのに対して，公園緑地における樹林地管理の技術は，その特性や地域性に応じた樹林地の目的・機能に適応した状態に維持され，さらには，その状態が永続的に持続されるための管理である。

　管理に当たっては，「図5-22　樹林地育成管理の管理作業手順」のように樹林地の現況把握・評価を行い，樹林地の目的・機能を明確にし，目的・機能に適する樹林地の形態（樹林高・樹木径・立木密度・階層構造など）を決定し，その形態を目標とする管理が必要となる。樹林地の目的・機能と樹林形態との関係については表5-25のとおりである。

5-4-2 樹林地管理計画

　樹林地管理の作業は毎年行うものからおよそ5年間隔で実施されるものが大部分であるが，樹林地はそれを繰り返し実施して育成・維持されるため，10～20年といった長期の管理計画が必要である。すなわち，樹林地管理計画は，目的・機能が明確にされた樹林地について，それを満たす樹林形態を決定し，目標とする樹林形態に育成・維持するために必要な管理作業についての経年計画を作成することである。

　樹種によっても異なるが，一般的に樹林の形態を表すには図5-23を用いるとわかりやすい。例えば，現在，樹林タイプⅣbの形態分類の樹林を疎林的利用の樹林にする場合，樹林タ

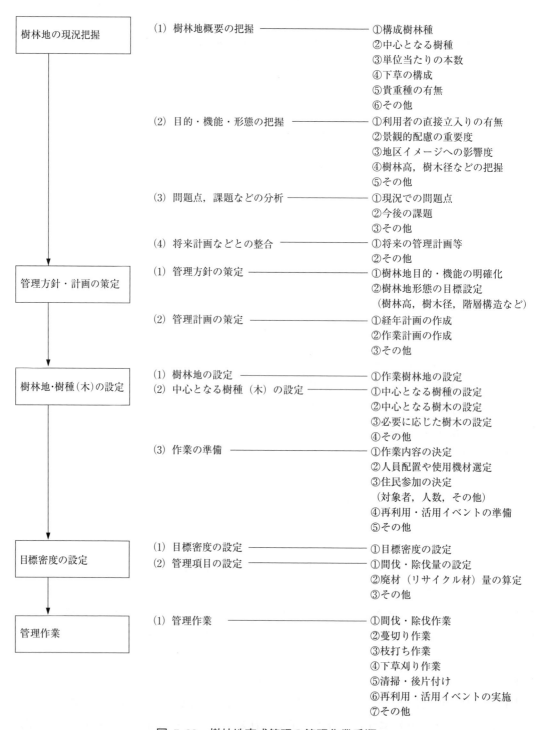

図 5-22　樹林地育成管理の管理作業手順

出典：経済調査会「緑化・植栽マニュアル」

5-4 樹林地管理工

表 5-25 樹林の目的・機能と樹林形態との関係

目的・機能		樹木高	樹木径	立木密度	階層構造	植生	生物的
・気象緩和 ・大気保全		高木林が好ましい	大径木が好ましい	中～密状	多層構造が好ましい	落葉広葉樹林が機能性は高い	―
・自然災害防止	(防風)	高木林が好ましい	大径木が好ましい	密状	多層構造が好ましい	冬期の防風には常緑樹林の機能性が高い	―
	(防霜)	高木林が好ましい	大径木が好ましい	中～疎状	単層～複層構造	常緑針葉樹林が好ましい	―
	(防潮)	高木林が好ましいが，必ずしも高木林に固執しない	大径木が好ましいが，必ずしも大径木に固執しない	中～密状	多層構造が好ましい	海岸部ではクロマツなどの耐潮性のある常緑針葉樹林	―
	(防雪崩)	根系の土壌緊縛力の強い高木林	大径木が好ましい	中～密状	多層構造が好ましい	深根性で土壌緊縛力の強い植生	―
	(防雪)	高木林が好ましい	樹冠の発達した大径木が好ましい	中～密状	単層～複層構造	積雪に耐える常緑針葉樹主体の植生	―
・防音 ・延焼阻止		高木林が好ましい	大径木に固執しない	密状	多層構造が好ましい	難燃性のある常緑広葉樹主体の植生	―
・水源涵養 ・土壌保全		高木林が好ましい	樹冠が発達した大径木が好ましい	中～密状	多層構造が好ましい 林床の草本層の発達が好ましい	落葉広葉樹の自然植生が好ましい	土壌動物の発達した植生が好ましい
・生態系保全		高木林が好ましい	大径木が好ましい	中～密状	自然の状態多層構造が好ましい	自然性の高い植生が好ましい	多様な生物相を擁する植生が好ましい
・緩衝		高木林が好ましい	大径木が好ましい	中～密状	多層構造が好ましいが，利用に応じて単層～複層構造を考慮する	常緑樹主体の植生が好ましいが，場所に応じて多様な植生が考えられる	昆虫や鳥類が生息できる環境としての植生が好ましい
・区界		高木林が好ましいが，必ずしも高木林に固執しない	必ずしも大径木に固執しない	中～密状	区界としての役割が果たせる単層～複層	―	―
・レクリエーション利用	自然探索型利用	高木林が好ましい	大径木であることが好ましい	疎・密の変化があることが好ましい 中～密状	多層構造が好ましい 部分的には2～3層構造	落葉広葉樹林を主体とする多様な植生が好ましい	多様な生物相が生息できる植生が好ましい
	軽スポーツ型利用	高木林が好ましい	―	動的な活動ができる密度疎状がよい	高木層と草本層が主体	林内の明るさが必要であり落葉樹林（アカマツ）主体が好ましい	―
	散策型利用	高木林であることが必要である	大径木であることが好ましい	疎・密の変化があることが好ましい 中～密状	多層構造が好ましい 部分的には2～3層構造	自然性がある樹林構成が適正である	植生のみならず多様な生物相を擁する方がよい
	休息型利用	高木林であることが必要である	大径木であることが好ましい	疎・密の変化があることが好ましい 中～密状	2～3層構造	落葉樹林である方が好ましい	―

出典：建設省関東地方建設局国営武蔵丘陵森林公園管理所，公園緑地管理財団「国営武蔵丘陵森林公園樹林地管理調査報告書」を改訂

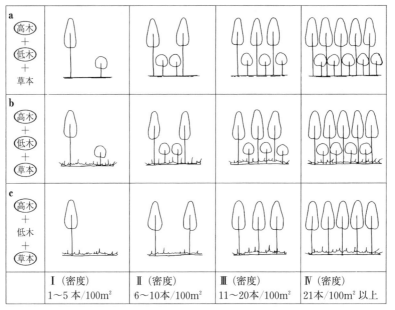

図 5-23 樹林タイプの形態分類
出典：建設省関東地方建設局国営武蔵丘陵森林公園管理所，公園緑地管理財団「国営武蔵丘陵森林公園樹林地管理調査報告書」

イプⅡcの樹林に整備することが適正である。この場合，階層構造をb型（高木＋低木＋草本）からc型（高木＋草本）へと変換することになり，低木層の除伐，下刈りという樹林の管理作業が行われる。立木密度の調整ではⅣ型（21本/100 m² 以上）からⅡ型（6～10本/100 m²）へと変換することになる。すなわち，高木層の樹木がおよそ100 m² 当たり10～15本程度間伐される。

樹林の形態に関して，高木層では主として間伐と除伐が，低木層には除伐と下草刈りが，草本層には下草刈りが管理作業として行われる。

樹林地管理計画を策定する上で利用者等への安全確保のための日常の管理に加え，特に留意すべき事項は次のようなものがある。

1) 均等な予算化

予算執行上，できるだけ年度ごとの経費の較差がないように作業量を調整する。

2) 新たな雑木林管理手法の確立

薪炭林・農用林としての役目を終えた雑木林には，今や環境保全，レクリエーション，自然教育，避難地などの新たな機能が求められている。

雑木林をレクリエーション利用や自然教育の場に対応させるための林床のタイプ別管理手法の研究や，動物の生息環境および野生草花・花木の生育環境としての雑木林の管理手法の研究なども発表されており，それぞれの機能に応じた管理手法がとれるよう，既往の雑木林の管理手法にとらわれない新たな管理手法を実験的に採用していくことも重要である。このような実験に対しては，更新作業を行った区域も同様であるが，植生がどのように変化していくかを捉え，状況次第ではフィードバックして管理手法の再検討が行えるよう，追跡調査

の実施が不可欠である。

3) 雑木林更新手法の検討

関東地方で多く見られる例として，かつて薪炭林として維持管理されてきた雑木林（二次林）を公園緑地に取り入れている場合がある。雑木林を維持するために従来から15～30年周期の皆伐による萌芽更新作業が更新手法として行われてきた。萌芽更新作業が実施されていない雑木林は，間伐・択伐による大径木へ移行していき，従来の雑木林の景観と違ったものになる。しかし，皆伐は一時的に緑を消滅させ，景観的にも問題があるので，その実施に当たっては，利用者等の理解など慎重を期さなければならない。今後は，従来の皆伐による更新手法とは異なり，実生による天然更新や苗木を補植するなど，景観保持の観点から更新手法の検討が必要である。

4) 新たな樹林地景観をつくり出す方法

樹林地育成管理手法は，樹林地育成管理と樹林地修景管理の二つの要素で構成され，樹林地修景管理は，一般的に行われる樹林地育成管理を補完する個別の問題点等を解消する手法である。

公園利用者との接点に当たる林縁部分の樹林地は，その場所特有の問題点を抱えているため，樹林地内部に対して一般的に行われる樹林地育成管理と異なった諸問題や課題等を把握・分析し，具体的な解決方法を検討していく必要がある。

樹林地修景管理の位置付けや手法の流れは，図5-24，5-25のようになる。

5) 林内利用に対する管理の検討

林内利用が行われる樹林には多かれ少なかれ利用に伴うインパクトが加わる。樹林に被害を与えたり，目標群落への育成を阻害したりする活動は禁止しなければならない。

林内利用に対する管理には，林内立入禁止，林床整備があげられる。林内利用によって樹林が荒廃のきざしを示した場合には林内利用を制限し，樹林を養生すべきである。

林内利用に伴う樹林へのインパクトと樹林に与える影響については次のように整理される。

①林内立入りによって，踏圧が加わり林床の固結化が起こる
②林内立入りによって，林床植物の被度が減少していく
③林内の動的活動によって，樹木が傷つけられる
④林内の動的活動によって，林床の裸地化が促進される

公園における林内利用は，静的な利用が主体であり，樹林へのインパクトはあまり大きくない。しかし，長期的な林内利用に伴って林床の一部で裸地化が発生している場合，このような部分に対しては利用制限の措置をとり，林床の回復を図るべきである。

6) 定期調査

管理を実施していく過程で，樹林地が当初の目標とする樹林形態に育成・維持されているかどうかを判断するため，定期的に林相・植生・遷移などに関する調査を行う。また，利用・管理状況を記録しておき，樹林地の目的・機能およびそれに伴う管理計画の再検討をすることが重要である。

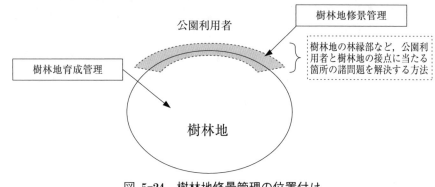

図 5-24 樹林地修景管理の位置付け

出典：経済調査会「緑化・植栽マニュアル」

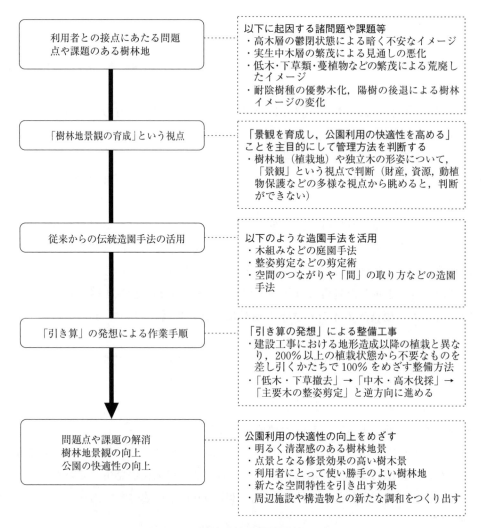

図 5-25 樹林地修景管理手法の流れ

出典：国土交通省関東地方整備局国営常陸海浜公園事務所
「樹林地の管理手法に関する検討及び実践業務報告書」

5-4-3　間　　伐
（1）目　　的
　樹冠の閉じた樹林においては，それを構成する樹木の各個体間の競争により，優劣の差ができ，劣勢木が多くなると景観的にも貧相となり，病虫害も発生しやすく，風雪害にも弱い樹林となる。間伐はこのような個体競争を緩和し，良質の材木を生産するため林業で使われる手法である。公園緑地内の樹林の場合には材の収穫という目的は必要としないものの，健全な樹林を育成する上で，また，林内利用に適する樹林密度に調整するため間伐を行う。

（2）時期，回数
　一般的に樹木が休眠し作業のしやすい冬期に行う。回数は樹林地の状況，目標とする樹林形態により異なる。

（3）方　　法
樹木管理工「5-2-8　枯損・支障木処理(4)診断後の対処法」と同様とする。

（4）間伐のポイント
1)　間伐は樹林密度の調整を主眼とする作業であるため，目標とする樹林密度に合わせて伐採本数を決定する。
2)　間伐の対象となる樹木は，次のような樹木である。
　①枯損木，病虫害の被害木，傾倒木，樹形の悪い樹木
　②密生して生育が劣っている劣勢木
　③樹勢が強すぎて，周辺に多くの被圧を生じている樹木
　④樹林の目的・機能から，不要または不適当になった樹木
　⑤他の施設の安全確保，防災上その他影響を及ぼす樹木

5-4-4　除　　伐
（1）目　　的
　除伐は，目的とする樹木の生育を阻害する樹木を除去する作業である。林業では，間伐が成長した造林木の個体競争を緩和するのに対して，除伐は造林木の生育に邪魔な侵入木や病害木を除去することを指すが，公園緑地内の樹林では，特に景観上，利用上保護したい樹種や更新を期待する幼稚樹などの生育を阻害しているものの除去という観点から行われる。

（2）時期，回数
　一般的には春の芽吹期の直前がよいとされている。回数は間伐と同程度の間隔とし5年間隔程度とするが，修景・利用などから，管理水準の高い樹林地では3年間隔程度とする。

（3）方　　法

「5-4-3　間伐」に準ずる。

（4）除伐のポイント

除伐は景観上または生育上不良な樹木を対象とし，不必要な根は切り株からの再萌芽や病虫害の発生源となることを防止するため，斜面など地形等の制約がない限り抜根する。

5-4-5　蔓切り

（1）目　　的

樹林の生育を阻害する蔓植物の除去を目的とする。蔓植物は陽性のものが多く，繁茂したままで放置すると樹冠を覆い，樹林の生育を阻害する。

（2）時期，回数

落葉期を除いていつでもよい。回数は除伐と同様とする。

（3）方　　法

幹や枝に深くからみついた蔓は細断し，取り除く。

（4）処理のポイント

地上部を切り取っても根株より再萌芽し，蔓を形成するものがあるので，抜根処置を含めて考えることが必要である。また，蔓の成長量は地形条件と関係することがよく観察されており，特に谷底面や斜面下部の樹林地における成長が良い点に留意する。

5-4-6　枝打ち

（1）目　　的

枝打ちは，枯枝および生枝の一部を除去することによって，樹木の成長を促進し，日照，通風をよくして病虫害の発生を抑え，林床への陽光量を増加して林床植生を成長させ，景観的にも整然とした樹林とするとともに林内利用の安全を確保することを目的とする。

（2）時期，回数

秋より早春の間（ただし厳冬期を除く）とし，最適期は春の芽吹期である。回数は除伐と同様とする。

（3）種　　類

枝打ちには枯れた枝を取り除く枯枝打ちと，生枝を取り除く生枝打ちがある。生枝打ちは病虫害の防除や修景的な目的のため行い，枯枝打ちは林床に陽光量を増加させ，野草の育成，樹木の成長を促進するとともに落枝などによる林内利用者等への危険を防止することを目的に行う。

（4）方　　法

はしごなどを用いて行う。枝を切るときは，下から順次行うが，枝の下側を切り返しておいて上側から切り落とすようにしないと，樹幹の皮などをそぎ落とす場合があるので注意する。

（5）処理のポイント

枯枝打ちは，すでに枯れた枝を打つので，樹木の成長には影響を与えないが，生枝打ちでは成長の減退が起こる可能性があるので，弱度の枝打ちにとどめる必要がある。

5-4-7　下草刈り

（1）目　　的

下草刈りは，次のような目的により行われる。

1）生態的な維持管理のため

　樹林は放置すると，時間の経過に伴い，極相に向かって遷移していく。この遷移による植生の変化を阻止するために行う。主に二次林の維持管理などで行われる。

2）修景，景観保持のため

　この下草刈りは，林床の美観を維持し，快適な環境を提供する目的で行うものであり，林床の草花の保護や育成および草丈の維持を考慮して行われる。

3）防災のため

　歩行者の投棄するタバコなどによる火災の発生を防止するために行うものであり，園路や道路沿いを中心に秋から冬期の枯草時期に行われる。

4）林内利用のため

　林内の散策，動的な活動ができるよう林床景観を形成，維持するために行うものである。図5-26は，レクリエーション利用に対応した林床タイプの代表的な模式図である。

（2）時期，回数

晩春から盛夏の間に実施する（成長量の大きい時期に刈り取ることで大きなダメージを与え，翌年の成長をより抑制することができる）。

回数は，修景，景観保持や林内利用を目的とした樹林地は毎年，その他の樹林地については3年間隔程度とするが，樹林を潜在自然植生へ遷移させたり，生物の多様性を高めるためには，数年間隔，または放置するなど回数を検討する必要がある。

（3）方　　法

下草刈りの施工方法には全面刈りと選択的下刈りの二つの方法がある。全面刈りは，林内での動的な樹林利用が目的の樹林地の一部に適用される方法であり，このような立地では，過度の利用による林床荒廃に留意する。一方，選択的下草刈りは，常緑高木の稚樹やヒサカキ，アズマネザサなどのある特定の種群を限定して取り除くことで，落葉高木の更新やヤマツツジなどの特定種および野草の生育を維持・促進させる。また，下草刈り区域の一部を帯状や島状に

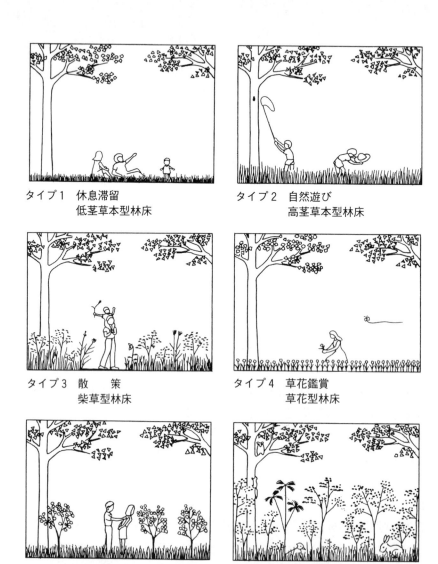

図 5-26　森林におけるレクリエーション利用に対応した林床タイプ
出典：ソフトサイエンス社「緑の景観と植生管理」

残すことで，鳥類，昆虫類の生育空間を確保し保護・育成を図る目的で適用する。

　全面刈りは，選択的下草刈りより施工が容易であり，見通しのよい樹林景観を仕立てる目的にかなう管理技術であるが，一方，植生の単調化を招きやすく，樹林の更新も行いづらいため，補植などにより，後継樹の育成を図りつつ管理を行うことが必要である。

　通常は，選択的下草刈りを適用することが多い。

5-4-8　補　　植

（1）目　　的

　補植には，目的によって次の四つのタイプが考えられる。

①樹林の適正密度に対して立木密度が低い場合に，それを補充するために行う補植
②造成樹林あるいは既存林において，著しい枯損ないし被害が発生し，それを回復させるために行う補植
③樹林の遷移を促進させるために，次代の樹林構成種を補充するような補植
④樹林が老齢化して萌芽更新が困難であるようなときに，樹林の更新を目的として行う補植

（2）時期，方法など
植栽工に準ずるものとする。

（3）補植のポイント
樹林の更新，遷移を目的とする場合は，既存林の苗木，次期高木林の苗木の選定には十分注意する。例として国営武蔵丘陵森林公園で提案された潜在自然植生に基づく自然林に遷移を促進させる事例を示す（図5-27）。

5-4-9　施　　肥

施肥は，林地管理では通常は行われない管理であるが，樹林の早期育成，樹林地内の野草の育成，または補植した苗木などに行われる。

なお，時期，回数，方法などについては，「5-2-6　施肥」に準ずる。

5-4-10　病虫害防除

（1）目　　的
樹林地の健全な生育および美観の保持を図るとともに，周辺樹林地への被害の波及を防止する目的で実施する。

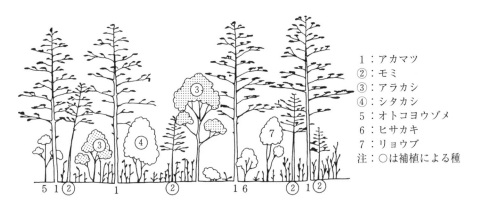

1：アカマツ
②：モミ
③：アラカシ
④：シタカシ
5：オトコヨウゾメ
6：ヒサカキ
7：リョウブ
注：○は補植による種

図 5-27　自然林育成のための補植の断面模式図
出典：公園緑地管理財団「樹林地の管理育成調査報告書（1982.3）」

（2）防除実施の必要性の判断

一般的な病虫害の防除は，特に被害が蔓延したり，他に影響を及ぼすと思われるときに実施することが大切であり，被害が蔓延せずに自然消滅する場合には，積極的な防除の必要はない。従って病虫害が発生したときには，防除の必要性を的確に判断する必要がある。

一般的な病虫害防除の時期，回数，方法などは樹木管理工「5-2-7 病虫害防除」に準ずる。

以下にマツ林のマツ枯れの主な原因であるマツノザイセンチュウの防除について述べる。

（3）マツノザイセンチュウ防除

1）マツノザイセンチュウの診断

松枯れの蔓延を防止するためには，その原因の究明が早期に必要である。以前は，マツノザイセンチュウの検出に専門的な技術・機材や時間を要していたが，独立行政法人森林総合研究所によりLAMP（Loop-mediated Isothermal Amplification）法を利用した「マツ材線虫病診断キット」が開発され，簡易に診断が可能となっている。

この方法等により，早期に原因発見し，以下の駆除を実施することにより枯損木から健全木への感染拡大を防止することが必要である。

2）マツノマダラカミキリの駆除

①被害材駆除

方法は，樹木管理工「5-2-8 枯損・支障木処理」に準ずるが，その手順は次のア～エのとおりである。なお，被害材駆除は翌年のマツノマダラカミキリ発生期以前に実施する。

　ア．被害材伐採
　イ．伐採木は，枝葉も含めすべて焼却または集積して薬剤散布・燻蒸処理
　ウ．林内に伐採木の折損枝，折損樹幹を放置しない
　エ．切り株の樹皮は必ず剥ぎ取る

②薬剤散布（地上散布，空中散布）

　ア．マツノマダラカミキリの発生に合わせて，適期に散布することが必要であり，気象状況の把握や関係機関との打合せを行い，散布時期の決定には十分注意する
　イ．地上散布では，樹冠の枝葉部に薬剤が届く能力のある噴霧機を使用する
　ウ．広範囲にわたって使用するときは，動植物に影響を与えることや散布区域外に飛散することが予想されるので，散布に当たっては，天候，風向きなどを考慮して，飛散防止剤の混入などの方法をとるとともに，散布場所にも注意する
　エ．住宅地や農地と隣接する樹林地において散布する場合には，「5-13 農薬使用時の注意事項」に基づき，適切に対応する

③マツノザイセンチュウの駆除（樹幹注入）

　ア．薬剤が樹冠上層部まで浸透するのには時間がかかるので，マツノマダラカミキリ発生期の遅くとも3か月前には実施する

表5-26 樹幹注入剤の有効成分とその特性

有効成分名	人畜毒性	魚毒性	作用特性
酒石酸モランテル	普通物	A類	水溶性が高く、マツ樹体内での移行性が良い。線虫の神経伝達物質アセチルコリン・レセプターを阻害し、線虫を不動化・致死、増殖させないことで、マツ枯れを防ぐ。動物駆虫薬由来で人畜毒性が低く、安全性が高い。樹体内での安定性に優れ、持続効果期間はグリンガード6年、グリンガード・エイト6年、グリンガードNEOが7年と長い。水に対する溶解性200,000 mg/ℓ
塩酸レバミゾール	劇物（6.8%以下普通物）	A類	線虫の神経伝達物質アセチルコリン・レセプターを阻害する。水溶性が高く、マツ樹体内での移行性が良い。1穴1mℓの場合1年、1穴2mℓの場合2年間の持続効果がある。動物駆虫薬由来。水に対する溶解性易溶
ネマデクチン	普通物	C類	1回の施用で5年間の持続効果が認められる。線虫の抑制神経系に作用し、マヒさせることで発病を防ぐ。マクロライド系駆虫薬由来。水に対する溶解度1.8 mg/ℓ
エマメクチン安息香酸塩	劇物	C類	1回の施用で4～5年間の持続効果が認められる。線虫の抑制神経系に作用し、マヒさせる。16員環マクロライド系殺虫剤由来。水に対する溶解度310 mg/ℓ
ミルベメクチン	普通物	B類	1回の施用で5年間の持続効果が認められる。線虫の抑制神経系に作用し、マヒさせる。16員環マクロライド系殺ダニ剤由来。水に対する溶解度7.2 mg/ℓ。残効期間は5年

出典：「農薬ハンドブック2011年版」などから作成

表5-27 樹幹注入剤の剤型

剤型	内容
液剤	水に溶けやすく、加水分解のおそれのない有効成分を水に溶かし、これに少量の凍結防止剤や溶剤を加えたもの：酒石酸モランテル、塩酸レバミゾール、ネマデクチン、エマメクチン
乳剤	水に溶けにくい成分を溶剤に溶かし、界面活性剤を加え、樹幹注入後、樹液に懸濁させるもの：ミルベメクチン

　イ．単木処理のため、地上散布、空中散布と比較して、周辺に対する薬害も少なく、地上散布、空中散布と比較して枯損率が低い

（4）その他
　①薬剤散布は場所、地域、周辺状況などからどの方法を選択するか決定する
　②間伐、下草刈りなどの管理作業は、アカマツ林の健全な育成を図り、病虫害への抵抗力を促進するため、これらの作業も、病虫害防除の一部といえる
　③樹幹注入は、地上散布と比較して経費が高い
　④樹幹注入するための容器は貯液部分とノズル部分から成る。その形状、材質は、内容量と加圧の有無、薬液中の溶媒の種類によって異なるが、ノズル部は装着時における穿孔穴と密着するようテーパー状にしてある。また、薬剤注入が円滑でかつ穿孔穴が、円滑に巻き込まれる径になっている。注入施工による障害の発生を回避するためには、ノズルと穿

孔穴とを密着させ，形成層を傷つけたり，液漏れを起こさないよう作業に成熟する必要がある。注入容器には，加圧型と自然圧型があり，条件により吸入しにくいときは，圧力注入容器を用いる
⑤樹幹注入は，樹幹にいくつかの注入口を穿孔することによる傷害の影響を少なくすることが，今後の課題である

5-4-11 林床草花・花木の育成

(1) 林床草花の育成

樹林地では林床管理を行うことで野生の草花を育成したり，自生地に適した草花を誘導することが可能である。

1) 自生の野生草花育成管理

イチリンソウ，カタクリなどは早春から春期にかけて，ギボウシ類，ユリ類などは春期から夏期にかけて展葉し，着花・結実する。これらの草花が展葉期にそれぞれ光合成を行えるよう林床管理をし，林床相対照度を40〜50%確保する必要がある。

例えば，早春から春期にかけて展葉し，着花・結実する草花では雑木林の高木層の落葉期には中低木層の皆伐の管理だけを行えばよいが，マツとの混交林の場合には中低木層の皆伐のほかに常緑高木層であるマツ類の間伐・除伐の管理が必要になる。

自生の野生草花の育成管理方法で，現在のところ研究成果が整理されているものとして，**表5-28**などがある。

2) 播種や植付けによる草花導入と育成管理

粗放的な管理で林床草花を育成しようとするもので，特に公園緑地等の野草園の整備に用いられる。草花を導入する場合には，地域個体群の保全や立地適応性を考慮して，育成対象地とその近傍に自生する種に限定することが好ましく，少なくとも新しい園芸種や遠方の個体群を持ち込むのは避けるようにすべきである。

自生の野生草花の新たな植栽と育成管理方法で，現在のところ解明されているものとして，**表5-29**などがある。

(2) 林床花木の育成

花木の育成は，高木層や花木の種類等によっても異なるが，夏期に光合成が行えるように，林床相対照度が30〜40%程度，花木の育成密度が100 m^2 当たり4〜12株くらいを確保できるよう林床管理をすることが必要である。

林床管理は，基本的には林床草花の育成と同じく高木層の間伐，除伐，枝打ち，中低木層の選択的除伐，下刈りを行うことで可能になる。

例えば，二次林を長く放置していた場所では，林床花木の多くが衰退しているため，特に，半枯死状態や徒長枝状の花木は幹を地際から20 cm程度残して切り戻すことで萌芽更新したり，損傷や花芽が着生しなくなっている幹，枝等はその部分を剪定し，個体の樹勢や樹形を回復させることが必要である。

表 5-28 自生の野生草花育成管理手法

対象地の潜在自然植生	コクサギ―ケヤキ群集,シラカシ群集,ケヤキ亜群集	シラカシ群集典型亜群集,シラカシ群集,ケヤキ亜群集	ヤブコウジ―スダジイ群集	カナメモチ―コジイ群集
地　形	斜面下部～谷部（麓部斜面,谷底平底）	斜面中部～下部	尾根部～斜面中部	斜面上部～斜面下部
樹林の形態	高・中木は単層,または疎林状の落葉広葉樹林 ※アカマツ林は,松枯れによる衰退の危険性があるため避けることが望ましい			
発芽定着および現存する主な野生草花の種	ニリンソウ*,イチリンソウ*,カタクリ*,キツネノカミソリ*,ムラサキケマン*,ジロボウエンゴサク*,アマナ*,ウバユリ,コバギボウシ,ヤマホトトギス,キバナアキギリ,ヤマトリカブトなど	ヤマユリ,ホウチャクソウ,ナルコユリ,アマドコロ,オオバギボウシ,ツリガネニンジン,ノハラアザミ,シラヤマギク,サラシナショウマ,イヌショウマ,オカトラノオ,タチツボスミレなど	シュンラン,オオバノトンボソウ,ヤマユリ,チゴユリ,アキノキリンソウ,キッコウハグマ,コウヤボウキ,オケラ,ヒヨドリバナ,ヤクシソウ,ジシバリ,タチツボスミレなど	シュンラン,ササユリ,イナカギク,リュウノウギク,コウヤボウキ,ノアザミ,ジシバリ,ヤクシソウ,アキノタムラソウ,オカトラノオ,シハイスミレ,タチツボスミレなど
確保すべき林床相対照度	①春期成長植物	*印の植物が該当し,春期にだけ茎葉を展開して光合成を行う。これらの種については,同時期に50％前後以上の明るさが求められる。通常,コナラ―クヌギ林の亜高木層,低木層を皆伐し,高木層構成木を切り残すことによりほぼ調整することができる		
	②春期から夏期成長植物	*印以外の植物が該当し,夏期に50％前後の明るさが求められる。コナラ―クヌギ林の場合,亜高木層,低木層を皆伐し,高木層構成木の枝打ち,間伐によって調整することが可能である		
競合植物の抑制	①春期成長植物	年1回夏期下刈り　※キツネノカミソリ群落：開花景観を形成するためには,本種の着花が8月中下旬に最盛期に入ることから,7月中下旬までに夏期下刈りを実施する		
	②春期から夏期成長植物	当初2～3年の間,年1回冬期下刈りを継続し,自生草花の成長に伴い2年に1回程度夏期下刈りを追加する。この場合,草花にはテープなどでマーキングを施し,刈り残すよう配慮する（選択的下刈り）		
落葉掻き	①実施頻度	春期成長植物,春期から夏期成長植物共に,2年に1回程度1～2月に実施		
	②実施目的実施強度	落葉掻きは,草花の種子の発芽と定着促進,落葉中の越冬害虫,病原菌除去のため表土の鉱物質土壌面が露出するまで行う		
	③春期成長植物の密度管理	カタクリ,キツネノカミソリ,イチリンソウなどは混生することが多い。このため,年1回の夏期の下刈りだけを継続すると,早春最も早く展葉するキツネノカミソリが次第に優占化し他種を被圧する。本種の密生化した群落では,2月下旬から3月上旬に落葉掻きを行い,展葉開始直後の新葉をそぎ落とすことによって増殖を抑制する		

（注）1. 潜在自然植生および発芽定着する草花は関東地方,近畿地方の暖帯～冷温帯下部を標準とする。対象地の潜在自然植生は,別途市販されている潜在自然植生図から判読する
　　　2. 倒木,枯れ枝,下刈り屑,落葉落枝,間伐材などは,全て林外持出し処分

出典：ランドスケープエコロジー「ランドスケープ大系第5巻」

表 5-29 自生の野生草花の

項目		種名	アキノキリンソウ	キキョウ
開花と成長		開花	10月上中旬から11月下旬	通常6月上旬から8月中
		展葉栄養生長	4月から11月下旬	4月下旬から10月下旬
導入適地		地形	斜面上中部	尾根部～斜面下部
		指標植物	ヤマツツジ，カマツカなど二次林構成種，ササ類繁茂地は避ける	同左
		林種	落葉広葉樹林，アカマツ林	落葉広葉樹林，アカマツ林
林床相対照度			夏期：50％前後	夏期：50％前後
種子採取種子保管			10月中旬から11月，種子が熟し，冠毛が発達して風に飛ばされる直前に採取し蒸れないように持ち帰る。これらは風乾燥の後，冠毛を揉み取り播種までの期間，ビニル袋に入れ冷蔵庫で保存する	7月下旬から8月，果実が褐色に変わり，強く触れると裂開し，黒色の種子がこぼれ落ちる状態にあるとき，採取した種子は，ビニル袋に入れ播種までの期間冷蔵庫で保存する
増殖手法			〈種苗生産のための播種〉植栽実施の2年程度前から苗圃を確保し，山出し用にビニルポット（直径5～10cm前後）による生産を図る。種子は4～5月通常の草花と同様にガーデンバンなどに床蒔きし，本葉が1～2枚出た段階で，1～2本ずつポットへ植え付け二年生苗として育成	〈種苗生産のための播種〉同左
林床への植栽			新芽が展開し始める4月上旬から中旬に，生産したポット苗を植栽地へ運搬する。これ以降の作業はキキョウに準じて実施する。ただし，植栽時期については，6月中下旬からの梅雨期でも可能である	新芽の展開直前の3月下旬から4月上中旬，生産したポット苗を植栽地へ運搬する。次に下刈りと落葉掻きを終えた林床で表土を30cm深程度まで耕うんし，大石や大型の根を除去した後，新芽が地表面にわずかに出る程度に上つけ覆土し，初期灌水だけを施す。植栽間隔は，30～40cm以上とする
育成管理		競合植物抑制	年1回冬期の下刈りを継続し，夏草が繁茂すると年1～2回夏期に競合植物を選択的下刈りする	年1回夏期終了後の7月下旬に下刈りを実施。競合植物の繁茂が著しい場所では5月に選択的な下刈りを追加する。なお，7月下旬の下刈りに際しては，キキョウも同時に刈り取る
		病害防除	アブラムシ，ウドンコ病の被害が大きい場合は，抑制する	キキョウアブラムシの被害が大きい場合は，抑制する

新たな植栽と育成管理方法

ササユリ（ヤマユリ）	キツネノカミソリ	カタクリ
6月中旬から7月中旬	8月上旬から下旬	3月から4月
（7月中旬から8月上旬） 4月から10月まで	（無葉状態），2月から5月 以後，地上部茎葉枯死	3月から5月中旬 以後，地上部茎葉枯死
斜面中下部	斜面下部〜谷部 （傾斜30°以下）	斜面上部〜谷部 （北向き斜面），（傾斜30°以下）
ガマズミ，ムラサキシキブなど二次林構成種，ササ類繁茂地は避ける	ヤマブキ，ニリンソウ，コクサギ，ヤブカンゾウなど	ヤマブキ，ヤマアジサイ，コクサギ，ニリンソウなど
落葉広葉樹林，アカマツ林	落葉広葉樹林（コナラ-クヌギ林）	落葉広葉樹林（コナラ-クヌギ林）
夏期：50%前後	春期：40〜50%	春期：40〜50%
9月下旬から10月，果実が褐色に変わり，強く触れると裂開し，褐色の種子がこぼれ落ちる状態にある時，採取した種子は，ビニル袋に入れ播種までの期間冷蔵庫で保存する	8月下旬から9月上旬，果実に強く触れると裂開し，黒色の種子がこぼれ落ちる状態にあるとき	4月下旬から5月下旬，果実に強く触れると裂開し，褐色の種子がこぼれ落ちる状態にあるとき
〈林床への直播き〉	〈林床への直播き〉	〈林床への直播き〉
同右 （備考） 1年目は地下発芽によりりん茎を形成し，2年目から地上葉を展開する。この点は，りん片についても同様	下刈りと落葉掻きを終えた林床において，地表面をわずかに掻き起こし，土壌面の小さな凹凸の間に種子が収まるように取蒔きし，その上に大小に砕いた落葉を敷く。播種地の微地形としては種子の流亡を抑えるため斜面の背部を避ける	同左
本種は自生地での個体群の密度が低い場合が多いことから，自生個体の山取を抑えるため，りん片による導入を行う。展開葉の枯れる10〜11月自生地から最小限のりん茎を掘り取った後1枚1枚りん片を剥ぎ取り植栽材料とする。次に下刈りと落葉掻きを終えた林床を30cm深程度まで耕うんし，大石や大型根系を除去した後，地下10〜15cmの位置にりん片を20〜30cm間隔でばら蒔いて覆土し，掻き取った落葉をかぶせる	展開葉の枯れる5〜6月自生地からりん茎を掘り取り，蒸れないよう植栽地に運搬する。次に下刈りと落葉掻きを終えた林床表土を30cm深程度まで耕うんし，大石や大型の根系を除去した後，りん茎の先が地上面に接する程度に浅植して覆土し，再度，掻き取った落葉をかぶせる。りん茎の採取は，密生しすぎた自生地に制限する	展開葉の枯れる5〜6月自生地からりん茎を掘り取り，蒸れないよう植栽地に運搬する。次に下刈りと落葉掻きを終えた林床表土を，30cm深程度まで耕うんし，大石や大型の根系を除去した後，りん茎長の3倍程度の深さの位置に植え込んで覆土し再度，掻き取った落葉をかぶせ植栽を完了する。りん茎の採取は，密生しすぎた自生地に制限する
年1回冬期の下刈りを継続し，夏草が繁茂すると年1〜2回夏期に競合植物を選択的下刈りする	年1回7月上中旬の花茎伸長前（ただし，夏期の照度が50%前後の場合，初夏に下刈りを追加）	年1回夏期（ただし，夏の林床相対照度10%前後の条件下）
特になし	特になし	カタクリさび病，防除には，カタクリの茎葉が黄化枯死する4月下旬〜5月に，被害葉を集め焼却。大被害の際は数年間同時期に落葉掻きを続け落葉落枝は焼却処分

出典：ランドスケープエコロジー「ランドスケープ大系第5巻」

表 5-30　自生花木の育成管理手法

自生花木	ヤマツツジ，コバノミツバツツジ，モチツツジ，ガクウツギ，コガクウツギ，ツクバネウツギ，コツクバネウツギ，ガマズミ，コバノガマズミ，ミヤマガマズミ，ヤマウグイスカグラ，ウグイスカグラ，ムラサキシキブ，ヤマブキ，ヤブツバキ，アセビ，シロバイ，クチナシ
樹林の形態	高・中木の単層，または疎林状の落葉広葉樹林（アカマツ林は松枯れによる衰退の危険性がある）
林内相対照度 (低木層付近)	初夏から夏期におおむね40～50％前後
	ツツジ類着花に必要な林内相対照度 ヤマツツジ（花期4月下旬～5月）＞20％ ミツバツツジ類（花期3月下旬～4月）＞30％ モチツツジ（花期4月下旬～5月）＞40％
競合植物抑制	1～2年に1回夏期の選択的下刈り（刈屑は林外持ち出し処分）
照度維持	3～4年に1回程度，夏期に樹冠構成木の枝打ちや間伐を施し，所定の照度を維持する
萌芽枝間の競合抑制	選択的に育成された花木類は，年数の経過とともに同じ株の中で，萌芽後の競合により着花数が減少する。この場合には，樹形に配慮して劣性枝に切り戻しを加え取り除く

(注) 1. 関東地方，近畿地方の暖帯を標準とする
　　 2. 倒木，枯れ枝，下刈り屑，落葉落枝，間伐材などは，全て林外持出し処分
　　 3. ──：関東地方に多い　　～～：近畿地方に多い
　　　　 ＝＝：常緑広葉樹　　　無印：落葉広葉樹

出典：ランドスケープエコロジー「ランドスケープ大系第5巻」

　自生花木の育成管理手法で現在のところ研究成果が整理されているものとして，表 5-30 などがある。

5-5　草花管理工

5-5-1　草花管理の考え方

　公園緑地における草花管理は，苗や球根，種子などを使って多様な草花を配し，特に開花過程において美しい緑化空間を形成することにより，訪れる人に感動ややすらぎを提供するために行うものである。

　近年，都市の緑量が増加するにつれて，身近に緑に接する機会は増え，自宅の庭やベランダで花を愛でるなど市民のライフスタイルは大きく変化してきた。これに合わせて公園緑地の花修景に対する要求度も高まり，花による美しい緑化空間の演出が求められている。従来行われてきた花壇やプランターといった限られた場所に草花を植栽するだけでなく，樹林地や園路沿い，水辺など各所に季節の花が観賞できる絵になる風景づくりが必要である。そのためには単に平面に草花の苗を植え付けるだけでなく，カセット式花壇やフラワータワーなどを利用し立体的に演出する方法，広場や丘などの地形を生かし大面積に花畑を創出する方法，林床や草地に在来の野生草花を魅せる方法など，公園緑地が有する施設や資源を有効に活用しながら，多様な手法による風景づくりが重要である。

表 5-31 花修景の手法による分類

種類	内容	開花期（観賞用）	主な利用先	創出方法	更新期間	主な管理内容
施設花壇	一定面積に区画された場所にデザインして草花苗を植え付け，1年を通じて演出	通年	建物 工作物 入口周辺 団地 等	植替え	数か月	除草 灌水 花殻摘み 施肥 病虫害防除 補植
コンテナ・カセット式花壇（プランター，フラワーバスケットなど）	さまざまな形態，大きさの容器（コンテナなど）に草花苗を植え付け，立体的に演出	通年	建物 工作物 入口周辺 園路沿い 等	植替え	数か月	除草 灌水 花殻摘み 施肥 病虫害防除 補植
宿根草・球根類による草花	宿根草や球根類を植え付け，開花期に季節感を演出	一定期間	林床 草地 園路沿い 石組 等	植付け	1年～永年	除草 施肥 刈取り 補植
播種による草花	種子から比較的容易に育成できる草花を利用して，一定規模の面積を演出	一定期間	法面 河川敷 原っぱ 園路沿い 等	播種	数か月～数年	除草 施肥 刈取り 追播 耕うん

　この場合，草花が短命であることからプランニングやデザインに相当する段階も公園緑地の管理部門の領域にあることに留意したい。いつどこにどのようなテーマでどんな花を見せるか，写真撮影ポイントをどこに設定するかといった計画設計の視点に加えて，開花に至るまでの準備作業，開花中の維持作業などの管理の視点や利用者に対する広報などの視点が大切である。

　一口に草花といってもその種類は多く，人によりさまざまなイメージや捉え方がある。また広義の意味では，花だけに着目せず葉やその形態が美しい植物も含まれるであろう。さらにその目的とする花修景ごとに種類，演出方法などが異なるため，ここでは大きく，施設花壇，コンテナ・カセット式花壇，宿根草・球根類による草花，播種による草花，の四つに分類（表5-31 参照）して管理内容を解説する。

5-5-2　草花管理計画

　草花管理計画とは，公園緑地において各種草花の開花時期を念頭に置き，いつどこにどんなテーマでどんな花を演出するかを検討し，季節ごとにふさわしい草花をデザインして見る人の目を楽しませるよう各種管理項目を計画的に設定することである。年間を通じた利用状況や気候条件などを踏まえて，経済性も勘案し，効率・効果的に計画することが必要である。

管理計画の手順は求められる条件にもよるが，おおむね以下の順序で進められる。
　①予算，利用形態などを考慮しながら，テーマ，規模，種類，デザイン，色彩および場所を選定
　②施工場所の面積，土壌，環境条件などを調査
　③上記に基づいた苗，種子，土壌改良剤などの使用材料，工法，管理手法を決定
　④図面，数量表への記載，各材料の価格調査
　⑤材料の手配，確保
　⑥植付け，播種(はしゅ)から管理までを含む一連の作業計画を設定

（1）計画・設計

施設花壇やコンテナ・カセット式花壇であれば年間を通じて切れ目なく花が楽しめるように計画し，宿根草，球根類，播種による草花であればどの時期に開花状態を設定するかを計画する。公園緑地においては，多様な草花を組み合わせて季節感に富んだ空間を演出することが大切である。

1）デザイン

計画する面積，形状，種類により異なるが，草花で表現するデザインは比較的単純な図柄の方が美しく見えることが多い。このとき，色彩の境界線は密度を高くして，開花期をそろえるなどの工夫をするとよい。大面積の花壇ではデザインに影響のない範囲で通路（幅30 cmくらい）を設けておくと除草など管理作業が行いやすい。木材チップなどにより通路を被覆して修景する手法も効果的である。

2）配　色

草花は単に植え付ければよいというわけではなく，配色の善し悪しが見る人に強い印象を与える。そしてこの配色は，草花個々の美しさだけでなくその集団美に左右される。計画に当たっては，草花の形姿，色彩の強弱，明度，さらには周囲との調和，日照条件によりどのように見えるかなどを考慮しながら，平面図だけで考えず立体的に捉えて行う。この場合，パソコンを利用して配色のシミュレーションを行うのも効果的である。

（2）材　料

草花は種類がきわめて多く，特に草花苗や種子などは毎年新しい品種が開発され，海外からも多数導入されている。材料の選定に際しては，以下の点に留意する。
・草丈（矮性種(わいせいしゅ)・高性種）
・草姿（直立性・分岐性・匍匐性）
・色彩
・開花期，開花期間
・病虫害などに対する抵抗性
・栽培あるいは入手のしやすさ

ただし，どこにでも見られる種類のみで演出するのは新鮮味に欠け，逆に新しい種類に目を

写真 5-30　施設花壇

写真 5-31　コンテナ・カセット式花壇

写真 5-32　宿根草による花修景（ボーダー花壇）

写真 5-33　球根類による花修景（スイセン）

写真 5-34　球根類と西洋芝による花修景（チューリップ等）

写真 5-35　播種による花修景（コスモス）

奪われて試験栽培を行わずに導入すると，上手く生育せずに取返しがつかなくなることもあるため注意する。

　入手方法は，植物園など敷地内に育苗施設を持つところを除けば購入が基本となるが，大量に使用する場合は，希望する種類と安定した価格を望むならば委託栽培も一つの方法である。この場合，定期的に現地に出向いて苗の生育状況などをよく確認しておく必要がある。さらに草花材料だけでなく，ロックガーデンにおける石組み，ボーダー花壇のコニファー，施設花壇の美しい砂や樹皮片など，各種造園資材を草花と対比させて使用することにより，一層修景効

表 5-32　植付用草花材料

	花　名	草丈(cm)	株張り(cm)	花　色	開花期(月)	定植期
一・二年草 春花壇用（春～夏）	アスター（エゾギク）	20～80	15以上	赤・白・桃	6～9	春
	カスミソウ	30～50	20～30	赤・白・桃	4～5	春
	カリフォルニア・ポピー	20～30	20	黄・橙	5～6	春
	キンギョソウ	15～60	15	桃・黄・白	5～9	春
	キンセンカ	30～40	15～20	黄・橙	4～6	春
	スイートアリッサム	10	15	白・淡紫・桃	4～7	春
	スイートピー	蔓性	—	白・桃・橙・赤	5～7	春
	ストック	30～60	20	白・桃・赤	4～6	春
	セキチク	15～20	10	白・赤	5～6	春
	パンジー	15～20	15～25	紫・黄・白・赤・褐	12～6	春
	ヒナギク	10	10	赤・桃・白	3～6	春
	ヒナゲシ	60	20	赤・白	5～6	春
	ヒメキンギョソウ	30	20	桃・赤紫・黄	4～8	春
	フロックス	20～40	20	桃・白・赤	5～7	春
	ムラサキハナナ	30	15	紫	4～5	春
	ヤグルマギク	20～80	15～30	青・桃・白	3～5	春
	ルピナス	60～90	20～30	青・桃・赤・黄	4～5	春
	ロベリア	15	15	青・白・紫	4～7	春
	ワスレナグサ	10～50	15～20	青	4～5	春
一・二年草 秋花壇用（夏～冬）	アゲラータム	20～30	20～30	青・白・桃	6～11	春
	アフリカホウセンカ	20～50	15～20	赤・桃・白	6～10	春
	オシロイバナ	60～90	30	紅・黄・白	6～11	春
	ケイトウ	30～60	15～20	赤・黄	6～9	春
	ハゲイトウ	60～90	15～25	赤・黄（葉色）	6～10	春
	コキア	30～150	25～70	夏緑葉・秋紅葉	7～11	春
	コスモス	50～90	30～60	桃・白	6～11	春
	キバナコスモス	50～60	50	黄・橙	6～10	春
	コリウス	30～60	15～20	赤・黄（葉色）	5～10	春
	サルビア	30～60	20～25	赤・紫・白	6～11	春
	ヒャクニチソウ	20～60	15～30	黄・橙・桃・白	6～11	春
	タチアオイ	200	50	赤・桃・黄・白	7～8	初夏
	トレニア	15～30	15～20	紫・白	7～10	初夏
	ニチニチソウ	20～50	10～15	桃・白	7～9	初夏
	ヒマワリ	30～120	50	黄	8～9	初夏
	ベゴニア・センパフローレンス	20	20	赤・桃	5～10	春
	ペチュニア	15～20	15～20	赤・桃・白・紫	5～11	春
	ホウセンカ	20～50	—	桃・赤・白・紫	6～8	春
	マリーゴールド	15～50	20～25	黄・橙	5～11	春
	マツバボタン	10～15	20～25	赤・紫・黄・白	6～8	春
	ハボタン	30	30	桃・白（観葉）	11～2	秋

表 5-32 （つづき）

		花名	草丈(cm)	株張り(cm)	花色	開花期(月)	定植期
宿根草	春花壇用（春～夏）	アガパンサス	60	30	青・白	7～8	春
		アカンサス	80	50～100	紫・褐	7～8	春・秋
		アスチルベ	30～90	30	赤・桃・白	5～6	春・秋
		アルメリア	15～30	10～15	桃	4～5	春・秋
		オダマキ	25～30	20	青	5～6	春・秋
		カンパニュラ	50～80	30～40	紫・桃・白	7	春
		カンゾウ	30～60	20～30	橙・赤・黄	5～6	春・秋
		ギボウシ	30～40	20	青・白	6～8	春・秋
		キョウガノコ	60	20	桃	6～7	春・秋
		ギンバイソウ	10	10	白	6～7	春・秋
		クサキョウチクトウ	60～80	30	桃・青・白	7～8	春・秋
		シバザクラ	10～15	15～25	桃・紫青・白	4～5	春・秋
		シャクヤク	60～90	30	桃・白	5	秋
		シャスターデイジー	50～60	15～20	白	5～6	春・秋
		ジャーマンアイリス	30～80	30	青・白・黄	5～7	初夏
		シラン	30	5～10	紫・白	5～6	春
		ストケシア	50～60	20～30	紫・白	6～7	春
		ナデシコ	30～60	20	桃・白	5～6	春・秋
		ドイツアザミ	30	30	桃	5～8	春・秋
		トリトマ	30～100	20～40	橙・黄	6～8	春
		三寸アヤメ	15	5～10	青・黄・白	6～7	春・秋
		ハナショウブ	60～90	30	青・紫・白	6	春・秋
		フクジュソウ	15～30	15～25	黄	3～4	秋
		プリムラ・ポリアンサ	20	10～15	青・黄・白・桃	4～5	秋
		フッキソウ	20～30	根茎で増える	観葉	—	春・秋
		ミヤコワスレ	30	根茎で増える	青・桃・白	6～7	春・秋
		ユッカ	100	30	白	6	春
	秋花壇用（夏～秋）	アキギリソウ	10～30	根茎で増える	黄	10	春・秋
		アガーベ	40～50	15～20	赤・黄・白・橙	5～11	春・秋
		キキョウ	20～60	10～20	青・白・桃	6～9	春・秋
		キク類	30～50	10～20	黄・白	10～11	5～6
		シオン	80～100	15～25	青	9～11	春
		テノランセラ	15	5～15	黄・赤・緑	9～11	春
		ノコギリソウ	50～60	30	桃・白・黄	6～10	春・秋
		ハマギク	30	20	白	10	春・秋
		バーベナ	15～20	10～15	赤・桃・白・紫	5～11	春
		パンパスグラス	200	100	白	9～11	春
		フヨウ類	100～150	50	赤・桃	7～9	春
		ベンケイソウ	50	20	淡紅	7～10	春
		ホトトギス	30～70	根茎で増える	紅・白・紫	9～10	春
		リボングラス	20	10	観葉	—	春・秋
		リュウノヒゲ	15	10	観葉	—	春・秋

表 5-32 （つづき）

	花　　名	草丈(cm)	株張り(cm)	花　色	開花期(月)	定植期
球根 春花壇用	アネモネ	20～30	15	赤・紫・白・桃	4～5	9～10
	アマリリス	50～70	20	赤	5～7	3
	アリウム	20～60	10～20	白・クリーム	4～6	9～10
	カラー	60	20～30	白・黄・赤	6～7 四季咲	3～4
	グラジオラス	60	10	赤・桃・白・黄など	7～11	2～8
	クロッカス	10	5～10	紫・黄・白	3～4	9～10
	シラー	20～50	15	桃・青・白など	5	9～10
	ジンジャー	150	30	黄・橙・白	7～9	3～5
	スイセン	20～40	10～20	白・黄	12～4	9～11
	アイリス	50	15～20	黄・白・紫	5	秋
	チューリップ	20～50	10	赤・桃・黄・白など	4～5	秋
	ヒヤシンス	20	10～15	紫・桃・白	3～4	秋
	ムスカリ	20	10～15	紫	4	秋
	ユリ類	30～150	15～30	桃・黄・白	6～8	秋
	ラナンキュラス	20～30	20	赤・桃・黄	5	秋
秋花壇用	カンナ	60～150	30～50	赤・橙・黄・白	5～11	春
	コウテイダリア	100～500	50～150	桃・紫	11～12	春
	コタマスダレ	20～30	10	白	7～10	秋
	ダリア	30～150	20～50	赤・桃・白・黄・紫	5～11	春
	ヒガンバナ	30	15	赤	9～10	春

出典：鹿島出版会「造園植物と施設の管理」を一部改訂

果を高めることができる。

コンテナ・カセット式花壇においては，草花材料はもとより容器自体のデザインが重要な修景ポイントになるため，周辺環境に合わせて容器を選定する。

そしてこれらは常に利用者のニーズを捉え，必要により調査・研究を行い，計画することが大切である。

主な草花材料を表 5-32，5-33 に示す。

（3）植付け，播種

材料の入手後，あらかじめ決めたデザインと配色に基づいて植付け，播種を行う作業である。草花の種類ごとに実施の適期があるため，これを逃さずに施工する。

植付けは，主に人力により行うが，速やかに終了させないと苗の植え傷みを起こすばかりでなく，その間，草花が観賞できないなどの問題が生じる。

播種は，一部機械により施工することもできるが，こちらも適期に行わないと発芽，生育に影響を与える。

いずれにおいても，施工に際して手戻りがないよう図面および現地をよく調査し，面積や規模に応じた労務計画を立てて計画的に行う。特に傾斜地へ播種する場合には，大雨による種子の流失をできる限り防ぐために畝を立てたり，気象情報に留意して播種日を決定するなどの工

夫が必要である。

花壇植付けの事例を表 5-34 に示す。

(4) 管理作業

草花は樹木などに比べ生育期間が短く，また利用者の美観への要求度が非常に高い。また，その管理内容は多岐にわたるため，高い管理水準の設定が必要である。

草花の健全な生育を促し，その能力を十分に発揮させて美しい景観を保つために，除草，花殻摘み，灌水，施肥，病虫害防除，補植，追播，清掃などの各管理項目を計画的に実施する。

管理作業は時期，方法が適切でないと雑草の繁茂や病虫害が発生して花壇や花畑としての機能を損ない，見る人にマイナスのイメージを与えてしまう。突発的な作業は別としても計画時に十分な管理予算を確保し，適切な管理項目を設定，実施することが草花による演出の基本である。

5-5-3 地拵え

(1) 目　的

草花を植え付け，播種する床土の土壌状態を良好にするために行う作業であり，主に

　①土壌の物理性を改善し，発芽，発根，活着を促進する

　②根系の生育を図り，草花の健全な成長を促す

　③植物の生育に必要な養分を補給する

　④土壌を膨軟化し，作業性の向上を図る

ことを目的に行う。

計画時において土壌の状態，硬度などをよく調査し，定期的な土壌分析などの診断を行い土壌改良の方法を選定する。同一地盤で何度も植替えを行う場合は，土壌養分の不足や嫌地現象を避けるため土の入替えを行うこともある。

地拵えは各種作業に先立って行われる重要な項目であり，この作業如何により後々の草花の生育に大きな影響を及ぼすため特に留意して行う。

(2) 時　期

植付けあるいは播種に先立って行う。

(3) 方　法

花畑など大面積の場所ではバックホウや耕うん機を用いて土壌の耕起，入替えを行うが，小面積や障害物のある場所ではスコップなどを用いて人力で行う。

通常，施設花壇などの実施手法は以下のとおりである。

　①古株，雑草などを根ごと掘り起こして取り除く

　②床土を耕うん機やスコップなどで 20～30 cm 耕起してよく反転する。このとき，大きな石やゴミなどは取り除く

表 5-33 播 種 用

植物名 (品名)	花色	栽培適期表 播種期　生育期　生育開花期　　枯死消滅 　　　　　　　　　　　　　　　　　　（種子が落下）
カスミソウ	白	3月〜8月播種、4〜6月開花
シャスターデージー	白	3〜7月播種、4〜6月開花
デモルホセカ	黄・橙	3〜7月播種、3〜6月開花
ハナビシソウ (カリフォルニアポピー)	黄・白	3〜7月播種、4〜7月開花
ハルシャギク	黄に赤目	3〜7月播種、4〜7月開花
ヒメキンギョソウ (リナリヤ・マロッカナ)	桃・紫・白	3〜7月播種、3〜6月開花
フロックス	赤桃白	3〜7月播種、4〜7月開花
ムギナデシコ (アグロステンマ)	桃紫	3〜7月播種、4〜6月開花
マツカサギク (ルドベキア・黄デージー)	黄	4〜9月播種、6〜8月開花
アイスランドポピー	黄・白・桃 橙・赤紅（混合）	9月播種、4〜7月開花、落下種子発芽
カワラナデシコ	濃紅白（混合）	9〜10月播種、4〜8月開花
シャーレーポピー (グビジンソウ)	白・桃赤	9〜10月播種、4〜7月開花
ネモフィラ	青	9〜10月播種、4〜6月開花
ムラサキハナナ (おおあらせいとう)	紅紫	9〜10月播種、4〜5月開花
ワスレナグサ	紫・桃白	9〜10月播種、4〜6月開花
アスター	黄・桃紫	3〜7月播種、6〜8月開花
サルビア (一年草)	赤	4〜7月播種、6〜8月開花
ヒャクニチソウ (リネアリス)	橙	4〜7月播種、6〜8月開花
コスモス (あきざくら)	赤・白桃（混合）	3〜7月播種、6〜8月開花
ヤグルマソウ (セントーレア)	赤・白・桃青・紫・紅（混合）	9〜10月播種、4〜7月開花、寒冷地のみ春播

草花材料

発芽適温 / 生育温度 / 発芽日数	開花時の草丈 (cm)	1m²当たり播種量(mℓ)	1ℓ当たり重量(g)	1mℓ当たり粒数(粒)	1g当たり粒数(粒)	特性 不耐冬一年草	特性 耐冬一年草	特性 宿根草	適地 暖地	適地 寒地
18℃ / 18〜25℃ / 5〜6日	50〜70	0.20	700	約550	約800	○			○	○
20℃ / 18〜25℃ / 10〜13日	50〜80	0.50	450	900	2,000			○	○	○
20℃ / 15〜25℃ / 7〜10日	15〜30	0.20	100	31	510	○			◎	○
15℃ / 10〜25℃ / 7〜10日	30〜50	0.55	560	360	650	○			◎	○
20℃ / 10〜25℃ / 8〜10日	40〜60	0.15	300	600	2,000	○			○	○
15℃ / 5〜25℃ / 15〜20日	20〜40	0.25	500	7,500	15,000	○			◎	○
18℃ / 5〜25℃ / 13〜15日	20〜30	2.25	560	250	450	○			○	○
20℃ / 15〜25℃ / 7日	80〜120	1.15	570	130	230	○			◎	○
20℃ / 8〜35℃ / 10〜13日	40〜60	0.50	500	1,300	2,600			○	◎	◎
15〜17℃ / 5〜17℃ / 14〜16日	60〜80	0.55	560	4,000	7,100		○		◎	○
20℃ / 8〜20℃ / 5〜6日	30〜40	0.50	500	500	1,000			○	○	○
15〜17℃ / 5〜20℃ / 14〜16日	70〜90	0.50	500	3,500	7,000		○		○	○
20℃ / 5〜20℃ / 10日	15〜25	1.00	650	450	700		○		○	○
18℃ / 5〜25℃ / 15〜20日	30〜50	0.35	650	160	250		○		○	○
18℃ / 5〜20℃ / 12日	15〜30	0.60	580	1,050	1,800		○		◎	○
20℃ / 5〜25℃ / 6〜8日	60〜70	60〜80	420	260	590	○			○	○
22℃ / 15〜30℃ / 10〜15日	30〜50	0.50	500	150	300	○			○	○
20℃ / 15〜30℃ / 5〜7日	20〜40	0.20	170	500	2,900	○			◎	○
20℃ / 10〜25℃ / 5〜6日	60〜100	1.25	410	65	160	○			◎	○
15〜20℃ / 10〜20℃ / 10〜13日	60〜80	0.40	400	80	200	○			◎	○

（播種量は単一品種を播いた場合の量）　◎最適　○適

出典：タキイ種苗「ワイルドフラワーvol.2」，一部改変

表 5-34 花壇植付事例

時期	回数	種類	4月	5月	6月	7月	8月	9月	10月	11月	12月	1月	2月	3月	密度 (株/m²)	形状・寸法
春花壇	1	マツバギク	←→												25	3〜4本立 12〜13.5 cm 鉢仕立
		キンギョソウ	←→												25	3本立 12〜13.5 cm 鉢仕立
		ゼラニウム	←——→												25	1本立 12〜13.5 cm 鉢仕立
		ロベリア	←→												36	1〜3本立 10.5 cm 鉢仕立
		アルメリア	←→												40	株張り 5〜6 cm
		矮性カンナ	←-----→												5	(球根)
初夏花壇	2	コリウス			←——→										25	12〜13.5 cm 鉢仕立
		ベゴニア・センパフローレンス			←→										25	1〜3本立 12〜13.5 cm 鉢仕立
		アフリカンマリーゴールド			←→										25	1〜3本立 12〜13.5 cm 鉢仕立
		ペチュニア			←→										30	1〜3本立 12〜13.5 cm 鉢仕立
		サルビア			←→										25	3〜4本立 12〜13.5 cm 鉢仕立
		バーベナ			←→										40	3本立 12〜13.5 cm 鉢仕立
夏花壇	3	ニチニチソウ				←→									25	3〜4本立 12〜13.5 cm 鉢仕立
		ジニア				←→									25	3〜4本立 12〜13.5 cm 鉢仕立
		ケイトウ				←→									40	1本立 9 cm 鉢仕立
		バーベナテネラ				←→									38	1本立 10.5 cm 鉢仕立
		サルビアファリナセア				←→									25	3〜4本立 12〜13.5 cm 鉢仕立
		コリウス				←→									25	12〜13.5 cm 鉢仕立
		トウガラシ				←→									40	12〜13.5 cm 鉢仕立
		アフリカホウセンカ				←→									25	1〜3本立 12〜13.5 cm 鉢仕立
秋花壇	4	ポットマム							←→						20	15 cm 鉢仕立
		コギク							←→						25	株張り 20 cm 内外 13.5 cm 鉢仕立
		ワギク （おたふく仕立）							←→						20	1本立 15 cm 鉢仕立

表 5-34 （つづき）

時期	回数	種類	4月	5月	6月	7月	8月	9月	10月	11月	12月	1月	2月	3月	密度 (株/m²)	形状・寸法
秋花壇	4	サルビア						←→							25	3～4本立 12～13.5 cm鉢仕立
		リンドウ						←→							50	3～4本立 12～13.5 cm鉢仕立
		テランセラ						←→							60	株張り 10 cm内外
		カランコエ						←→							40	10.5 cm鉢仕立
		フレンチマリーゴールド						←→							25	3～4本立 12～13.5 cm鉢仕立
		スイセン	→					←------			→				44球	（球根）
		ムスカリ	---→					←------			→				60球	（球根）
		クロッカス	→					←------			→				44球	（球根）
冬花壇	5	ハボタン								←→					20	株張り 25 cm内外
		矮性ナンテン								←→					60	9～13.5 cm鉢仕立
		シロタエギク								←→					20	3～4本立 12～13.5 cm鉢仕立
		チューリップ		→						←------			→		40球	（球根）
早春花壇	6	パンジー											←		25	株張り 10 cm内外
		ナノハナ											←		20	3～4本立 12～13.5 cm鉢仕立
		アルメリア											←		50	株張り 5～6 cm
		アイスランドポピー											←		30	12～13.5 cm鉢仕立
		プリムラポリアンサ											←		40	12～13.5 cm鉢仕立
		クリサンセマムムルチコーレ											←		25	12～13.5 cm鉢仕立
		クリサンセマムノースポール											←		30	12～13.5 cm鉢仕立
		ベニジューム											←		25	12～13.5 cm鉢仕立
		デイジー											←		30	株張り 10 cm内外

出典：東京都公園緑地部「緑化に関する調査報告」

③元肥，土壌改良剤は指定量を均一に散布し，床土によくすきこむ
　　④耕うん後，レーキなどにより凸凹のないよう敷き均す
　コンテナ式花壇などに使用される土壌は，根が限られた空間で生育することや移動したり立体的に演出することを考慮して，清潔で軽量な培養土が用いられる。
　播種による草花は施設花壇と比較すると経済性を重視して粗放型管理が求められるため，雑草の過繁茂を抑制する除草や刈払いと合わせて耕うんするなど必要最低限の地拵えを行う場合が多い。毎年同一の草花を播種している場合には，結実後の地拵えがこぼれ種の発芽促進にも役立つ。
　宿根草，球根類も基本的には播種による草花と同じだが，植付け時に肥料分を与えなくても良い草花種もあるので注意する。

1）雑草の除去
　日本は温暖多湿な気候のため雑草の繁茂が著しい。そのため放置すれば草花を被圧し，生育ばかりでなく景観の低下も招くため注意が必要である。地拵えのときにあわせて雑草を除去するとともに，花壇等では景観維持のために定期的な除草を行う。一方，播種等により大面積で草花修景を行う場合には，雑草を全て除去することは維持管理費が大きく膨らんでしまう。そのため，特に草花の発芽から成長初期段階では，雑草に被圧されて生育に影響がでないよう時機を得た除草が求められるが，草花がある程度成長した段階からは，生育や景観を阻害しない程度に雑草との共存を図る管理が現実的である。
　なお，雑草の除去は人力によるほか，大面積では，
　①機械による刈取り
　②耕うん時になぎ倒しそのまま深くすき込む
　③一度耕うんし，雑草が発芽した時点で再度耕うんを行うことにより個体数を減らす
などの方法があり，立地や土壌等の条件を加味しながら効率・効果的な手法を選択する。

2）土壌改良
　草花の栽培に適した土壌は，有機物を多く含み，適度な柔らかさがあって排水性，保水性，通気性に優れたものがよい。一般にpHが6.0〜6.5，山中式硬度計で15mm以下の指標硬度を確保すれば多くの草花に適合できる。土壌調査を行い草花の生育に適さない土壌に

写真 5-36　土壌改良剤混入耕うん状況

ついては次のような土壌改良を行う。
　①土壌が強酸性の場合は，石灰を施しpHを矯正する
　②排水や根の生育を妨げる硬い層がある場合は，この層を破壊して水が抜けるようにしたり，排水路を設けるなどの措置を行う

3）肥料（元肥）

　草花を植付けまたは播種する前に施用する肥料を元肥という。与えすぎると根に障害を及ぼすため草花の種類，土壌の状態により肥料の成分や分量を加減する。元肥には効果を長く持続させるため緩効性肥料を与え，不足分は追肥で補う。

　植付け，播種を行う前に堆肥などに緩効性肥料を加え，土壌とよく混合する。堆肥は完全に腐熟したものを使用しないと発芽や生育に大きな影響を与えるため，必ず完熟堆肥を使用する。植付けの場合は，肥料が直接根に触れないように注意する。播種の場合は雑草の生育を促すことにもつながるため，土壌の状態にもよるが窒素分が少なめの肥料の方がよい。

　カセット式花壇など主に人工培養土で育成して立体的に演出するものは，追肥が液体肥料などに限られるので，植付け時に肥効の長い長期持続型肥料などを施用する。

4）人工培養土

　コンテナ・カセット式花壇に使用される土壌は生育空間が限られていることから，水分条件などの影響を受けやすいため以下の点に留意した培養土が用いられる。なお，一般に山砂や赤玉土にピートモス，バーミキュライトなどを容積比で一定量混合したものが多い。
　①病原菌などのない清潔な用土であること
　②移動や立体的に設置することを考慮し軽量で扱いやすいこと
　③保水性に優れ，通気性がよいこと
　④品質が安定していること

5-5-4　植付け

（1）目　的

　あらかじめ計画した時期に花により修景された空間を出現させるために，デザインに基づき草花苗や球根を対象地に植え付ける作業である。

（2）時　期

　一般の都市公園等における施設花壇では通常年3～6回程度の植替えが，コンテナ・カセット式花壇では，種類，条件により異なるが，年2～6回程度の植替えが行われている。

　なお，いずれにおいても年2～3回の植替えとする場合には，比較的開花期間の長い草花材料の選択はもちろん，灌水，追肥などを上手にコントロールしないと見栄えが悪くなるため注意する。また，イベント会場など高い修景効果が求められるところは，常に美しい状態を保つ必要があるため植替えの頻度を高くする。

　宿根草・球根類の植付けはそれぞれの植付適期に合わせて行う。

（3）方 法

指定されたデザインに基づき，苗を指定位置に正確に，そしてできるだけ手順よく手早く植え付けることが大切である。植付けの留意点は次のとおりである。

1）施設花壇

①なるべく利用者の少ない時期，時間を選定し速やかに植え付ける

②植え傷みを防ぐため苗は丁寧に取り扱い，長時間日光や風に当てない

③床土が乾燥しているようであれば，事前に灌水し土を落ち着かせておく

④平面に植え付ける場合は水糸，石灰，竹目ぐしなどで割付けを行い，高さをそろえて密度にむらのないようにしっかりと植え付ける

⑤整形的な花壇において植え付ける同種類の苗は，草丈や株立が均一のものを選ぶとまとまりやすい

⑥花壇の植付けは中央部より始めて順次外側に移動し，周辺部はやや密植にすると床土が見えずきれいに仕上がる

⑦花絵を描くなどデザインを重視する場合には，はじめに色の境界部の少し内側に線を引き，この線に沿って苗を配置する。そのあと中央部に向かって苗を配置していき，植付場所に偏りがないか確認した上で植栽を開始する。この場合も周辺部はやや密植にすると色の境界が明確になりきれいに仕上がる

⑧植穴は，移植ゴテや手で多少大きめに掘り，根を十分広げて植栽する

⑨苗が地表面と一致するように根元の土は軽く押えつける

⑩植付けが完了したら根と土をなじませ，葉の汚れを落とすために灌水を行う。そのとき，根が浮き上がったり傾いたりしたものは植直しをする

⑪植付けには図 5-28 に示すような正方形植え，千鳥植え，列植えなどがあるが，地面が見えないようにするには千鳥植えがよい

⑫植付密度は植え方や株張りに合わせるが，25〜36 株/m^2 が標準的である

2）宿根草

1）に準じて行うが，宿根草では以下の点に留意する。

①植付け後，しばらくの期間植え替えない場合が多いため，完成時の生育状況を想定し，植付間隔を決定する

②環境に適合すればどんどん増殖していく種類もあるため，植付け時に日照，水分など諸条件を十分整えておく

3）球根類

1）に準じて行うが，球根類では以下の点に留意する。

①開花時を想定し，植付間隔を決定する

②植え込む深さは種類により異なるが，地表面からおおむね球根の 2〜3 倍とする

③同一種であれば外観上，品種の区別がしにくいので，混合しないようにする

④花色のデザインを重視する場合には，はじめに境界部の少し内側に線を引き，まずはこの線に沿って球根を配置する。そのあと中央部に向かって球根を配置していく。同区画内

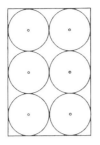 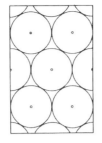 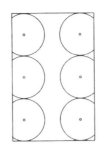

正方形植え　　　　千鳥植え　　　　列植え

図 5-28　標準的な植え方

 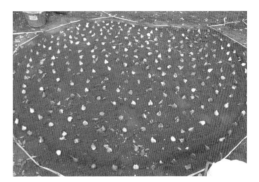

写真 5-37　球根の植付状況　　　　写真 5-38　球根の配置状況

の球根を全て配置し終えた後に植付けを行うときれいに仕上がり，品種の混合も生じにくい（写真5-37, 5-38）

⑤花壇等に球根を補植する場合は，スポット的に小穴を掘り，球根を落とし込むように植える。新規造成時などは，表土をいったんすき取り，球根を並べた後に覆土する方法も効率的である

⑥球根のみでは展葉，開花期間が短く，休眠期は地表面が裸地となってしまうため，1,2年草や宿根草と組み合わせて植え付けたり，早咲きや遅咲きなど開花期の異なる品種を同一箇所に植え付けることにより，観賞期間を長くすることができる

⑦植付密度は自然に点在させる場合を除き，カンナは4球/m²，スイセンやチューリップで25～49球/m²，ムスカリで紫色一面に覆い尽くす場合は100～200球/m²などさまざまであり，球根の種類，大きさ，デザインなど，条件に合わせて決定する

4) コンテナ式花壇（プランター）

1)に準じて行うが，コンテナ式花壇では以下の点に留意する。

①利用者の動線や鑑賞ポイントを意識し，草花苗の向き，間隔，高さなど考慮して植え付ける

②点在して配置されることが多いため，設置・管理時の移動距離も考慮する

5) カセット式花壇

カセット式花壇の容器にはさまざまな形態，色彩，規模，材質のものが開発されており，

本体に培養土を含んだタイプと，パネルなどに苗をセットする培養土を含まないタイプがある。

前者はフラワーパレットやフラワーバスケットがあり，容器の中に培養土を入れておき，草花苗をポットから取り出して植え付ける。培養土がある分だけ生育期間は長いが，苗の交換に労力を要する。

後者は草花苗をポットから取り出した後，不織布などで根鉢を巻き，ボール状やウォール状などさまざまな形に組み合わせ可能なパネルに専用止め具で固定して差し込む。苗の交換が容易にできるが，根の生育空間が限定されるため，前者と比べて生育期間は短い。

いずれも植付後2週間程度養生し，管理の省力化のために自動灌水装置を付けておく必要がある。立体的に草花を演出できて高い修景効果が得られるため，イベント会場など人の多く集まる場所や壁面緑化，屋上緑化等に広く活用されている。

5-5-5 播　　種
（1）目　的

種子が発芽，生育し，開花時において計画されたとおりの花修景を創出するために行う，種を播く作業である。

播種による草花の修景方法には，主に林床や草地においてタンポポなど在来の野生草花を利用する方法と，広場や園路沿いにおいて園芸用草花を利用する方法がある。

野生草花による花修景は，種類ごとの生育サイクルを考慮し，播種適期に行う。その後の草刈りなど環境管理を含めて2～3年経過しないと観賞できないものが多いが，環境に適合すれば自然に増殖していき，開花時に豊かな四季の情景を演出できる。

一方，都市公園等で近年広く行われている園芸用草花による花修景は，市場性があり入手しやすい種子を用いて，広場，園路沿いなどを季節の花で被覆する。特に大規模花畑は集客効果が高いことから，公園以外でもリゾート地のイメージ向上など地域振興，観光資源として広く活用されている。また，従来の造成面における芝草などの吹付けと比べて，花により景観の向上を図れるというメリットから，道路沿いなどの法面緑化にも利用されている。しかしながら，単一種の草花のみでは全国どこでも同じ景観になりがちなことや，その土地本来の植生に

写真 5-39　地域の観光振興にも貢献する大面積での花修景（ネモフィラ）

写真 5-40　特定外来生物に指定されているオオキンケイギク

影響を及ぼすことがあるため，事前によく調査し施工する必要がある。例えば，北アメリカ原産のキク科植物で5～7月にコスモスに似た黄色い大きな花を咲かせるオオキンケイギク（写真5-40）は，少し前まで日本国内でワイルドフラワーとして広く利用されていた。しかしながら，繁殖力が強いため野外に定着することになり，日本在来の野草の生育場所を奪い，周囲の環境を一変させてしまった。そのため，現在では「特定外来生物による生態系等に係る被害の防止に関する法律」に基づく特定外来生物に指定され，栽培や譲渡などが禁止されている。これら特定外来生物および要注意外来生物リストは環境省のホームページにて公表されているため，常に最新の情報を確認して，地域固有の潜在自然植生に配慮した草花材料の選択が必要である。

（2）時　期

草花の種類により適した発芽温度，初期生育温度があるため，気象条件などよく調べて生育が可能かどうかあらかじめ検討する必要がある。地温が高すぎたり，低すぎたりすると発芽せず，仮に発芽しても根系が未発達のため，乾燥や霜などの影響により枯死することが多い。

一般に地温が10～20℃くらいの時期を発芽適期とする種類が多く，関東以北や高地では11月以降の播種は発芽率やその後の生育の低下を招くため，翌春に播種した方がよい。

（3）方　法

種類によりさまざまな形状や粒径があるため，播きむらが生じないように対象地を区切って，区画ごとに所定の種子量を播く。作業の主な留意点は次のとおりである。

1) 手播きによる方法が一般的である。図5-29のような器具を用いて溝をつくり，播種後，竹ほうきなどで軽く均して薄い覆土を行うと作業性がよい。
2) ポピーなど1mℓ当たり4,000粒を超えるような極小粒種は，過剰に播きすぎて費用がかさみ，間引きなどの管理に労力を要しかねないため，砂やピートモスと混合して播種するとよい。
3) ヒマワリのような大粒種は棒や移植ゴテに印をつけて深さを決め小穴を掘り，中に数粒ずつ落とし込んで播種する。鳥による食害が発生することがあるので，種子に忌避剤を混合して播種すると効果的である。
4) 種類により，光が当たっていると良く発芽するもの（好光性種子）や発芽時に光を嫌うもの（嫌光性種子）があるため，覆土の調整を行う。また，表皮が硬い種子をつくるアサガオやスイトピーなどは，一晩水に浸したり，傷をつけた方が発芽しやすいものもあるため，種類ごとの特徴をよく調べてから播種する。
5) 大面積や法面では，種子，土壌，肥料，水を混合したものを機械により吹き付ける方法もとられる。このとき，施工した範囲が分かるように発芽に影響のない着色剤を混合しておくと便利である。
6) 帯状の場所や法面などに確実に種子を定着させるため，不織布や水溶性資材の中に種子と培養土，肥料がパックされた種子テープ，種子マットなどの製品が開発され，活用され

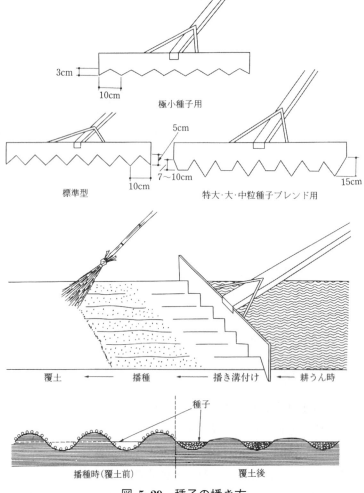

図 5-29 種子の播き方

ている。

7) 降雨前に播種することが望ましいが，台風など大雨の場合は種子が流出する危険があるため気象情報に留意する。
8) 乾燥が続くようであれば，発芽までの間にスプリンクラーなどで灌水を行うと良好な発芽を得られる。

(4) 播 種 量

播種量は種類，空間の特性，用途により異なる。購入種子を利用する場合，種苗会社等が公表する播種量に基づき行う。

なお，これ以外にも一般的には次式により算出することができる。

$$W = \frac{G}{S \cdot P \cdot B \cdot R}$$

　　W：$1m^2$ 当たりの播種量（g/m^2）

　　G：$1m^2$ 当たりの全草種の希望成立本数の総計（本/m^2）：1,000 本/m^2

表 5-35　主要草花種の 1 m² 当たり播種量

草花種	1 m² 当たり播種量 (g)	草花種	1 m² 当たり播種量 (g)
ナノハナ[注]1	0.4	ノコギリソウ	0.2
ハナビシソウ	0.55	カワラナデシコ	0.5
アイスランドポピー	0.55	オオテンニンギク	0.5
シャーレーポピー	0.5	コマチソウ[注]2	0.35
ムラサキハナナ	0.35	ハルシャギク[注]2	0.15
ネモフィラ	1.0	マリーゴールド	0.8
ヤグルマギク	0.4	ジニア・リネアリス	0.2
ヒメキンギョソウ	0.25	ヒマワリ[注]1	2.0
フランスギク[注]2	0.4	ムラサキバレンギク	0.7
ルピナス[注]1	1.8	オシロイバナ	8.0
宿根スイートピー	0.5	キバナコスモス[注]1	2.6
レンゲ	10.0	コスモス[注]1	1.25
日本産タンポポ[注]2	0.1	クレオメ	0.5
カスミソウ	0.2	ルドベキア	0.5

(注) 1. 品種ごとに播種量が異なる場合があるため調査の上決定する
　　 2. 種子が拡散して周辺の生態系に影響を及ぼすこともあるため，十分調査の上決定する

　　S：混播草種の 1 g 当たりの種子の粒数の平均値（粒/g）：1,500 粒/g
　　P：純度（%）：90%
　　B：混播草種の標準発芽率（%）：65%
　　R：現場での発芽の危険率（%）：80%

　　　　　　　　　出典：講談社「フラワーランドスケーピング―花による緑化マニュアル（花葉会）」

なお，主要草花の播種量の目安は表 5-35 のとおりである。

ただし，気候による発芽への影響，法面では雨による流亡の可能性などを考慮して播種量を増やすなどの調整が必要である。さらに播種後の発芽状況をよく確認し，その後の管理に反映させることが重要である。

（5）単一種，複数種，野生草花による修景
1）単一種または数種類の一年草による修景
　開花期を限定して毎回播種し直す方法で，春，秋の 2 期型が広く行われている。
　観賞期間は長くても 1 か月程度と限られ，また多くの花色は望めない場合が多いが，開花期には一面の花畑として壮観な景観を創出できる。
　数種類を播種する場合，混合して播種することでワイルドフラワーのように演出する方法と，混合はせずに草丈に留意しながらパッチワーク状にデザインして播種する方法があり，後者は播種時に労力を要するが修景効果が高まる。
2）宿根草と一年草の混播による修景
　一年草と宿根草を混合して播種し，必要最小限の管理で数年間花を楽しむ方法で，単一種の場合のように色彩的な派手さはないが，落ち着いた景観で長期間観賞できる。

写真 5-41　播種用器具による播き溝付け

写真 5-42　単一種による修景
（シャーレーポピー）

写真 5-43　数種類による修景（ハナビシソウ，
ネモフィラ，ヒメキンギョソウ）

写真 5-44　野生草花による修景
（カントウタンポポ）

写真 5-45　野生草花による修景（カタクリ）

　宿根草を多用すると初年度は開花株が少なく期待した効果が得られないことも多い。これを補うためにも種類の違う一年草を草丈，花色，開花期に留意して複数種選定することで観賞期間を長くすることが大切である。これにより，たとえ数種がその土地にうまく適合せず開花しなくても残りの種により修景が可能となるほか，花に訪れる昆虫相も多様になるなどのメリットがある。

3）芝草との混播による修景

　草花種子に芝草種子を混合し，対象地に修景効果と土壌侵食防止などの保全機能を持たせる方法である。

　混播に当たり，草花と芝草をどのように共生させるか考慮して種類の選定を行う必要があり，一般には芝草は草花を被圧しないよう，草丈が低く初期生育の遅いものを使用する。

4）野生草花による修景

　在来の野生草花による景観演出方法で，主に林床や草地に種子を播種することで清楚な季節感に富んだ風景を創出できる。実施に当たっては種の交雑による影響を遺伝子レベルで考慮して行う必要があり，修景を行う公園緑地やその周辺地に同一種の野草が自生している場合には，それから採取した種子を使用するのが望ましい。

5-5-6　巡回管理

（1）目　的

草花の健全な生育および対象地の美観を保つため，定期的に巡回し，除草，花殻摘み（はながら），枯葉やゴミの清掃，植直しなどの作業を行う。

（2）時　期

季節により土壌の乾燥，雑草の侵入，開花，生育状況が異なるので，適宜巡回して行う。
　①除草は，管理作業のたびに目についたものを除去する
　②花殻摘みは，花が咲き終わったものから速やかに行う
　③枯葉やゴミの清掃は，発見の都度行う
　④植直しは，強風などにより苗が傾いたり，生育不良株の発生時に行う

（3）方　法

巡回管理における留意点は次のとおりである。定期的な写真撮影や生育上の観察記録を取り，各管理項目に迅速に対応させるとともに，次回の計画に反映させることが大切である。

1）除　草

　美観を維持するための最も重要な作業の一つである。雑草を繁茂させた後に一度にまとめて除草作業を行うことは，草花の生育を悪化させ，病虫害の発生を促し，景観を低下させる。また，雑草の根が張ることにより抜き取るのに労力も要する。そのため定期的に巡回し，雑草が小さなうちから除去することが大切である。

　草花を傷めないよう除草フォークなどを用いて人力で根から雑草を抜き取ることを基本とし，マルチング材を使用したり，植付密度を高めて地表面を覆い雑草の発生を抑えることで作業量を軽減することも一手段である。

2）花殻摘み

　花の鑑賞期間中に，咲き終わったものから花殻を順次除去する。花殻は放置しておくと美観を損ねるだけでなく，結実に株の養分を取られて開花期間が短くなり，病害のもとにもなるため速やかに行う。特に大輪系の草花は目立つため，また施設花壇，カセット式花壇は高い修景効果を求められているため，巡回管理の都度目についたものを除去することにより美しい状態が維持できる。

3）落葉やゴミの清掃

　草花は利用者の美観要求度が高いため，草花そのものの品質管理はもちろん，対象地およ

びその周辺は常に清潔にしておく必要がある。落葉やゴミの集積は草花を被圧，損傷し生育を悪化させるばかりでなく，その存在により景観の低下を招き，見る人にマイナスのイメージを与えるため，発見の都度除去する。

　清掃は主に人力で行うが，その際は植栽地の土壌を踏み固めたり，茎葉を損傷しないよう注意する。

4）植直し

　植付け後，強風や利用者の侵入により傾き，あるいは損傷した株を植え直す作業で，発見の都度速やかに行う。軽微なものは巡回管理で行うが，大規模に発生した場合は補植，追播にて対応する。

5-5-7　灌　　水

（1）目　　的

草花を乾害から保護し，良好な生育を確保するために行う。

（2）時　　期

　土壌，植付密度，種類などにより灌水量が異なるため，草花の生育状況をよく観察し適宜実施する。

　播種によるものは発芽時に適度な湿度を要し，発芽後に根系が発達してその地に定着するまでは水切れを生じやすいため，定期的に実施する。

　植付けによるものは根が活着するまでと乾燥期は特に注意し，乾燥が著しいようであれば毎日実施する。また，真夏日が続くような地域では昼間の灌水は避けて，夕方以降に行うのがよい。

（3）方　　法

灌水はホースや水タンクなどを用いた人力によるものと，スプリンクラーや灌水チューブなどの機器によるものがある。

1）人力による灌水

　土壌に水がしっかりと浸透するよう十分な水を与える。水圧が強すぎると葉への泥はねが病気の原因となったり，表土を流出させてしまうことがあるため，ホースなどは先端にノズルをつけて水圧を調整し，株を傷めないよう丁寧に行う。

2）機器による灌水

　スプリンクラーは大面積の場所に適し，ホース，噴頭からなる移動式と配管類が埋設された固定式がある。バルブやスイッチの操作，またはタイマーの設定により灌水ができるため作業の省力化になる。

　灌水チューブは施設花壇やカセット式花壇などに用いられる。主に滴下型タイプと点滴型タイプがあり，前者は等間隔に穴の開いたドリップチューブ，または多孔質の構造になっており，水圧により全体から水が染み出してくる多孔質チューブを地表面に設置する方法で，

施設花壇によく使われている。後者は、パネルごとにチューブ先端を差し込んで灌水する方法で、カセット式花壇によく使われている。

いずれも外観上目立たず、タイマーなどにより散水時間をセットしたり、センサーにより土壌湿度を感知し均一に灌水できるため、節水、作業の効率化からも有効である。なお、灌水量が多すぎると養分の流出や土壌の固化、病虫害の発生を招くことがあるため注意を要する。

5-5-8 施肥（追肥）

（1）目　的
長期間生育する草花は、雨による肥料分の流亡、植物の吸収により元肥だけでは肥料分が不足する。そのため、草花の生育期間中に必要な肥料分を補うことを目的に行う。

（2）時　期
生育、開花期間中、新しく伸びた葉の色が黄色っぽくなったり、蕾や花が小さくなるなど草花に肥料切れの症状が見られるときに実施する。また、宿根草や球根類で数年間植替えをしないものは、開花後に与えるお礼肥（れいごえ）が効果的である。

（3）方　法
平面に植付けまたは播種された場所では、小面積であれば人力で、大面積の場合は背負式肥料散布機などを用いると早く均一に散布できる。カセット式花壇など灌水装置があるものはチューブに液体肥料を接続する装置を付けることで管理の省力化になる。

作業の主な留意点は次のとおりである。
1) 徒長を防ぐため元肥のみにとどめる種類もあるため、土壌、時期、および種類ごとの肥料要求量を把握し、適宜実施する。
2) 1回の施肥量は濃度の低いものをなるべく少なくし、何回かに分けて回数を多く与える方がよい。
3) 根元に施用することを基本とする。散布時、肥料（固形（けいよう））が茎葉に付着したまま残ると肥料やけを起こすことがあるため、降雨直後に茎葉が濡れているときは特に注意する。
4) 早い効果を得るためには低濃度に希釈した液体肥料を葉面に散布する手法もある。ただし、直射日光が当たる時間に与えると肥料やけを起こすので注意する。

5-5-9 刈 取 り

（1）目　的
開花が終了した株を刈り取る作業であり、宿根草や球根類、播種による草花において、花後の美観の維持や繁茂した雑草の抑制、火災の防止などを目的に行う。

（2）時　期
播種による草花で新たに播き直すものは開花終了後速やかに行い、こぼれ種による開花を期

待するものは結実後に行う。宿根草は種類にもよるが，開花終了後に次年のための養分蓄えを考慮して一定の高さを残して刈り取る。

（3）方　　法
小面積の場合は人力や肩掛式草刈機などを用いて行い，大面積の場合は大型草刈機を用いて行うと効率的である。実施に当たっては，以下の点に留意する。
　①播種による草花の場合，こぼれた種子により開花を期待するかどうかで実施時期を選択する
　②宿根草の場合，あまり地際から刈ると次年度の開花に影響するため，おおむね 20 cm 程度は残して刈り取る
　③球根類の場合，開花後に光合成を行って養分を蓄える種類が多いため，葉の変色が始まった後，あるいは枯れた後に刈り取る
　④野生草花の場合，こぼれ種により増殖していくため結実後に周辺の草とともに刈り取る
　⑤雑草の結実が著しく多い場合や火災の危険がある場所では，刈り取った草の搬出が必要である

5-5-10　病虫害防除
（1）目　　的
病気や害虫の発生により草花が損傷を受けたり，美観が損なわれるのを防止するために行う。

（2）時　　期
草花や病虫害の種類，気象条件等により異なるが，高温多湿時は各種病気が発生しやすくなるため特に注意する。

（3）方　　法
発生する病虫害の種類をあらかじめ予測して，事前に一定期あるいは定期的に薬剤を散布する予防散布と，発生の都度薬剤を散布する発生時散布がある。

病虫害を防除するためには早期発見，早期駆除が基本であり，きめ細かな巡回点検により早期に対処し拡大を防ぐことが重要である。また，それにも増して通風，土壌の機能をよくし，草花の健全な生育を促すことが大切であり，適切な管理作業が必要である。

一度発生してしまったら早期に手段を講じ，被害を最小限に留めることが大切である。その一方でむやみな薬剤散布は，利用者に影響を及ぼすだけでなく土壌中の微生物を殺傷することにもなるため注意が必要である。害虫の種類によっては捕殺がより効果的な場合もあるため，発生状況，病虫害の種類に応じて適切な対応を行う。

作業時の注意点については，「5-13　農薬使用時の注意事項」を参照する。

（4）主な病虫害と使用薬剤の選定

草花の病害は，主にウドンコ病，灰色カビ病，菌核病，立枯病，球根腐敗病などがある。虫害は，茎葉を食害あるいは吸汁するアオムシ，ヨトウムシ類，アブラムシ類，ハダニ類，地下茎を食害するコガネムシ類などがある。いずれも外観を損ない生育を低下させたり，枯死に至る被害もある。

これら病虫害の防除に農薬を使用する場合，「5-13　農薬使用時の注意事項」に記載のとおり，農薬取締法を順守し，低毒性で安全性が高い薬剤を選定の上，安全面に注意して行う。

なお，捕殺，誘殺，塗布など薬剤散布以外の手法が採用できないか検討し，散布する場合には最小限の区域にとどめる。

5-5-11　補植，追播
（1）目　　的
植付け，播種後に生育不良箇所や発芽のばらつきが生じた場合行う作業であり，一年草種子により経年的に花を見せたい場合にも行われる。

（2）時　　期
必要な作業が発生し，材料が確保され次第速やかに行う。

（3）方　　法
「5-5-4　植付け」，「5-5-5　播種」に準ずる。

5-6　草地管理工

5-6-1　草地管理の考え方

公園において草地として管理されているものは，レクリエーション利用を目的とする草原，植込地および園路周辺の草原などが主なものであるが，人工法面や河川敷，土地区画整理事業に伴う保留地のような土地が草地化したものから，牧畜などに利用されている半自然草地のようなものまで，管理の対象となる草地には多様な形態が存在する。

草地管理は草地植生を管理することである。草地植生の管理に当たっては，その場所の立地特性や利用形態・利用頻度などの使われ方が問題になり，対象となる草種の生理・生態的特性を理解しなければならない。

しかし，自然草地や半自然草地の植生管理は，伝統的・慣習的に牧畜などによる利用が行われてきた結果として草地が維持されてきた側面が強く，植生管理が体系化されているとはいい難いところがある。

一方，都市においては，従来の草地ではなく，公園の草原，集合住宅の隣棟間の草原，宅地造成により生じた造成法面，河川敷など多様な人工型草地が生まれてきた。これらの人工草地は，都市における住環境の一部を構成するため，植生の質よりも緑被の機能が優先して求めら

れる傾向が強いため，利用形態・利用頻度・利用時期などを考慮し，管理の考え方を整理していくことが重要である。

(1) 半自然草地の植生管理

自然草地には火山の噴火などによる新しい立地に，時間の経緯とともに草本群落が成立して草地の形態になっている自然草地（秋吉台などの石灰岩台地の草原）と雲仙，えびの高原，阿蘇草千里などの半自然草地がある。

自然草地は自然保護の対象になるものが多く，一般に植生管理は行われない。

一方，半自然草地であるシバ，ススキ，ネザサなどの草地を長期間安定して維持するためには，放牧，火入れ，草刈りといった管理が必要であるとされている。

特に，春先の火入れは害虫駆除や低木の侵入防止に役立ち，草本群落を多様に維持するためにも重要である。

草地が広い面積であったり，地形的に複雑な場合には草地管理の費用がかさみ管理作業も困難になる。牧畜そのものが目的だった従来とは異なり，半自然草地の環境自体に価値を見出し，それを維持するために，機械や人力に代わって草食動物を放牧し，その採食によって草地を維持する考え方もある。

(2) 人工草地の植生管理

1) 草原

公園緑地における一般的な植生で，公園の原風景として多くの人々に支持されているはらっぱや緑陰の草地である。

植生管理の手法は草刈りと，ある程度の利用制限により維持する。

草刈りは樹木の植生密度や草原の広さ，形状などを考慮して行う。草刈回数および実施時期は草原の伸長，損耗状況などから個別に判断して行うのが効果的かつ現実的である。

公園の造成当初は修景と防塵の目的から芝草などの地被植物を植栽し整備されるのが一般的である。ノシバ，コウライシバが主に用いられるが，これは施工性が良く，材料の入手が容易でかつ踏圧に強いという点から選択されており，同じ素材を使用していても優れた芝生景観の形成を目的とする芝生地を供用施設の目的としていない。

芝生地が密生し生えそろった純粋のシバターフの形成を目的とするのに対して，草原では芝草のほかに利用状況に応じて，オヒシバ，メヒシバ，オオバコ，カゼクサ，カガハグサなどの雑草類の侵入と若干の裸地化程度は許容範囲として維持するのが一般的である。草原における植生管理は手法的には草刈りであるが，中高木の植込地およびその周辺と広場的な草原とでは管理目的が多少異なるため，その違いを以下に示す。

①植込地

公園の外周，島状の植栽地など樹木の植込みの地表面を半裸地または草地として維持する。樹木の足元がすっきりとした清々しい景観の維持を目的とする。主要な位置，人目に付くところほど草刈回数を多くする。

②広場的な草原

多目的広場としてレクリエーション利用に供される草原と園路の周辺の草原では，植込地より踏圧の影響を強く受けるため，過度の利用により裸地化させないように利用強度をコントロールする必要がある。

また，広場の周辺部またはその一部を雑草とし，草の実・花・葉が子どもの遊び道具となることを期待したり，バッタ，トンボなどの草原の昆虫が生息しやすいように草地を維持することも行われている。生息する動植物に目標種を設定する場合，草刈回数のほか草刈高や，草刈時期についても考慮する必要がある。

自然育成の観点に基づいた草地の植生管理については，「5-12　自然育成管理工」において，「図5-45　草刈りの手法・留意点」，「表5-46　目指す草地型の草刈時期・頻度（例）」が示されている。

2）河川敷・保留地

草地として維持することを目的とするが，特定の植生の維持ではなく緑被の機能が求められているので，目的に沿った管理となる。管理内容は年数回の草刈りが主なものである。

河川敷と保留地では管理の目的が異なるため，管理内容について十分理解しておく必要がある。

①河川敷

河川における高水敷の表面は，グラウンドなどの公園施設としての利用も進んでいるため，その際は利用形態に応じた管理水準を設定する。

堤防付近が，道路，通路として利用されている場合は，草刈りを行うことで，視距の確保や，通行の妨げになる要因を排除するなど，交通安全にも留意する必要がある。

通常の堤防および高水敷については，堤防機能を維持するための巡視・点検の際に支障とならないよう，治水上の観点から草刈りを行い，草丈を低く抑える必要がある。

河川敷における草地の植生はススキ型とシバ型の中間くらいの，ある意味では半自然草地と考えることもできるが，近年では河川生態系の一部として草地を捉える考え方も生まれている。

②保留地

保留地とは，土地区画整理事業において，将来的に売却され，事業費に充てられる予定の土地のことであるが，ここでは都市の開発に際して生じた未利用の土地全般を指す。こうした土地は当初は裸地の場合もあるが，土埃の飛散防止を目的に種子吹付けなどで緑被されていたものが時間とともに遷移し，雑草が混入して草地の様相を呈している場合が多い。雑草地として放置すると病害虫の発生源となるほか，ゴミの不法投棄を助長するなど，防犯上，美観上の理由から適切な草地管理が必要である。

保留地における草地管理については，近年，作業機械による草刈りに替わり，ヤギなどの草食性動物を利用した半自然草地における放牧に似た管理手法を用いた事例も増えている。

都市部での動物の飼育には配慮すべき事項も多く，事前に準備が必要な施設（ヤギの休

憩小屋，ヤギの活動範囲を制限するための電気柵や係留のためのロープ，給水施設など）があるなど，機械を利用した草刈りと比較して手軽な管理手法とはいい難いが，都市部において草食動物が草を食む景色が生み出す癒しの効果や，話題性が地域コミュニティの活性化に寄与する効果などが注目されている。

3）造成法面

切盛造成により生じた法面は，表土侵食防止のために草本種子を用いて緑化するのが通常の工法であり，早期に緑化するために外来の牧草などが多く用いられている。最近では，法面管理費の低減，法面植生の向上の観点から中低木，高木を植栽することも行われるようになってきている。

住宅地や道路に隣接するため，火災防止，病害虫予防などの観点からも適切な草地管理が必要である。管理内容は草刈りのみであるが，外来の牧草などを維持するような場合は施肥を考慮する必要がある。

5-6-2 草地管理計画

草地を目的別に仕分けすることにより管理計画を考える。

（1）半自然草地の管理計画

半自然草地の管理計画は，一般的に目的に応じて，以下のような項目の管理を行うことにしている。

1）火入れ

普通，年1回，早春に行う。火の勢いが強くても，地中部はほとんど影響を受けず草地が持続する。ススキ型では火力が強いが，芝型では，燃焼部も少なく火勢は弱い。頻度は2年に1回程度繰り返せば草原の状態を維持できる。

なお，火入れを行う場合は，不法投棄物などを事前に撤去しておく必要がある。

2）採　草

時期と回数によりその後の草地に影響が出る。例えば強い草刈りを頻繁に行うと，ススキ草原が衰退する。草刈時期については8月から秋にかけて採草すると，同じくススキ草原を衰退させる要因となる。

3）放　牧

写真 5-46　ヤギを利用した草地管理（1）

写真 5-47　ヤギを利用した草地管理（2）

機械や人力に代わり草食性動物を放し飼いにし，その採食により草地を維持管理する。飼育の考え方は，「表5-36　イギリスのカントリーパークにおける動物を利用した植生管理技術」の中で整理されている。

(2) 人工草地の管理計画
1) 草　原
①一般的な公園などの芝混合の雑草地広場を管理する場合，草刈りのみを管理作業として行うことを標準とするが，以下の点に留意する。
　ア．草地雑草の遷移を的確に把握する
　　雑草の遷移を把握する方法として，優先種や現在の種組成の把握を行い，また標徴種(ひょうちょうしゅ)や指標植物を探し，さらに生活型組成などを考慮に入れ把握する。
　イ．草刈回数，草刈高，草刈頻度，草刈時期に注意を払う
　　草刈りが行われることにより，一年生草本が減少して多年生草本が増加する。また草刈回数，草刈高，草刈頻度，草刈時期との関係で出現する雑草に違いが出る。
　ウ．利用頻度に注意する
　　利用頻度により出現する雑草に違いが出るほか，過度な利用が進むと裸地化が進行するため，目的に応じた利用の制限を行う。
②植込地における草刈りは，公園の美観維持および樹木の健全育成のために，雑草を抑制する目的で行う。
③裸地化の進行などにより，管理計画の見直しを迫られた際には，「5-3-2　芝生の種類，特性と芝生管理計画」の「表5-18　国営公園における標準的な芝生管理のランク分け」，「表5-19　作業頻度に影響を及ぼす変動要因」，「表5-22，5-23　年間管理計画事例(1)，(2)」を参考に，エアレーション，目土掛けなどの必要な作業の実施を検討する。
2) 河川区域・保留地における草地管理計画
　堤防法面および高水敷などにおいて，公園施設としての利用がない一般の河川区域の草地については，河川の流域阻害要因の除去や，巡視・点検が支障なく実施できることを目的とする。
　そのため，堤防については年間2回刈りを標準とし，1回目は梅雨時期前，2回目は秋の台風時期の前に完了していることが望まれる。
　また，保留地については防犯・防災のための雑草防除を目的とし，年間1〜3回程度の草刈りを行う。
　ヤギなどの草食性動物を利用した除草を検討する際には，貸出しを行っている専門の飼育業者などに相談し，家畜の飼育に係る関係法令などについて事前確認を行う必要がある。

表 5-36 イギリスのカントリーパークにおける動物を利用した植生管理技術

管理の型	長　　所	短　　所	適した場所
放牧	・田園の魅力的な特徴をつくる ・収入源としての可能性を持つ ・刈込みの費用を節約する ・刈込み不可能な傾斜のきついスロープに用いることができる	・経験を積んだ労力，囲い，付加的な機械などが必要である ・家畜の不慮の死の可能性がある（わら，犬による） ・家畜によって不快な泥，匂い，ハエなどが生じる	・水と囲いがあり，訪問者の圧力があまり大きくなく，犬の問題もないような草地
羊	・植物相の多様性を維持する ・人間に対して安全である ・ある種の草地では伝統的な動物である ・売るのに適した産物—動物，生肉，羊毛 ・特に子羊は訪問者にとって魅力ある特徴をつくる	・犬の被害を受けやすい ・特に子を産み，育てるときには高いレベルの飼育が必要である ・湿った，排水の悪いところでは病気にかかりやすい ・100 mm 以上の，非常に生産力のある草の草地には適さない	・白亜質，石灰岩質の草地，特に急傾斜のスロープ ・牧草地，公園の土地，ラフの放牧において，混合放牧の要素として ・低〜中度の公共使用と場所，あるいは交替の放牧が可能なときは高度の公共使用の場所 ・昔の堤，丘のとりでなど
牛	・植物相の多様性を維持する ・人間に対して安全である ・犬の被害を受けにくい（子牛は除く） ・売るのに適した産物—動物，生肉，皮 ・風景の中に魅力的な動く特徴をつくる ・ある場合には補助金が出る ・ある品種は粗い牧草地を取り戻すのに理想的である	・子牛は犬の被害を受けやすい ・少数の人は，彼らの"せんさく好きな"行動のためにおどかされるかもしれない ・傾斜のきついスロープでは侵食を起こす ・雨天時は草地をぬかるみにする ・車に損害を与える ・雌牛は最も不快な糞をする	・白亜質，石灰岩質の草地で急傾斜なスロープでないところ ・牧草地 ・公園の土地 ・長く粗い草のコントロール ・再生管理に
鹿	・カントリーパークで非常に魅力的な特徴をつくる ・非常に強健で，維持のための要求は小さい ・売るのに適した産物—鹿生肉，皮，枝角 ・人々に対しては，素直で害がない ・犬の被害はあまり受けない	・鹿のためのフェンスを立て，維持するのに非常にコストがかかる ・鹿の世話についての知識を持った専門家的な労働力が必要である ・植生の多様性を減少させる傾向がある ・"悪漢"の雄鹿は，発情期の後期にはときどき危険がある	・鹿のためのフェンスがある公園
馬	・公園の魅力ある特徴となる ・公共の乗り物として利用され，収入源となる	・気まぐれな行動をし，特にいらいらさせられると，蹴ったり，かみついたりする ・非常にえり好みをして草を食べるので草地の植物組成をだめにする。行動習性は施肥にも関係している ・最初の出費が大きい	・フェンスを介して人々と馬とが接することができる馬小屋付属牧場に限られる ・広いエリアで馬が人々から離れていることができるようなところ

出典：日本芝草学会「芝草研究」

写真 5-48 ハンドガイド式草刈機
（ハンマーナイフモア）

写真 5-49 肩掛式草刈機による草刈作業

5-6-3 草刈工

（1）目　的

草地における植生，美観の維持，または防犯・防災のための管理作業の一つで，対象となる草地それぞれの管理計画により，目的は異なる。

（2）草刈りの時期・回数・草刈高

草刈りの時期，回数，雑草の種類，場所，生育状態により異なる。

（3）草刈りの方法

1）作業方法

　①草刈地内にある石，空き缶などの障害物はあらかじめ除去する
　②機械刈りに当たっては，小石等の飛散防止養生を行い，周囲の人，樹木，草花，施設などを損傷しないよう十分注意を払い，工事中の安全を確保する
　③機械刈りのできない場所については，手刈りとするなど，刈り残しのないよう刈り取る
　④刈り取った草は，速やかに処理する

2）草刈機の種類

　草刈機械にはハンドガイド式草刈機（ハンマナイフモア・ロータリモア），肩掛式草刈機などがある。
　使用する草刈機は，草地の面積，対象の草地の植生，草丈などにより最適なものを選定する。近年では，河川敷における堤体法面など，傾斜地での作業において，遠隔操作式（ラジコン式）の草刈機を導入するなど，転倒事故のリスク軽減が図られている事例もある。

5-7　菖蒲田管理工

5-7-1　菖蒲田管理の考え方

日本でアヤメ属の植物の栽培が始まったのは500年以上も前といわれるが，本格化したのは江戸時代であり，もっぱら花卉園芸の発展に伴ってハナショウブの品種改良も進み，色彩的に

も華やかな園芸品種が栽培されるようになった。東京の堀切菖蒲園や伊勢神宮の勾玉池(まがたまいけ)など昔から全国的に有名な菖蒲園がある。

　ハナショウブの系統は，その改良発展過程から，大きく江戸系，伊勢系，肥後系に分けられる。江戸時代から現代までに育成された品種は2,000種以上といわれているが，すでに散逸，絶種したものも多く，現存するのは500種ほどであるという。

　ハナショウブは日本の気候風土に育った花であるが，その管理に当たっては日照，温度，水分，肥料，花芽分化時期などさまざまな条件を整えなければならず，特別な管理を必要とするものの一つである。

5-7-2　掘取り，株分け

（1）目　的

　ハナショウブの根は地下茎から発生しているが，前年生の根は花が咲き終わると老化して枯死する。その代わりに本年生の新根が株の地際付近から発生し，新しい地下茎を形成していく。従ってハナショウブの地下茎は年々地表近くに伸び上がって露出するようになる。自然条件のもとでは洪水による覆土などがあるため問題はないが，公園などの栽培地では株分けをして植え直す必要がある。

　株分けを行わないと，夏期の高温乾燥期に地表部近くに露出している新しい地下茎や根株が干害を受け，急速に株が衰える原因となる。

　なお，株分けと同時に，一部土壌改良を行うとその後の生育に良い。一般的には，株分けの際，土壌（$0.01\,m^3$/株）を掘削搬出し，その後に荒木田（$0.04\,m^3$/株）有機質土壌改良剤（$3.0\,kg/m^2$）を入れ，深さ30 cm以上耕うんする。

（2）時　期

　ハナショウブの株分けは一般に花が咲き終わった直後に行う。これはハナショウブを開花させるためには，前年の末までに本葉を7,8枚程度展開させ，充実した芽を育てる必要があり，秋に株分けしたのでは，十分に肥大充実させる期間がなく，断根による障害も起きやすいからである。

　花が咲き終わった直後の7月上旬頃は，梅雨もまだ明けないので土中の水分も十分あり，気温もあまり高くなく，盛夏に入るまでに新根の発生をみるから植付株の活着率もよくなる。

　株分けは露地栽培では普通3年に1回行えばよいが，面積の広い場合には毎年1/4ずつ行い，4年で全部が終わるように計画するとよい。

（3）方　法

　本年開花した花茎(かけい)の基部の両側に一対の強い芽があり，発育がよければさらにその外側に第2，第3以下の芽が出ている。その株を茎部を傷つけないように掘り上げ，よく土をふるい落とし，すでに古くなった根や茎も切り捨てる。

　次に，花茎のつけ根をはさみで縦に切り割ると，2～3芽つきの小株苗に分けられる。さらに

表 5-37 ハナショウブの生育周期と栽培暦

	1月	2月	3月	4月	5月	6月	7月	8月	9月	10月	11月	12月
休　眠　期	→	→									→	→
萌　芽　期			→	→								
茎葉伸長期				→	→	→	→					
分蘖(けつ)期							→	→	→			
栄養充実期								→	→	→		
花芽分化形成期						→	→					
開　花　期						→	→					
結　実　期							→	→				
	越冬管理	春播実生	春肥施用	秋実生苗定植・培土・水肥施用	開花病害虫防除	春実生苗定植・病害虫防除	株分け・芽吹法・植付け	灌水・越夏管理	播種・直し・採りまき・培土・施肥	秋の株分け・病害虫の防除・水肥施用	秋実生苗防寒・枯茎葉刈取り	越冬管理

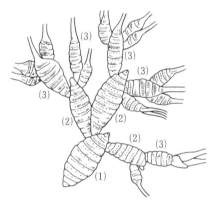

数字は分岐の順序を示す。(3)は3回目の分岐茎で植付後3年を経たものの形、通常これを芽分けする。(1)と(2)の茎は芽吹き用に使える

図 5-30 ハナショウブの地下茎

出典：泰文館「花菖蒲」

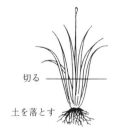  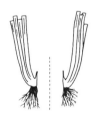 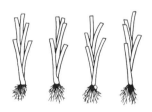

①土から掘り下げ、葉を2/1から3/1くらいに切り落とす

②今まで花をつけていた花茎を、根際からはさみで切り取る

③切り取った花茎の切口から、株全体を二ツ割りにするつもりで、はさみなどで大割りにする

④それぞれの株を、さらに1本ずつ小割りにする。その際に、根のしくみをよく観察しながら、細根が平均に配分されるように分ける。最後に、葉の先端をはさみで扇状に整えて株分け終了

図 5-31 掘取り、株分け

出典：加茂荘花鳥園「花菖蒲」

小株苗を1芽ずつ分割すれば一芽苗となるが，公園などの菖蒲田では小株苗で植え込むのが一般的である。切口はなるべく小さく，どの株にも均等に根がつくように手際よく行う。株分けした苗の葉は30 cmほど残して葉先を切り捨てる。

　このほか，株分けを休眠期明けの9月中・下旬～10月上旬頃の間に行うこともあるが，寒地では凍害を受けるので不向きである。

5-7-3　植　付　け

（1）目　　的

　株分けした苗を翌年開花させるために，傷つけないように注意しながら植え込むもので，菖蒲田の形状や環境条件，鑑賞の仕方によって植込み形式も異なる。

（2）時期，方法

　植込みは株分けと同時に行われるのが一般的であり，花後の6月中旬から7月中旬にかけて行うのが一番よい。ちょうどこの頃は梅雨期に当たるので，空気中の湿度も高く水湿の補給も十分で日射しも少なく，苗の活着に好条件がそろっているからである。

　この時期から遅れると，夏の高温乾燥期に入るので苗の活着が悪くなる。

　9～10月の秋植えの場合には，苗がすでに充実期に入っているので，1芽ずつに株分けした苗では翌年開花しないものが出てくる。少なくとも2～3芽つけて，根もなるべく切らないように丁寧に植え込む必要がある。

　株分けした苗は，品種を混同しないよう整理し，根を乾かさないよう注意しながら，素早く指定の位置に5～7芽を標準として植え込む。ハナショウブは深植えを嫌うので，3～4 cmの深さで根を広げ，倒れない程度に浅植えすることが肝心である。

　定植する間隔は普通1 m²に1株を標準としている。

5-7-4　除　　草

　菖蒲田は特に雑草にとって生育条件の良い環境であり，放置するとすぐに雑草に覆われてしまう。一般に3～5月までに1～2回程度の除草を実施し，その後は水を張るため雑草の繁茂がある程度抑えられる。水を抜いた7月から秋口まで，再び月1回程度の割合で行う。

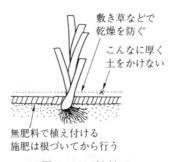

図 5-32　植付け
出典：加茂荘花鳥園「花菖蒲」

雑草は，ハナショウブを傷つけないよう十分注意しながら，根から丁寧に抜き取る。

5-7-5 施　　肥
（1）目　　的
　ハナショウブは養分吸収力の強い植物であり，同一の場所で長期の連作を行えば，当然養分の不足が起こり，株張りや花付きが悪くなる。ハナショウブに対する施肥は，鑑賞に耐え得る花を育てるために欠かせない作業である。

（2）時期，方法
　ハナショウブには，特に窒素の肥効が大きいが，過多になると葉も草丈もよく伸び立派になる反面，花付きが悪く，花の色もよくない。このために，窒素のほかにリン酸とカリも与える必要がある。特にカリの効果が大きい。

　また，乾燥地では堆廏肥などの有機質肥料を施用し，土壌の膨軟性を高める必要がある。ただし，あまり多用するとコガネムシの幼虫が発生して，地下茎を食害することがあるので注意を要する。

　ハナショウブに用いる肥料は，肥効の長続きする遅効性の肥料に重点をおき，速効性の化成肥料を適当に加えて与えるようにしたい。遅効性の肥料としては堆廏肥，油粕，魚粉，過リン酸石灰，草木灰，牛糞，鶏糞などである。施肥量は1a（100 m²）当たり元肥に堆肥類30〜50 kg，化成肥料10〜20 kg，過リン酸石灰10 kg程度を施し，追肥には花後と秋期に化成肥料をそれぞれ3 kg程度ずつ与えるとよい。

　施肥の時期は，冬期の元肥，春期の芽出し肥や花後の衰弱を防ぐお礼肥，秋期の追肥と，その生育と季節に応じて分与することが大切である。

　施肥の方法は，所定の量をハナショウブの根に直接触れないように株間に溝掘りをして施し，埋め戻す。

5-7-6　病虫害防除
（1）目　　的
　ハナショウブは比較的病虫害に冒されにくい強健な植物であるが，栽培地域の拡大と管理の粗放化に伴い，以前より病虫害の被害が現れるようになってきた。やむを得ず散布する場合

写真 5-50　施肥

写真 5-51 病虫害防除

写真 5-52 枯葉除去

は，病害虫の種類や発生程度に応じて散布計画などを立て，的確な薬剤散布を行うとよい。

（2）時期，方法

温度が上昇し，葉の伸長が盛んになる4月に入ると病虫害の被害も目立ってくる。特に注意しなければならないのは，軟腐病と黄縮病である。黄縮病は幾年も連作すると発生し，春先葉が12～15 cm 成長した頃から黄葉ができて，次第に萎縮して衰えてしまうものである。害虫では4月頃より葉先を食害するのはヒメマルカツオブシムシであり，アザミウマやメイ虫は葉茎に食い込んで被害を大きくする。

殺菌剤や殺虫剤の使用の際は，農薬の袋やびんのラベルに表示された成分や毒性，目的，希釈倍率等に必ず目を通し，安全性に注意し効果的に用いる。

施用時期は春先から夏期にかけて継続的に散布する必要があるが，散布に当たっては周囲の状況等について十分注意する。

5-7-7 花茎切除

一般に花が一通り咲き終わった後，実がつかないうちに花茎を切り取る。この際，葉や根を傷つけないように注意する。

5-7-8 枯葉除去

10月末頃，ハナショウブの葉が萎れ始めたら，雑菌などの繁殖を防ぐため，葉を地上10～15 cm のところで切り取る。寒冷地では霜，雪などの被害から株を守るため，葉をまとめて結んで冬越えをする（まるき作業）ところもある。

5-8 バラ園管理工

5-8-1 バラ園管理の考え方

近年では，食卓のテーブルにさり気なく花を飾ったり，誕生日や発表会などのお祝いに花束を気軽に贈るようになり，花が身近なものとして日常の生活の中に溶け込んできている。数ある花の中でもバラの花の豪華さ，鮮やかさは比類なきものがあり，万人に愛される花として，

表 5-38 露地植え成木の月別管理の目安

	1月	2月	3月	4月	5月	6月
移　　植	移植可	移植可	寒地では移植可			
施　　肥	前月施していないとき元肥	不要	芽出し用の追肥3回	水に溶かして追肥3回	花後，少量ずつ繰り返し施肥	月に3回施肥
灌　　水	不要 砂地では週1〜2回	不要 砂地では週1〜2回	不要 砂地では10日に1回	十分に 2日に1回くらい	十分に 2日に1回くらい	週に1〜2回
剪定・整枝	中旬以後剪定可	中旬頃剪定	芽かき	芽かき 摘蕾 ブラインドの処理	脇蕾摘み取る	シュートの処理
主 な 作 業		マルチング取りはずし	中耕 枯枝の整理	中耕	開花後の咲き殻切り	開花後の咲き殻切り
	7月	8月	9月	10月	11月	12月
移　　植				中旬以後移植可	移植可	移植適期
施　　肥	中旬以後，水肥週1〜2回	夏肥として十分に	芽出し用の追肥3回	花後1回	花後月に1〜2回	中旬に1回元肥
灌　　水	中旬以後，週に1〜2回	十分に	十分に 3日に1回くらい	2〜3日に1回	花のあるときに降雨なければ10日に1回	不要 砂地では月1〜2回
剪定・整枝	シュートの処理 二番花の摘蕾	下旬から秋整枝	上旬までに秋整枝	摘蕾 シュートの処理	花後の枝は本葉1〜2枚つけて切る	枯枝や落葉の整理
主 な 作 業	マルチング（敷きわら）	下旬，マルチング取り除く	中耕			マルチング寒地では防寒

出典：誠文堂新光社「バラ 魅力と作り方」

まさしく花の王者にふさわしいものである。

しかし，昔からバラづくりは，手間の掛かる難しいものという定評があり，そのすばらしさの割にはどこでも導入できるという状況にはなっていない。

ただ，現在のバラ苗は改良に改良が重ねられ，花容も豪華で病気に強い種類が開発され，効果的な新しい薬剤も多く出現しており，今後，公園など公共の場でも徐々に需要が拡大していくものと期待されている。

5-8-2　バラの種類

現在のバラの主流は，モダンローズのうち，ハイブリッド・ティー・ローズ系，フロリバンダ・ローズ系，ミニチュア・ローズ系，蔓バラ系などの各品種である。

ハイブリッド・ティー・ローズ系は四季咲き性のバラで，花や葉も大きく色彩も鮮やかで品種も多い。ただ，病虫害に弱いものが多く，管理が十分行き届かない場所で用いるには若干無理がある。

フロリバンダ・ローズ系は四季咲きの中輪花が一枝に数輪から数十輪咲き，病虫害に比較的強いものが多い。また，ハイブリッド・ティー・ローズ種とフロリバンダ・ローズ種の交配によってつくり出されたグランディフローラ・ローズ系の品種は多花性の大輪種で高さ1.5～2mにも達し，大株立となる。

蔓性バラの系統では中輪蔓バラが花も見応えがあり，木の生育も旺盛でつくりやすい種類である。

バラは世界中で品種改良が行われており，系統間の交雑も数多くなされている。このため，例えばフロリバンダ・ローズ系でも房咲きとならずに一本立から数多くの花枝を出すものなども現れており，今後さらに多岐に発展改良されていくものと思われる。

バラの系統を大きく分類すると次のようになる。

1) 原　種
   ノイバラ，テリハノイバラ，ハマナスなど
2) シュラブ・ローズ
   コルデイジー系，ハマナスの改良系など
3) ブッシュ・ローズ（木バラ）
   ・ハイブリッド・ティー・ローズ系（H.T.）大輪咲き
   ・グランディフローラ・ローズ系（Gr.）大輪房咲き
   ・フロリバンダ・ローズ系（Fl.）中輪房咲き
   ・ポリアンサ・ローズ系（Pol.）小輪房咲き
   ・ミニチュア・ローズ系（Min.）極小輪房咲き
4) クライミング・ローズ（蔓バラ）
   ・大輪咲き系
   ・中輪咲き系
   ・小輪咲き系
   ・極小輪咲き系

5-8-3　仕立て方

バラは剪定に強く，枝も柔軟で曲げやすいなどの性質があるために，蔓バラを中心にいろいろな形に仕立てあげることができるという特徴を持っている。従って，その場の雰囲気，景観にふさわしく仕立て，バラの魅力を最大限引き出すことができれば，すばらしい空間を創造することができる。

① スタンダード仕立て　　④ パーゴラ仕立て　　⑦ スクリーン仕立て
② ポール仕立て　　　　　⑤ アーチ仕立て　　　⑧ 垣根仕立て
③ ベッド仕立て　　　　　⑥ トンネル仕立て

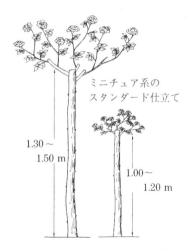
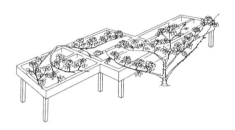

図 5-33 仕立ての種類
出典：誠文堂新光社「バラ 魅力と作り方」

5-8-4 剪　　定
（1）目　的
バラの剪定は立派な株をつくり，よい花を咲かせるために欠くことのできない作業である。一般に剪定は春の芽吹前と夏の終わり頃の年2回行う。春の剪定は，より立派な花を咲かすために，よい芽のある枝を残し，その枝に養分を集中させることと，病気による枯枝などを取り除くために行われる。秋に向かっての剪定は整枝が中心となり，よりよい芽を伸ばしたり，日照や通風をよくするために，繁った枝の中から不必要な枝を取り除いたりして枝の整理をし，株を整える意味を持っている。

(2) 方　　法

　剪定はバラの種類や木の生育状態によって，強弱のつけ方が異なってくる。

　春の剪定ではまず，枯枝や細いひ弱な枝，病虫害に冒されている枝をつけ根から切り落とし，株の中心部に向かって生えているようなふところ枝，互いに交差しているようなからみ枝も取り除く。また，太い枝であっても老化した枝や，前年の秋遅く地際から出た枝は太くても軟らかく充実していないので根元から切り落とす方がよい。全体として盃状の形になるように剪定するのが基本である。

　主幹の剪定は，前年度の春いちばん初めに伸びた枝のところで切り込むのが標準であるが，その枝の元の方で切ることを深切りといい，二番枝に近いところあるいは二番枝の元で切ることを浅切りと呼ぶ。浅切りにするか，深切りにするかは，品種や系統によって異なるが，一般にハイブリッド・ティー・ローズ系やグランディフローラ・ローズ系のバラは深く剪定し，フロリバンダ・ローズ系は浅く剪定する。

　これは，中輪房咲き系の品種は，集団としての花を楽しむものであり，多少花は小さくても，多くの花を咲かせた方が豪華に見えるため，できるだけ多くの枝を残すように剪定し，大輪系のものは一輪一輪の花を立派にするために，枝数を少なく限定するような剪定を行う。

　シュート（徒長枝）の処理については，その伸び始めた時期，位置，太さなどによって処理方法もそれぞれ異なってくる。バラの場合，シュートは将来その株の樹形をつくり上げる大切な主幹となるべきものであり，大事に取り扱わなければならない。一般的には，シュートが伸び始め，そろそろ蕾が出始めようとしている頃に，シュート先端を2cmほど摘む作業をする。しばらくすると，その芽は固まり次の芽を伸ばし始める。

　なお，剪定に当たっては枝についている芽のうち，充実した外芽の上で切るのが基本である。

　秋に向かっての剪定は，枝を切り戻し整理し，株を整える意味合いが強いので，特に整枝と

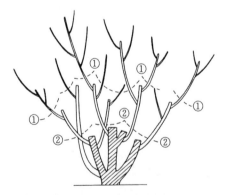

剪定のポイント
① 浅く切り込み枝数を多く残す剪定位置
② 浅く切り込む剪定位置

シュートの処理：幼苗および二番花，三番花頃に出るシュートは本葉5～7枚つけて摘芯する
一番花が咲き終る頃，大株から出たものは咲かせてもよい

図 5-34　剪定

出典：誠文堂新光社「バラ 魅力と作り方」

呼ぶ場合もある。

　この時期の剪定は，春からの枝の伸び具合や，花の咲き具合に応じて切り方や時期も微妙に変わってくる。いかに秋に向かって各枝が平均して順調に伸びるように剪定するかが，この時期の剪定のコツである。

　切り方の基本は春の剪定と変わらないが，多少軽くかつ浅めの切り方となる。このため，切る場所の芽の選び方も，春の剪定では枝の下部よりよい芽を探して切るが，秋の剪定では枝の上の方からよい芽を選ぶようにする。

　各枝に平均に養分がいくように切るコツは，切口の太さが一定となるようにすることである。新芽が伸び始めているからといってその枝を切らなかったり，花の咲いた枝をそのままにして，ついはさみを入れなかったりすると，不ぞろいな成長をすることになり，開花時期がそろわないばかりか，枝の伸長も不完全なものになってしまう恐れがある。

5-8-5 摘蕾

　フロリバンダ・ローズ系などの房咲きのものは，蕾を摘む必要はあまりないが，ハイブリッド・ティー・ローズ系のものは，立派な花を咲かせるために特に充実した蕾だけを残して，生育のよくない蕾や脇から出てきた蕾を摘む必要がある。また夏期，樹力が消耗しているときに出てくる蕾は，咲かせても魅力ある花は期待できないばかりか，かえって木を弱らせる結果となる可能性があり，樹力を維持させるためには摘む方が望ましい。さらに幼苗の場合はある程度大きくなるまで，花を咲かせないように蕾を摘まなければならない。このようなときに蕾を先端で摘むことを摘蕾またはピンチという。

　関東以南では，7月下旬～8月いっぱい，蕾がアズキ粒くらいになったとき，木が水分を比較的多く蓄えている午前中に，この蕾だけ摘み取るようにする。ただ，夏でも涼しい北海道や高原地帯では，不要なことも多い。

蕾だけを摘む
ピンチ

芽の先端を葉1～2枚つけて摘み取る
摘芯

大輪系のバラは，中心の蕾だけ残して，脇の蕾は全部摘み取る
脇蕾摘み

図 5-35　摘蕾・摘芯
出典：誠文堂新光社「バラ 魅力と作り方」

図 5-36 花殻切り
出典：誠文堂新光社「バラ 魅力と作り方」

写真 5-53 花殻切り

5-8-6　摘実（花殻切り）

バラの開花後に花殻をいつまでも残しておくことは，美観上見苦しいばかりでなく，木に余計な負担を与え，次に出てくる芽の伸長を遅らせることにもなり，好ましいことではない。花が咲き終わったら速やかに枝と一緒に花殻を切り除かなければならない。

枝の切り方は花の方から数えて本葉を2～3枚付けて切るが，剪定のときと同様，次に出る芽が外側に向くよう，葉が外側に向いて出ているすぐ上のところで切除する。

5-8-7　中耕，除草

中耕はマルチングを取り除いた後に，地表面を5cmほど柔らかく耕すことをいい，土中の通風と排水をよくする効果がある。また，病原菌や害虫が越冬しやすい枯葉や雑草を取り除き，花壇を清潔に保つ役割もする。一般に3～4月と9月の2回行うことが望ましい。

除草は春から秋にかけて月1回程度，花壇の雑草を除去するもので，養分や水分を雑草に取られることを防いだり，通風をよくして病気や害虫の発生を抑え，被害をできるだけ少なくする効果がある。中耕と除草を組み合わせて行う場合もある。

5-8-8　施　　肥

一般に春から秋まで引き続いて成長するため，肥料切れを起こさないように的確に与える必要がある。冬期に元肥として骨粉1kg，油粕1kg，硫酸カリウム2.0gを混合したものを1株当たり500g程度施し，追肥としては速効性の硫酸アンモニウム，過リン酸石灰，硫酸カリウムを与える。化成肥料は5：10：5のものを0.1～0.2kg/m^{2}ほど施す。

5-8-9　病虫害防除

（1）目　　的

バラ栽培のコツは，健康で強い株を育てることと，病虫害の発生をいかに防ぐかがポイント

表 5-39 バラの栽培に使用される肥料

肥料名	窒素(N)	リン酸(P)	カリ(K)	効果・備考
油粕	5.2%	2.5%	1.6%	遅効性 配合肥料として，植付け時の元肥，あるいは夏期，バラのまわりに埋め込んだり，寒肥として使用する 腐熟するとき高い発酵熱を出すので，特に夏期は根に直接触れないように使用する 肥料質により成分率は異なる
魚粕	9.0	5.0	—	
骨粉	4.0	21.0	—	
鶏糞	3.0	2.5	1.2	
米ぬか	1.8	3.6	1.4	
過リン酸石灰	—	20.0	—	速効性 元肥として配合肥料に加えたり，水に溶かして追肥に使用
硫酸カリ	—	—	48.0	速効性 追肥用。バラ生育中に水溶液として，配合肥料のカリ分不足を補う
熔成リン肥	—	19.0	—	遅効性 苗木植付け時に，根に直接触れるように，上土に混ぜて使用
尿素	46.6	—	—	速効性 葉面散布用として使用
草木灰	—	2.5	8.0	速効性 雨に濡れると流失するので早目に使用。硫酸カリと同時に使用してはいけない
化成肥料	粒状で市販されている肥料で，窒素，リン酸，カリの三要素を含んでおり，水に溶けてバラに吸収される多くの化成肥料があるが，N，P，K分の配合比にそれぞれ特色があり，芽の盛んに出るときはN分の多いもの，夏から秋にかけてはP，K分の多いものを使用するとよい			

出典：誠文堂新光社「バラ 魅力と作り方」

過多障害		不足障害
徒長生育となり耐病性に劣る	窒素 〈硝安，尿素，油粕など〉新梢や葉の生育を促進する	伸長が悪く生育不良となる
起きにくい障害だが落葉しやすい	リン酸 〈過リン酸石灰，熔成リン肥など〉花色を良くし，花を大きくする	花が小さく花色が悪い。花つきが低下する
窒素不足障害に似る	カリ 〈塩化カリ，硫酸カリなど〉耐病性・耐乾性などを高める	樹力が劣り，耐病性・耐乾性が悪くなる

図 5-37 3要素の役割

出典：誠文堂新光社「バラ 魅力と作り方」

であるといわれている。

　バラにつく病害虫は非常に多く，しかもバラのみが加害されるものもいくつかある。また，バラの病害虫の大部分は増殖，伝染するものが多く，放置しておくと次々と健全なものも冒さ

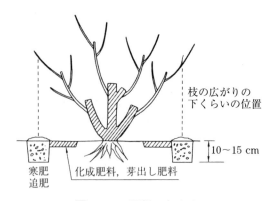

図 5-38　肥料の与え方
出典：誠文堂新光社「バラ 魅力と作り方」

れてしまい，取り返しのつかないことになる。バラにおける病虫害防除は，その予防とともに，初期発見と迅速な対応・処置が最も重要な点である。

さらに，バラの病虫害防除に当たって注意しなければならない点は，若葉が軟柔でろう質分などの分泌が少ないこともあって，薬害が生じやすいことである。薬剤散布に当たっての薬剤の種類，使用濃度，散布量および頻度，散布時期などには，より一層の慎重さが求められる。

（2）時期および方法

バラを美しく咲かせ，株を健全に保つために，年間を通じて薬剤散布は欠かせない。

まず，開花前に，ウドンコ病，チュウレンジバチ，アブラムシ，スリップスなどの病虫害を防除するための薬剤散布が必要である。薬剤はラベルなどの表示で必ず効果，使用方法，散布量など確認してから散布する。

開花後，初夏から夏期剪定の前までは高温多湿であり，黒点病やダニ類が多発するほか，種々の病害虫も活発に活動する時期であり，週1回程度は各種薬剤を散布しなければならない。

また，9月下旬～10月中旬頃までは，日中温度が高くても，夜間は急激に気温が下がるようになり，低温多湿を好むべと病などが発生する時期である。雨上がりや日中の天気の良い日を選んで，こまめに薬剤散布を行う必要がある。

冬期は12～2月にかけて2～3回，石灰硫黄合剤を散布または枝幹に塗布する。これを行うと，萌芽後発生する病害虫の越冬源を殺滅するため，非常に効果が大きい。

5-9　園地清掃

5-9-1　園地清掃の考え方

公園をゴミひとつない空間に保っておきたいというのは，公園管理者の夢であろう。公園がきれいになっていれば，利用者も公園に勝手にゴミを捨てたり，落書きをしたりしなくなり，公園を汚すことが少なくなることは立証されている。

しかしながら、清掃は公園管理の中でも最も重要なこととは認識しながらも、各自治体により公園の清掃に対する考え方、取組みが一定でないため、十分な対応を難しくしている面がある。例えば地域的な公園にあっては、本来ゴミは持ち帰ってもらうべきであるということで、原則としてクズカゴを設置しない考え方を取っていたり、地域に対していくらかの清掃助成金を出すことによって、自治会などの地域団体に任せたりしている例も多い。要は、社会的なモラルに訴えるべき要素の強い事柄に対して、どの程度行政が負担すべきかという問題が内在しているため、取組み方により予算などにも大きな差が出ているのが現状である。

しかし、基本的に公園をきれいにするには、公園利用者の理解を得るということがまず必要である。このような観点から、積極的に利用者に対して、公園のクリーンキャンペーンを繰り広げ始めた自治体も出てきている。具体的には、ゴミの持ち帰りキャンペーンや、クズカゴを出入口に集約し公園内からできるだけクズカゴを少なくする、分別収集の徹底とリサイクルの推進をはかる、あるいは公園内の売店の包装を簡略化するなどである。今後も利用者に対する普及啓蒙活動と清掃業務の強化とを並行して進めていく必要があることは異論のないところであろう。

公園内の清掃委託の設計については、公園管理作業の最も基本的な事項であるにもかかわらず、その積算内容についてこれまで各自治体の裁量に任されてきた。これは、公園のある場所、周辺環境、利用密度、面積規模、点在性あるいは季節的変動の有無、それらを総合した管理レベルの程度など、それぞれの条件が異なるため、現場に応じて清掃頻度、清掃面積率、清掃内容などを調整してきたためである。もちろん、予算的な制約も大きいことは事実である。

この中で季節的あるいは臨時的にゴミ量の変動が大きい場合には、清掃回数を増減して対応する場合と、1回当たりの投入する人員を増減して対応する場合の二つのケースがある。一般的に季節的変動のように、年間の変動状況があらかじめ予想される場合には回数の増減で対応し、イベントやお花見時のように臨時的あるいは清掃規模の特に大きい場合は、別途作業員を投入する設計を行う場合が多いようである。また、国営公園のように大きな公園で、1日数人を常に配置しているような場合には、季節的変動に対しても人数の増減で対応することが必要である。

年間の回数を例えば週平均3回なら年間144回の清掃回数を設定し、各月の回数は極端にならない限り現場の状況に応じて設定できるようにする。従って春、秋の人出の多いときには清掃回数を多くし、夏、冬の時期は清掃回数を若干少なくするなどの措置をとるとよい。また、お花見の時期などは、別途、桜花期清掃など委託や、NPO、ボランティアなどの利用を検討する方法もある。

その他、落葉の特に多い場所については落葉採集を目的とした清掃を実施し、指定箇所に集積させ堆肥を生産しているところもある。

5-9-2　清　　掃

園路・広場・植込地など指定箇所全域を対象とし、ゴミ、空き缶、吸殻などを取りこぼしのないように集める。クズカゴ、ダストボックスの中は取り残しのないようにきれいに拾い出

し，周辺は熊手・竹ぼうきなどを用いて清掃する。

L型溝，雨水桝上に溜まったゴミ，土砂などは水の流れを阻害し，下水管に流れ込むと詰まりの原因になるので取り除く。

砂場や遊戯施設周辺は，子どもたちが手を触れて遊ぶ場所であり，衛生面にも留意しなければならない。ゴミとともに犬や猫の糞に特に注意し，発見したら速やかに取り除くことが大切である。

また，きれいにすることを重視するあまり，園路だけでなく植込地の落葉まできれいに掃いてゴミとして出す傾向にあるが，資源の有効利用とゴミの減量という問題についても考える時代である。「落葉はゴミではない」という意識を一人一人に持ってもらうために，清掃により発生した落葉はゴミと分別し，植込地内に還元することを自治体自らが実践していくことが重要になっている。

5-9-3　収集運搬・集積

ゴミの収集運搬は現場の状況によって異なるが，街区公園など面積の狭い公園では，道路際においたクズカゴやダストボックスからゴミ収集運搬車に直接積み込む場合もある。

比較的大きな公園では作業員がリヤカーや軽トラックでゴミを収集して回り，公園内の指定集積場所まで運搬するのが一般的である。

近年は，集積するとき可燃物，不燃物，粗大ゴミなどに分別することを規定している場合が多い。集積に当たっては，風やカラス，犬，猫などによりゴミが散乱しないよう手当てする必要がある。

通常，園地清掃の範囲は，この指定場所への運搬・集積までであり，園外への搬出，廃棄物処理は別途積算する。

5-10　屋上緑化の維持管理

5-10-1　屋上緑化の維持管理の考え方

都市環境の悪化に伴い，環境保全や改善が求められるようになってきている。特に都市化の進行や緑地の減少などで都市におけるヒートアイランド現象の問題は年々深刻化を増し，熱中症，熱帯夜，エネルギー使用量の増加などを招いているとされている。

これらの問題を解決する一つの方策として，緑化が有力視され，高密度に利用されている都市空間では，屋上緑化が注目を浴びるようになってきた。屋上緑化には，都市のヒートアイランド現象の緩和のほか，省エネルギー，景観向上，自然環境の回復などさまざまな環境改善効果に加え，建築物の保護効果も期待されている。

建築物の屋上における管理は，全体の清掃や露出防水層の点検・補修，排水設備の点検・清掃など緑化の有無に関係なく定期的に行われる必要がある。緑化を行った場合は特に漏水事故の起因となる排水口やルーフドレインの点検を頻繁に行う必要がある。屋上・バルコニーでの漏水事故は現実に起こっているが，多くはルーフドレインの目詰まりで屋上面がプール状態に

なり，ドレーン設置部分や防水層の立上り上部からの水の浸入によるものである。

このように，屋上緑化の維持管理は建物管理と緑化管理が混在するところに特異性がある。そのため，管理体制や管理形態，管理手法，管理区分，管理水準などの維持管理の内容を当初から明確にしておく必要がある。また，屋上という場の特殊性から，重大事故に結びつく可能性も高く，管理の内容や手法によっては高い専門性も要求され，専門業者への委託を検討するなどの対応が必要になることもある。

5-10-2 点検・調査

屋上緑化部分の点検・調査は，資格や豊富な知識と経験を持ち状況に応じた的確な判断ができる者が行わなければならない。

剪定・刈込み，芝刈り，施肥，除草，除草剤散布，病虫害防除，目土掛け，エアレーション，転圧，樹木支柱点検・補修，花殻取り，草花植替えおよび灌水等を行うか否か，行うとしたらいつの時期か，その方法・程度を点検調査により判断する。さらに植物が成長し通行，日照，通風，見通し等に対する障害が発生したときに，その都度緊急に障害を除去する手法を検討し作業を指示する。また，植物の過大成長，更新樹齢への到達，もしくは病害虫による機能低下等の場合に伐採，伐根，移植，補植，土壌交換等の手法を検討する。

病虫害の発生は早期に発見できれば，簡易で小規模な防除で済むが，発見が遅れると被害が拡大するだけでなく，防除の費用も増大する。また，近年は環境問題への意識の高まりから，薬剤による防除への拒否反応が増えており，薬剤を使用しない方法が求められている。病虫害の発生を早期に発見し，枝の切除や手による捕殺など，自ら的確な作業を行える技量を持つことが非常に有効である。

5-10-3 植栽管理

植栽した植物を長く良好に保つためには，灌水・施肥・病害虫の防除・剪定・整枝・刈込み等の管理が必要である。特に屋上緑化の場合，地上部の庭などでの条件と異なる場合があるため，その状況に応じた管理が必要になってくる。

緑化を行った屋上・ルーフバルコニーにおいては，植物の急激な成長による荷重の増加も建築物自体に影響するため注意が必要である。季節ごとに新しく植物を大量に持ち込むことで荷重オーバーとなることも起こり得るので，積載可能重量に余裕のない場合は，持ち込んだ分だけ枯れた植物や土壌を持ち出す等の対応が必要になる。

（1）施 肥

屋上緑化では軽量な人工土壌を使う場合が多く，通常使う土壌とは保肥力が異なるので注意が必要である。土壌の保肥力はCEC（陽イオン交換容量）を計測することで把握でき，数値が高いほど保肥力が高いといえる。CEC値が低い場合，特に草花等は液肥等の速効性肥料により頻繁に追肥を施さないと生育に悪影響が出る。また，過剰施肥は生育に悪い影響を及ぼすので，あらかじめ管理計画を立てて行うか，植物の生育状態に応じて施すことが望ましい。

（2）病害虫の防除

　屋上の場合，乾燥，風等により生育が低下する場合があり，病害虫の被害を受けやすい状態にある。病虫害が発生した場合速やかに処置しなければならず，捕殺するか，枝ごと切除するが，発生量の多い場合は殺虫・殺菌剤により駆除しなければならない。草花や芝生の場合は浸透移行性の殺虫剤をあらかじめ施すことで害虫を予防することができるが，生物の生息環境を考慮するとできるだけ避けたい手法である。また，病気や病害虫の特定が困難な場合は，専門家に依頼する。

　病虫害が発生した場合は，その症状を見極めその病気に適した殺菌剤を散布する。病害虫の主なものはその樹種や草種により発生しやすいものがおおよそ絞り込めるので，詳細については参考書等を参照にされたい。いずれも薬効，毒性，残留性，使用方法を詳細に検討した上で使用する。

（3）剪定・整枝等

　屋上緑化では，荷重の関係で植物の成長による重量の大幅な増加は望ましくない。急激な重量増加を防止するための剪定を第一に心掛ける。また，風の影響による倒伏や枝折れなどを避けるためにも，剪定等の作業が必要である。

　剪定の適期として，一般的に
　・落葉樹：落葉から翌春の萌芽期まで
　・常緑樹：3～4月の新芽の出る前

といえるが，屋上緑化では，これ以外にも状況に応じて行う。ただし，花木や果樹の場合，花芽形成後に剪定してしまうと花芽を切り落とすことになるので，花が咲かなくなったり実がつかなくなったりする。よって，その樹種の花芽形成時期を確認してから行うか，花芽を残す剪定を心掛ける。また常緑樹は寒気の害を受けやすいので，冬期の剪定は避ける方がよい。

　剪定の種類には枝透かし（枝抜き，風通しや日当たりをよくする），切戻し（枝の途中から切り新梢の発生を促進する），切返し（樹冠を整える），枝おろし（太枝を根元から切る），切詰め（新芽の直上の位置で剪定し芽の成長向きを調整する）があるので，適宜必要な作業を行う。

（4）雑草の管理

　雑草は美観を損ね，植栽した植物の生育を阻害するので除草する必要がある。一般的な除草には，以下の方法がある。
　①手により引き抜く
　②草刈り鎌で根を掻き取り除草
　③刈払機により刈込み除草
　①，②は小面積，③は広い面積の除草に適する。①の手で引き抜くときは土を掘り起こしてしまうので，植栽した草花等を傷めないように注意する。
　②，③では鎌や刈払機の取扱いに十分注意し，作業者および周囲の人に怪我のないように留

意する。

（5）草花の管理

草花特有の管理としては，摘芯や切戻し，花殻の処理，補植，植替え等がある。草花は水切れを起こすと花が萎れてしまう場合があるので灌水には十分注意する。成長が旺盛で伸びすぎるような草花は芽を摘んだり切戻しを行い，つまった形に整えたり新たな花芽を分化させたりする。花の咲き終わった後の花殻を放置しておくと結実し，実に養分が取られて花を次々に咲かすことができなくなる。また，病気の原因にもなるので花殻は早めに摘み取る。

（6）土の入替え・根詰まり防止

屋上緑化の場合，植物は少ない土壌の中で生育するため鉢植えと同様，年を経ると根が伸長するスペースがなくなり根詰まり現象を起こしてくる。屋上・バルコニーでは一度に全面的に土壌を入れ替えることは難しいため，部分的に順次行う。

鉢植えなどでは植物を鉢から抜き取ると，鉢に沿って根がびっしりと生えて土壌が見えないほどになっている。この場合は一回り大きな鉢に植え替えたり，同じ容器を使うにしても土壌を取り替えたりする必要がある。

（7）その他

地表面をバークチップ等で敷き詰めるマルチングにより，雑草の発生，灌水，表土の風による飛散を防ぐことができる。

5-10-4 灌　　水

前項の植物管理に含まれる項目ではあるが，日々の管理作業では灌水が最も重要で頻度も高いため別項目とし，ここで取り上げる。

屋上やルーフバルコニーは基本的に雨水がかかるが，大地と異なり地下からの水分上昇がない。従って保水性の高い土壌を使っても，無降雨の日が長く続けば土壌中の水分はなくなってしまう。

灌水量は土壌の質，容量により異なるとともに植えられた植物の水分要求量によっても異なる。ある程度の土壌厚があれば頻繁な灌水は必要なく，きめ細かな灌水管理ができるのであればタイマーや雨検知型，土壌水分検知型のコントローラーなどによるのではなく，人が無降雨日数，雨量等を判断して定流量弁などで灌水作業を行う方が節約になる。

（1）灌水の方法

毎日少量ずつ灌水することは，盆栽など特別な場合を除き行わない。毎日少量の灌水を続けると植物の根が地表近辺に集まる形態になる。また土壌表面からの水分蒸発が多くなること，土壌下部の乾燥状況が表面からわからなくなるなどで，灌水を怠るとすぐに枯死につながってしまう。灌水は，日をあけてたっぷりと行うことが望ましい。

灌水の時間は，日中を避けて朝に行うことが望ましく，夕方の灌水は植物の徒長を招くので勧められない。特に鉢やプランター等では冬期夕方に水を与えると，四方から寒さが伝わり凍結を起こす恐れがある。鉢やプランターなどでは土の表面が乾いてから水を鉢底から出るまでたっぷりと与えることが基本で，乾き具合を見ずに毎日水を与えることはよくない。

（2）灌水の間隔と量

最も乾燥する夏期の芝生等の植栽地からの蒸発散量は，$1 m^2$ 当たり $4 ℓ$ といわれている。この時期に有効水分保持量 $200 ℓ/m^3$ の土壌でその厚さが $10 cm$ の芝生では保持している水分は $20 ℓ/m^2$ であり，計算上は5日で土壌水分がなくなる。現実には植物の耐性等によりこの時点で枯死することはないが，徐々に生育に影響が出始めて，15日を超える無降雨日が連続すると，枯死する部分も出現する。実際の例では，黒土に30％のパーライトを混合した厚さが $10 cm$ の土壌に生育している芝生で，夏期無降雨日数10日で萎れ始め20日で褐色になったが，その後降雨があり，秋には緑が回復した。従ってこのような場合でも週に1度たっぷり灌水すれば枯死することはない。

灌水する量は，土壌が保持できる水量以下となるが，灌水に降雨があるかもしれないことを考えると，その半分から1/5程度の量でよい。有効水分保持量 $200 ℓ/m^3$ の土壌で厚さが $10 cm$ の芝生では保持できる水分量は $20 ℓ/m^2$ であり，この半分の $10 ℓ/m^2$ 程度が1回の灌水量としては適当と考えられる。土壌保持水分 $10 ℓ/m^2$ で1日 $4 ℓ$ 点蒸発散したとすると2.5日分となるが，通常の緑化では夏期の灌水の設定を週2回から3回としており，不足は起こらない。点滴パイプのドリッパー間隔 $30 cm$ でパイプ間隔 $50 cm$，吐出能力が $2 ℓ/m^2$ の場合，$1 m^2$ 当たりのドリッパー数は6.7個で1時間に $13.4 ℓ/m^2$ の水が出る。従って $10 ℓ/m^2$ の灌水を行う場合，約45分間作動させることになる。

5-10-5 施設管理

緑化施設の管理には，樹木支柱，見切り材（土留め）など直接植栽を支えている施設や，床材，トレリスなどの柵類，池や噴水，パーゴラさらにはベンチ，テーブルなどの維持・管理がある。

樹木の支柱材は風による転倒，傾斜の防止とともに樹木が動くことによって新しい根が切れることのないよう保護する目的で取り付けられている。ここで用いられている資材が破損していないか，緩んでいないか，機能を十分発揮できているかなどを点検し，問題がある場合は補修・改修を行う。

見切り材（土留め）には各種あるが，資材によっては破損したり，移動したりして土壌が流出することもある。ひび割れや錆・腐りなどがないか点検し，発見した場合は速やかに補修する。また，土壌が目減りしたり，溢れたりしていないかは見切り材との位置関係で判断する。

灌水装置の状況はコントローラーが確実に作動しているか，間隔や量の設定が適切か，ノズルの目詰まりや管の破断はないかなどを点検時に判断しその都度対処する。灌水の間隔や水量は季節ごとに設定を変えた方が植物のためになる上，節水にもつながる。点滴ホースなどは長

年月のうちには，水アカによる目詰まり，紫外線による劣化等が進行するため消耗品として考える。灌水設備や水栓や池・噴水などへの給水管はスラブ上を仮設的に配管されていることが多いため，道中での破断，漏水に注意する。

舗装材は構造的にその下部に当たる防水層の保護機能を果たしていることもあり，破損箇所は早急に修理を行う。パーゴラやトレリス，手すりなどについては重量物や，強く風圧を受けるようなものを取り付けてはならず，蔓植物の繁茂にも注意を怠らない。その他の屋上施設全般について，強い風雨による施設や器具の破損などは早期に補修を行い，大きな事故につながらないように心掛ける。また，紫外線の強い屋上では塗料や防水剤などの塗装品は早め，もしくは定期的に塗り直すことで耐久性を増すことができる。物置などの収納具については，過剰な荷物を入れて大幅な荷重増加となっていないかをチェックし，使いやすいよう常に整理しておくことも重要である。

さらに，これら施設の不都合の兆候は日常と違う些細な事象を見逃さないことから始まる。そのためにも屋上緑化のエリアは常に清掃され，快適性にも優れたものでなければならない。

5-10-6 事故防止

高層の屋上・バルコニーから物を落とすと，加速度がつき死亡事故にもなりかねないため非常に危険であり，ちょっとした不注意では済まされない。バルコニーでは手すりの外側には絶対に草花鉢などを掛けてはならない。また，手すりの上に短時間でも物を置かないようにし，格子構造の手すりではその隙間から物が落ちる場合もあるので十分注意する。建物の外に枝を伸ばした樹木は果実や枯枝が落ちたり，強風時に倒れて樹木自体が落下したりすることもあるため常に注意を払い剪定を行ったり安全な場所に移植する。風の強い日には風に煽られて屋上・バルコニーの外に物が飛び出すこともあるため，軽くて飛散の可能性があるものは収納するなり，日頃の清掃・整頓が必要である。

5-10-7 環境対策

天気予報で台風の接近や強風の恐れがあるときには，できる限りの鉢等を室内に取り込むか，入らないものはまとめて倒しておく，建築部分に固定する等の対策を取る。台風通過後は元に戻すが，海に近い場所では潮風による塩害を防ぐため，なるべく早く植物に水をかけて洗浄することも必要である。

強風対策とは逆に風通しが悪い場合は草花が軟弱に育ち，病虫害も発生しやすくなる。特にバルコニー，ベランダで手すりがコンクリートの場合には風通しが悪いので，台などを使ってプランターや鉢を持ち上げるか，手すりから離れた風の通るところに置くことなどを考える。

5-10-8 屋上緑化維持管理チェックリスト

一般的な屋上緑化における，点検・調査のチェックリストと，管理作業のチェックリストは**表5-40，5-41**のとおりである。

表 5-40 屋上庭園点検作業チェックリスト

		維持管理点検内容	作業内容			年〜 年 管理点検月次												備考
			範囲	点検後の処置	点検周期	4月	5月	6月	7月	8月	9月	10月	11月	12月	1月	2月	3月	
建物管理	全体	排水ドレイン部の清掃はきちんと行われているか（　　か所）	全面積	点検時清掃・作業改善	12回/年													
		立上り端末部の15 cm以内に土砂，落葉等が堆積していないか	全周囲	清掃作業	4回/年													
	防水層管理	立上り端末部および露出防水層等目視で可能な場所を点検する。シール材の剥離・ひび割れ，異常な膨れ，防水層の破損・浮き・吸水はないか。シート継目部の剥れ，入隅部分の異常な（5 cm以上）浮きがないか	全周囲	全体精密検査	2回/年													
		漏水箇所はないか	全面積	全体精密検査	2回/年													
植栽管理	植物	植物の生育不良が起きていないか	全面積	原因究明後対処	12回/年													
		枯損植物が発生していないか	全面積	原因究明後対処	12回/年													
		植物が繁茂し過ぎていないか	全面積	剪定作業	12回/年													
		樹木の転倒や枝折れが発生していないか	全面積	支柱設置・剪定作業	12回/年													
		雑草等の過繁茂はないか	全面積	除草作業	4回/年													
		当初計画にない樹木が発芽・成長していないか	全面積	除去作業	4回/年													
		病虫害が発生していないか	全面積	薬剤散布，軽微な場合その場で対処	4回/年													
	基盤	排水された水が濁っていないか	全面積	原因究明後対処	4回/年													
		土壌が飛散・目減りしていないか	全面積	客土作業	4回/年													
		土壌が固結していないか	全面積	エアレーション・耕うん作業	4回/年													
		見切り材の排水孔が詰まっていないか	全面積	点検時に清掃作業	4回/年													
灌水設備	自動灌水	タイマー等の設定は規定どおりか（春・夏・秋・冬）	コントローラ	点検時に設定直し	12回/年													
		ポンプ，電磁弁，タイマー，センサー等適切に作動しているか	コントローラ	修繕作業	12回/年													
		給水に問題はないか	給水栓	点検時に通水作業	12回/年													
		フィルターや逆止弁の清掃は行われているか	コントローラ	点検時に清掃作業	4回/年													
		灌水パイプ，スプリンクラーヘッド等に破損や詰まりはないか	全面積	修繕作業	4回/年													
		灌水量に問題はないか	全面積	点検時に設定直し	4回/年													
		制御コントローラのバッテリー/電池の交換は行ったか	コントローラ	交換作業	4回/年													
		灌水装置の水抜きは行ったか	コントローラ	点検時に作業	2回/年													
	手動散水	散水栓の給水に問題はないか	給水栓	修繕作業	12回/年													
		散水量に問題はないか（作業員への問診）	全面積	作業員への指導	4回/年													
		散水方法に問題はないか（作業員への問診）	全面積	作業員への指導	4回/年													
その他																		
特記事項						作業者												
						確認者												

表 5-41 維持管理年間作業スケジュール（ハイメンテナンス）案

		作業項目	年間作業回数	4月	5月	6月	7月	8月	9月	10月	11月	12月	1月	2月	3月	備考
建物管理	全体	排水ドレイン部の清掃作業（　か所）	12回/年													
		防水立上り部の清掃作業	4回/年													
植栽管理	樹木草花	高木・中木等支柱結束直し	2回/年													
		高木・中木等剪定作業	2回/年													
		低木・生垣等刈込み作業	2回/年													
		低木・草花地除草作業	2回/年													
		高木・中木等施肥作業	2回/年													
		低木・生垣・草花等施肥作業	2回/年													
		病虫害防除	適宜													
		草花植替え	6回/年													
	芝生	芝生刈込み作業	4回/年													
		芝生地除草作業	3回/年													
		除草剤散布	適宜													
		芝生施肥	2回/年													
		病虫害防除	適宜													
		目土掛け	1回/年													
		エアレーション	適宜													
	全体	見切り材排水孔清掃	6回/年													
		手動散水（灌水装置なしの場合）	適宜													
灌水装置		タイマー等の設定変更（春・夏・秋・冬）	4回/年													
		フィルター等の清掃	2回/年													
		電池等の交換	1回/年													
		灌水装置の水抜き，給水開始	2回/年													
その他																
特記事項				作業者												
				確認者												

5-11 特殊空間緑化の施工

5-11-1 特殊空間における緑化工事の考え方

特殊緑化の維持管理においては，当初の緑化工事における留意事項を十分把握しておく必要がある。特殊空間における緑化工事は，地上部の緑化工事とは異なり，建築構造物上であるため，強風，乾燥などの特殊な環境条件と，荷重制限，防水層の保護や灌水設備，排水機能を担保するなどの制約の中で，植物が健全に生育できる植栽基盤を確保し，かつ持続的に維持でき

る環境を整えなくてはならない。中でも最も注意すべき点は，多くの建築関連工種との取合いや，工程の調整が大きな課題となる点である。ここでは，こうした当初の緑化工事における施工上の留意点を中心に取りまとめる。

(1) 屋上での緑化工事
屋上での緑化工事では，以下の点について，特に留意する必要がある。

1) 資材の荷揚げ

　屋上での緑化工事では，工事に先立って，緑化資材を荷揚げする必要がある。これは，新築，既設の建築物を問わず，建築工事などとの工程を調整して，入念な施工計画を立案する。資材の荷揚げ方法とその工程ならびに搬入場所やその方法などについて，建築本体の施工者との十分な協議を行うことが必要である。既設建築物の場合は，緑化工事が単独で進められる場合も多いが，この場合は，建物の住民や利用者などとの調整が必要であり，いずれにしても，十分な準備と調整が必要である。なお，荷揚げについては，後に詳述する。

2) 防水層の保護

　工事の施工に際しては，防水層の保護に特に留意する必要がある。建物の漏水防止は絶対条件であるので，施工に当たっては，防水層の現状確認とその保護に最大限の配慮をする。防水層の現状確認時にひび割れや亀裂などが確認された場合は，工事に先立って，防水層の補修工事を必ず実施する。

　資材の搬入や小運搬時の養生，基盤造成に際しての保護層の設置，樹木の根系侵入防止など，施工時においても常に防水層の保護に努める必要がある。特に，将来的な樹木の根の伸長による防水層の破損がないように，防根シートや，立上り部分の処理などは，入念な施工が必要である。

3) 排水処理の徹底と灌水設備の稼動確認

　緑地内の排水処理を確実に実施することはもとより，排水桝やドレーンなどの既往の排水施設との結接や，排水機能の確実な確保にも留意する必要がある。緑地内の排水では，オーバーフロー部の目詰まり防止に配慮するとともに，その永続性確保にも留意し，また，排水桝やドレーン回りの目詰まり防止や，防塵対策などにも留意する必要がある。

　また，灌水設備などの設置に際しては，必ず通水試験などを実施して，灌水設備の稼動状況の詳細について確認し，適正な調整を行う必要がある。

4) 飛散防止

　屋上は風が強く乾燥しやすいため，土壌などが飛散しやすくなっている。このため，施工手順や工期により，マルチングなどの実施が遅れる場合には，必ず飛散防止の対策を実施する必要がある。また，小袋入り資材の空き袋や地被植物なども飛散しやすく，留意が必要である。特に，気象情報に注意して，台風などへの対応に配慮する必要がある。

5) 施工条件の確認

　屋上などの工事では，機械施工が行えない，特殊な資材を使う，各種工事との取合いがある，などといった条件から，1日当たり施工量や，工事ヤードなどのスペースに制限がある

場合も多い。このため，仮置きや施工手順などについても入念な事前調整が必要であり，これを軽視すると，必要以上のコストアップを招く結果となる恐れがある。

なお，既設建築物における施工では，建築物によって，屋上でのちょっとした衝撃が建築物内で生活する人々にとって気になる騒音となる場合があるので，施工，資材の運搬に当たっては，屋上面に衝撃を与えないよう細心の注意が必要である。

（2）壁面での緑化工事
壁面での緑化工事では，屋上での留意点を参考に，特に以下の点について留意する必要がある。
1）資材の搬入
　壁面での緑化工事では，多くの場合，高所作業となるため，現場における施工性を高めるために最大限の配慮をする必要がある。
2）仮設工事などの施工条件の確認
　壁面緑化工事では，緑化工法にさまざまなタイプがあり，それぞれの工法に応じた工事を実施する必要がある。このため，施工箇所の高さや施工内容，緑化対象壁面の形状や状態，補助資材の有無と内容，仮設工事の必要性など，工事に先立って入念な準備と調整が必要である。

（3）屋内での緑化工事
屋内における緑化工事では，屋上での留意点を参考に，特に以下の点について留意する必要がある。
1）資材の搬入と養生
　屋内における緑化工事では，特に資材の搬入とその養生に留意する必要がある。屋内での緑化工事は，建築工事の仕上げ段階から実施する場合が大半で，このため，周囲や床材への養生に特に配慮する。足回りがゴム材であっても，跡が付く場合があり，養生が必要になる。
　また，多くの屋内緑化の場合は，工事竣工時に緑化の完成形を求められる場合が多く，馴化をした完成型の樹木材料の搬入が必要である。こうした場合には，枝折りや袋掛けなど，特別な対策が必要となる。
2）施工条件の確認
　屋内緑化では，緑化のスタイルにバリエーションが多く，小規模で多品種施工となる場合が多い。このため，施工場所や規模などの施工条件について十分な調整を進め，機械施工の可能性，工事工程，ストックヤードなどについて，入念な事前調整を行う。

5-11-2　荷揚げ

造園緑化工事の工種については，国土交通省による「公園緑地工事工種体系ツリー図」，「公園緑地工事共通仕様書」，「公園緑地工事施工管理基準」，「公園緑地工事数量算出要領」，「公園

緑地工事標準歩掛」がある。特殊空間における緑化工事では先に示した特殊性があるものの，工種と歩掛は，これらの資料を活用できる。

ただし，「荷揚げ」については，国土交通省による既往資料ではカバーしきれておらず，現在，屋上緑化などの特殊空間緑化が拡大するにつれ，多くの現場で問題となりつつある。参考として，クレーン車とエレベータを用いた「荷揚げ」の歩掛について考察した内容を以下に示す。

（1）クレーン車による荷揚げ
1）1回当たりの荷揚げ量について

1回当たりの荷揚げ量は，おおむね表5-42が標準として想定される。

クレーン車の規格は荷揚げの階高によって異なり，5階で35ｔ，8階で50ｔのラフテレーンクレーン，12階で100ｔのトラッククレーンが標準と想定される。

2）荷揚げに関わる作業員について

クレーン車脇の車載資材，または路上に荷降しされた資材等に玉掛けし，合図を送る普通作業員として2人が必要と考えられる。また上部では，オペレータとの連絡調整などに関わる土木一般世話役1人と，玉掛けをほどき，周辺を片付ける普通作業員1人が必要と考えられる。

従って，土木一般世話役1人＋普通作業員3人が標準的な労務編成として考えられる。

3）1日当たりの荷揚げ回数について

表 5-42　1回当たりの荷揚げ量（クレーン車による吊上げ）

土壌系フレコン1袋・小袋50袋	重量物1ｔ	体積物 2.0～2.5 m³	樹　　木
人工土壌 土壌改良剤 マルチング材 生コンクリート1 m³	レンガ ブロック 石材 平板 デッキ資材	かさ上げ材 排水材 FRP擬木 各種シートなど	高木：高さ3.0 m×4本 低木：幅0.3 m×200株 地被：300ポット 芝：50 m² 地被マット：5 m²
参考比重　0.5～1.5	1.5以上	0.5未満	―

表 5-43　クレーン車による荷揚げ歩掛　　　　　　（100回当たり）

名　　称	規　　格	単　位	数　量	摘　　要
土木一般世話役		人	1.67	100/60回×1人
普通作業員		〃	5.00	100/60回×3人
クレーン車運転	（注）1	日	1.67	100/60回　機械賃料
諸雑費	（注）2	％	10	

（注）1．クレーン車の規格は，5階でラフテレーンクレーン（35ｔ），8階でラフテレーンクレーン（50ｔ），12階でトラッククレーン（100ｔ）を標準とする
　　　2．諸雑費は，養生等の費用であり，労務費，機械賃料の合計額に上表の率を上限として計上する

荷揚げに関わるサイクルタイムは，作業状況によって大きく変動する。実際には，荷揚げした資材の小運搬待ちや，上部での仮置場の確保状況などで大きく変わってくるが，1回当たり約5分が平均的な値として想定される。1日当たりの荷揚回数については，例えば，5時間（300分）をクレーンの1日当たり運転時間とした場合，300分÷5分＝60回が標準的な値として想定される。

4) クレーン車による荷揚げ歩掛（参考）

以上の結果から，クレーン車による荷揚げの歩掛をまとめると，**表5-43**のように示される。

（2）エレベータによる荷揚げ

1) 1回当たりの荷揚げ量について

一般にエレベータには各種の規格があり，これにより作業能力は大きく異なるが，ここでは，最も標準的な規格と想定される9人乗り（積載荷重600 kg，室内面積1.5 m^2）を標準とした。荷揚げ量は**表5-44**が想定される。

2) 荷揚げに関わる作業員について

作業員編成については，積込みを行う地上階に普通作業員2人，積卸しを行う階に普通作業員2人，全体を指示する土木一般世話役1人が標準的な編成と考えられる。

3) 1日当たりの荷揚げ回数について

エレベータの通常運転速度では，10階程度までは約1分以内で昇降できるため，作業上は前後の小運搬や，積込み・積降しの際の養生や手間の方が，はるかに時間がかかる。このため，サイクルタイムは階高に関係なく，1回当たりの荷揚げに要する時間は10分程度と想定される。1日当たりの荷揚げ回数については，例えば，7時間（420分）を荷揚げ作業に従

表5-44　1回当たりの荷揚げ量（エレベータ（9人乗り））

土壌系小袋10袋	重量物500 kg	体積物1.0 m^3	樹　　木
人工土壌 土壌改良剤 マルチング材	レンガ ブロック 石材（小径のもの） 平板 デッキ資材	かさ上げ材 排水材 FRP擬木 各種シートなど	高中木：高さ2.0 m×4本 低木：幅0.3 m×10株 地被：100ポット 芝：5 m^2
参考比重　0.5～1.5	1.5以上	0.5未満	―

（注）小袋は40ℓとする

表5-45　エレベータによる荷揚げ歩掛　　　　　　　　（100回当たり）

名　　称	規　　格	単位	数量	摘　　要
土木一般世話役		人	2.38	100/42回
普通作業員		〃	9.52	100/42回×4
諸雑費	（注）	％	10	

（注）諸雑費は，養生等の費用であり，労務費の合計額に上表の率を上限として計上する

事できる時間とした場合，420分÷10分＝42回が標準的な値として想定される。

4) エレベータによる荷揚げ歩掛（参考）

以上の結果から，エレベータによる荷揚げ歩掛をまとめると，**表5-45**のように示される。

5-12 自然育成管理工

5-12-1 自然育成管理の考え方

現在の都市は，人工系の土地利用が過度に集積するとともに，自然系の土地利用が大きく減少しており，緑の減少に伴う環境保全機能の低下が，高温化・乾燥化・都市型洪水などの問題を招来し，身近な野生動物の絶滅や自然とのふれあいの喪失などを招いている。

このため，都市の豊かな環境を構成するためのインフラストラクチャーである自然や緑の量や質の向上により，都市生態系の再生を進め，多様な生き物を育み，人と自然のふれあいのある都市を目指すさまざまな取組みがなされるようになってきた。自然育成とは，植生や水辺等の自然環境や野生動物の生息環境の整備であり，その空間は一般に「ビオトープ」と呼ばれている。

ビオトープとはbio（生物）とtopos（場所）を組み合わせた造語で，生き物の生息空間を意味する。ビオトープには，保全・復元・創造の三つのタイプがあり，大きさや形態もさまざまではあるが，代表的なものを以下に示す。

1) 里山ビオトープ・田園ビオトープ

谷戸や溜池・水路など，伝統的な農村地域などに見られる，変化に富んだ二次的自然環境の保全・復元。

2) 河川ビオトープ

護岸を自然素材でつくるなど，河川敷の自然を保全・復元することによって生き物の生息空間を確保。

3) 公園ビオトープ

公園の規模によりいろいろあるが，市街地の公園ではエコロジカルネットワーク形成上の拠点としての機能や小拠点としての飛び石的な役割が期待される。まちなかビオトープとも呼ばれる工場・企業敷地や団地などに整備されるものも，同じような役割が期待される。

4) 学校ビオトープ

学校などに地域の自然を復元し，環境学習の場としても利用される。

5) 屋上ビオトープ

ビルの屋上などに整備されるため，比較的小規模なものが多いが，屋上緑化と組み合わせることによって生き物の多様性が増す。主に飛翔性の生き物が対象になり，都市の中での小拠点としての飛び石的な役割が期待される。

5-12-2 自然育成の管理計画

自然育成の管理は，自然育成施設の管理と自然育成植栽の管理に分けられる。通常の公園・

緑地の施設，植栽の管理と異なるのは，多様なレクリエーション利用と合わせ，生き物の生息環境の創出・維持という視点が特に求められる点であり，整備完了時が本当の自然育成の始まりであるという点である。

自然育成の管理では，目標とする形態（動植物の誘致・生息環境の形成など）に早く達するように，必要に応じて改変を加えながら管理をしていく必要がある。

生き物を相手にしていくため，計画・設計の段階の調査だけでは予測のできないことも十分に起こり得る。目標とする形態に達した後も，気象等の外部要因などによって環境の変化がもたらされる場合や，好まざる生き物によって本来のレクリエーション活動に支障をきたす場合もある。さまざまなケースに備えるためには，柔軟に対応できる順応的な管理計画が求められる。そのためには整備完了後もそれを補うための定期的な巡回点検や追跡調査（モニタリング調査）を，当初から管理計画に見込む必要がある。

自然育成の管理作業には，生き物とのふれあいという「楽しみ」を見出すことが可能である。親しみを持ってもらうために，動植物の掲示板の設置や広報誌の発行，生き物に関心のある人々や地域住民が参加可能なイベントの企画など，ソフト面への対応も管理計画の中に盛り込んでおきたい。

なお，自然育成の施設や植物は特殊なものも多く，管理をしていく上では，その材料と特徴を十分把握しておく必要がある。以下に，自然育成で用いられる材料の特徴と留意点を示す。

（1）生物材料

自然育成において動植物は，それ自体が材料である。生き物はその特性が未知なものが多いので，生活史や生育環境の特性および人為的影響への反応などについて知ることが重要である。また，生き物は生育地から遠距離を移動させると遺伝子の攪乱など移入種問題の原因になるので注意しなければならない。なお，生き物の生息環境づくりにおいては，それらが自然発生する環境をつくることを念頭に行うことが重要である。

（2）有機材料

自然育成においては，有機物である植物体や土壌を有機材料として使用することが多い。植物体には，幹（丸太など），枝葉（粗朶(そだ)など），木片（チップなど），木質系堆肥（コンポストなど）がある。これらは比較的短い年月で分解されることが多いので，耐用年数を考慮しておく必要がある。土壌には，植物の生きている根，埋蔵種子，土壌動物，土壌微生物，有機物などが多く含まれている。従って，土壌も生き物同様に遠距離に移動させることは好ましくない。

（3）無機材料

礫，砂，粘土などは自然物の無機材料である。これらは現場またはその周辺で採取されたものを使用することが，生態的にも景観的にも好ましい。

（4）人工材料

コンクリート資材や鉄製品などの人工資材を，構造物の材料として使用する場合は，地表面に直接現れて視認されないように管理していくことが好ましい。

5-12-3　自然育成の施設管理

自然育成の施設には，自然水路（河川の自然な状態を再現する水路），自然育成型護岸（流水・流木から堤防を保護するための法覆に関わる一連の形態），水田などのほか，動物や昆虫の生息空間を創出するためのガレ山・粗朶山・カントリーヘッジ，法面の保護と植生の生育環境を高めるためのしがらみ（柵），水際や流れに用いられる乱杭・柳枝・牛などがある。

これらの施設では有機材料や無機材料が多く用いられるので，前述のとおり，耐用年数を考慮しておく必要がある。粗朶山やカントリーヘッジなどは，毎年枝の補充が必要になることもある。将来の目標に向けて最適な環境をつくり出すためには，初期段階から施設の移設や追加・改変も必要になることがあるので留意しておきたい。なお，池の管理については，水生植物の管理と合わせて，後述する。

自然育成の施設の多くは伝統的な造園施設（工法）の一つであるが，現在ではあまり馴染みがないものも多いので，図5-39～5-44にその一部を紹介する。

5-12-4　自然育成の植栽管理

植生や水辺などの自然環境や野生生物の生育環境に関する植物の維持管理に関わる作業で，将来の目標に向けて最適な環境をつくり出すためには，初期段階から補植や移植，伐採などが必要になることもあるので留意しておきたい。

公園・緑地における自然育成の環境は，草地環境，樹林環境，水辺環境の三つに大別される。それぞれが生き物の生息環境と密接な関わりを持つことを念頭に置きながら，植栽の維持・管理を行っていく必要がある。以下に，植栽管理の手法・留意点を示す。

（1）除　草

整備完成後は，搬入した土砂（客土）に含まれる埋蔵種子から，セイタカアワダチソウ，オオブタクサ，アメリカセンダングサなどの大型帰化植物やトウネズミモチなどの外国産高木樹種の実生などの過度の繁茂・成長によって，目標植生が攪乱される可能性が高いので，高頻度の除草が望まれる。特に，セイタカアワダチソウやオオアレチノギクなど風で種子が散布される植物は毎年実生が発生するため，継続的な除草が必要になる。大型雑草の除去に当たっては作業が重労働にならないよう，実生のうちなるべく早期に，遅くとも種が飛び散る前に抜き取るように努めたい。

（2）草刈り

草地を放置しておくと遷移が進み，草地そのものが失われる可能性がある。繁茂した草地での最初の草刈りは，晩秋から冬期に実施し，育成する動植物への損傷を避けるようにするとよ

5-12　自然育成管理工

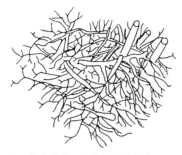

木の枝を乱積みした多孔質空間

図 5-39　粗朶山

出典:「自然と共生する環境をめざして」

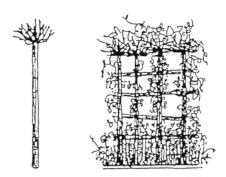

木の太枝を編んだ垣根に，蔓性植物を主体とした植物群落をつくったもの

図 5-40　カントリーヘッジ

出典:「自然と共生する環境をめざして」

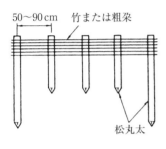
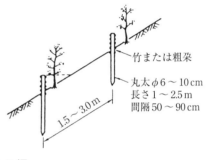

竹や木の枝を組んだ柵

図 5-41　しがらみ柵

出典：日本公園緑地協会「第19版造園施工管理（技術編）」（平成6年12月発行）

丸太を連続して打ち込み，根固めを行うもの
木という自然になじんだ素材によって，調和を保つ。
径 100 mm 内外の丸太がよく利用される

図 5-42　乱杭

出典:「自然と共生する環境をめざして」

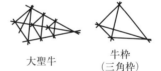

河川工事の根固め水制などに用いられる河川構造物の一種
丸太やコンクリート柱などを組み，それに石・じゃかごをのせ，重しとしたもの。種類としては，聖牛（せいぎゅう），菱牛（りょうぎゅう）など

図 5-43　牛

出典：実教出版「新版 図説土木用語辞典」

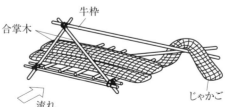

木材または鉄筋コンクリート材で，牛の角状の形に組み，内部に玉石・割石・じゃかごなどをおもしとしてつくった透過水制

図 5-44　牛枠水制

出典：実教出版「新版 図説土木用語辞典」

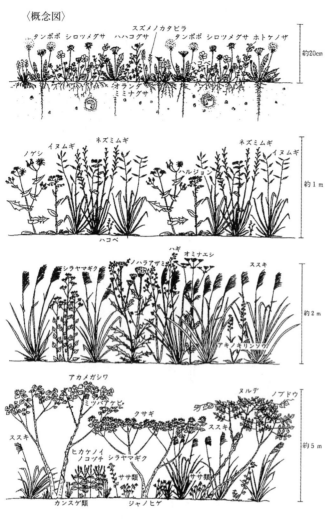

〈手法・留意点〉
①草地の草刈りについては左図に示すように草刈頻度を変えることでその状態をコントロールすることができる。ただし，この図は模式化したもので現場の土壌条件や周辺の植生状況によって変化する
②生息している生き物や目標種の状況を考慮して，管理内容を決定することが大切である
③刈取り後の刈草を放置すると新しい植物の侵入が抑制される
④刈取り後は初期成長の早い多年生植物だけが優占して種組成が単純化するので注意が必要である

図 5-45　草刈りの手法・留意点
出典：ぎょうせい「エコロジカルデザイン」

い。その後も人為的に遷移を抑制し草地を維持していくためには，継続的な草刈りが必要になる。草地はその高さと生息する生き物とに密接な関わりがある。移動力が乏しい生物に対しては何回かに分けて仮払いをしたり，蛇やカエルなどの地表性動物に対しては傷つけないように，作業範囲から追い払った後に作業をしたりするなど，自然育成の草刈りにおいては，その関係を十分把握しておく必要がある。また，整備当初においては，結実前の導入種を刈り取らないようにピンホールやテープでマーキングするなど，生育状態を観察しつつ作業を行うよう注意が必要である。

草刈りの手法・留意点を図 5-45 に，草地型による草刈時期・頻度の例を表 5-46 に示す。

（3）林地管理

林地管理には，既存林の保全や樹林の形成，樹林の更新などがある。

5-12 自然育成管理工

表 5-46 目指す草地型の草刈時期・頻度（例）　　＊関東地方を標準

草地型	代表的な構成種 ◎特に留意したい種	通常の草丈(m)	主な使用機械	草刈回数（年間）	刈高(cm)	実施時期	備考
低茎	◎ネジバナ シバ, オオチドメ, チガヤ	0.1～0.3以上	ハンドガイド式または肩掛け式	3回	5以下	5月上旬 7月下旬 9月下旬	3回刈り取りにより、ネジバナの生育に大きな影響を与えずチガヤ等の高茎草種の生育を抑制
低茎	◎カントウタンポポ シロツメクサ, ハハコグサ, チガヤ	0.2～0.5以上	ハンドガイド式または肩掛け式	3回	5以下	6月中旬 8月上旬 9月下旬	カントウタンポポは夏の休眠後、10月頃に新しく出芽するため3回目の草刈りは9月が適する
低茎～高茎	ヨモギ, ネズミムギ, チガヤ	0.5～1.0	肩掛け式	2～3回	5以下	6月 8月 (9月)	
高茎	ススキ, ヨモギ, メドハギ	1～2	肩掛け式	1～2回	5以下	5月 (11月)	
野生草花型 土手・林縁	◎ヒガンバナ メヒシバ, エノコログサ	0.2～0.7	肩掛け式	1回	5以下	8月	花茎が地上に伸びる前に実施
野生草花型 林床	◎シラヤマギク, ◎ノハラアザミ, ススキ	0.5～2以上	肩掛け式	2回	5以下	6月下旬 1～2月	他の野草と共存しているケースが多いため注意する
野生草花型 林床	◎ヤマユリ アズマネザサ	0.5～2以上	手刈 肩掛け式	2回	30～40 5以下	6月 11月	1回目は手刈りでヤマユリを刈り残す。急激な環境変化による病害や倒れ等を防ぐため刈高は高くする。2回目は種子成熟後の11月以降に実施
生物保全型 林床	アズマネザサ, アカメガシワ, ヌルデ, スイカズラ	1.0～2以上	肩掛け式	1回/1区画	5以下	12月	年1回刈り、2年に1回刈りなど、区画ごとに実施頻度を変え、あるいは実施区画を数年かけてローテーションさせることで多様性を創出する

（注）1. 保全育成したい種がある場合、野草は成長、開花、結実の時期、昆虫は卵、幼虫、さなぎ、成虫の時期のように1年の生育サイクルを把握し、適切な草刈時期を設定する必要がある
　　　2. 地際で刈取る場合、刈高は草刈機の刃で地面を削らない高さで行う

既存林の保全に当たっては，林縁部の変化により林内の植生が大きく変化しないように注意を払う必要がある。林縁部のマント・ソデ群落は樹林内の日射・通風等微気象を調整する役割があり，樹林内の乾燥化，樹木の衰弱を防いでくれる。新たな整備で樹木の一部が失われる場合は，早期にマント・ソデ群落を形成できるように努める必要がある。

　関東地方でよく見られる二次林は，薪炭林としての間伐，下刈りなどが行われ，常に樹林が更新されることにより，多様な林床植物と多様な生き物の生育環境も維持されてきた。二次林の管理が放棄されると，樹木の大木化・老齢化や下草の繁茂などによって荒廃を招くようになり，その結果として，生物相も非常に貧弱なものとなる。

　二次林を中心とした既存植生の育成に関わる一連の作業の集約を，自然育成においては林地育成工と呼んでおり，間伐，下刈りのほか，除伐，皆伐，切り株保護，株立ち整理，蔓切り，落葉掻き，林床整理などの作業がある。以下にその内容・効果等を，二次林における管理手法と留意点を，図 5-46 に示す。

1) 間伐（択抜），除伐

　樹林密度を調整することにより，林内に達する太陽光を増加させ，低木層の花木や草本層の草花などの増殖のほか，昆虫類や鳥類が林地内に侵入しやすくなる。

2) 皆　伐

　萌芽更新を促して二次林の若返りを図るとともに，生物多様性を育成する。

3) 切り株保護

　切り株の周辺の草本類を除去することにより，萌芽更新をより促す。

4) 株立整理

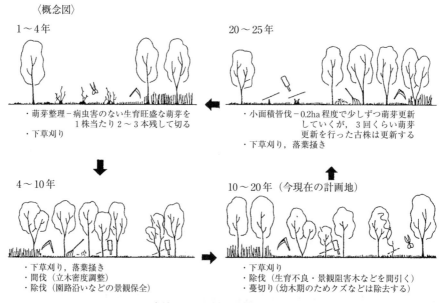

二次林における樹林更新のサイクル

図 5-46　二次林における管理手法と留意点

出典：朝倉書店「自然環境復元の技術」

切り株から萌芽した中から，健全な株のみに整理して，成長を促す。

5）蔓切り

樹木等に絡んだ蔓性植物の蔓を切ることで，樹木等の生育阻害を取り除く。景観の向上にもなる。

6）下刈り

樹林景観を維持するとともに，利用形態に合わせた林床をつくることにより，対象とする野生草花や花木を育成する。

7）落葉掻き，林床整理

樹林景観を維持するとともに，利用形態に合わせた林床をつくることにより，林床の種子の発芽や実生根の伸長を促す。また，病原菌を除去する効果もある。なお，林床の表面や実生に損傷を加えないようにするためには，竹製の熊手を用いて作業をするとよい。

8）手法・留意点

①1〜4年
- 萌芽整理（病虫害のない生育旺盛な萌芽を1株当たり2〜3本残して切る）
- 下草刈り

②4〜10年
- 下草刈り
- 落葉掻き
- 間伐（立木密度調整）
- 除伐（園路沿いなどの景観保全）

③10〜20年
- 下草刈り
- 除伐（生育不良・景観阻害木を間引く）
- 蔓切り（クズなどの除去）

④20〜25年
- 小面積皆伐（0.2 ha程度で少しずつ萌芽更新し，3回ほど萌芽更新を行った古株は更新する）
- 下草刈り，落葉掻き

⑤基本的には，農用林，薪炭林と同様の短伐期（20〜25年）の萌芽更新により管理する

⑥野鳥や昆虫などの生息・生育環境として，老熟林，疎林など多様な樹林形態を持つよう管理する

（4）水生植物の管理

多様な生き物の生息環境を創出する上で，水辺空間の存在は重要である。魚類・鳥類・両生類・昆虫類などさまざまな生き物が水辺空間を利用し，大切な繁殖の場および生活の場でもある。そして，そこには水生植物を中心とする水辺の植物が欠かせないものとなっている。水生植物の持つ機能には，生物の生息環境のほか，景観，水質浄化，護岸の保護などがあげられ

る。水生植物の形態と留意点を以下に示す。

①湿生植物

ノハナショウブやミソハギなど必ずしも水に浸かっていなくても生育が可能で，基本的には陸生の植物と同じような形態を持つ。

②抽水植物

ガマやオモダカなど，生育の位置が水と陸の接点で，根は底に茎や葉は水上に出る。波浪の影響で引き抜かれないよう注意が必要。

③浮葉植物

ヒツジグサやコウホネなど，根は貧弱だが，植物体の表面から直接養分や水分を吸収するもので，水深に留意を払う必要がある。

④沈水植物

セキショウなど，水中に埋めておけば自然に繁殖するタイプで，水位の低下に留意する必要がある。

⑤浮遊植物

ウキクサなど根を張らずに生育するタイプ。流れのない淀みなど，抽水植物・浮葉植物が優占しない場所に多い。

水生植物は生育基盤に対する適応性が高く，しっかりと支持できる地盤があればさまざまな場所で多様な水生植物が生育可能とされている。そのため，当初に植栽した場所と違ったところで群落をつくる場合も多く，生育適所であれば急激に増殖する種もある。自然育成における管理では，生育水深，生育土壌，生育勾配との関係を十分把握しておく必要がある。生育基盤に対する適応性を図5-47～5-49に示す。

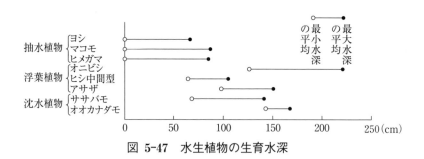

図5-47 水生植物の生育水深

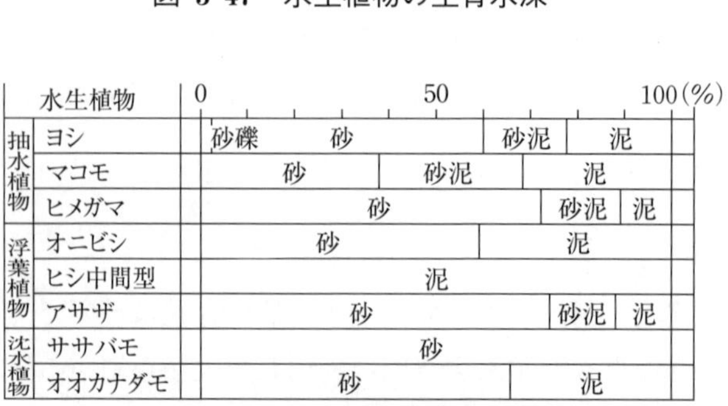

図5-48 水生植物と土壌の質

出典：建設省土木研究所「環境からみた植生湖岸とその評価」(図5-47，5-48)

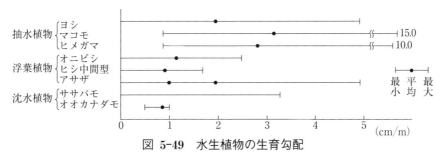

図 5-49 水生植物の生育勾配

出典:建設省土木研究所「環境からみた植生湖岸とその評価」

1)池の管理

　スイレンなどの葉が増えて水面を覆い隠すようになると,池の底まで光が入らなくなり,ほかの水生植物の生育を阻害することがある。水の動きも少なくなり,酸素不足によってヤゴなど水中の生き物の生育にも支障をきたすことがある。水生植物が繁殖しすぎた場合は,開水面を確保するためある程度の間引きが必要になる。沈水植物は,水面の半分以上を覆った段階を目安に適宜抜き取り除去を実施するとよい。ヨシやガマなどの大型の水生植物は繁殖力が強いので,数年〜年1回程度,冬期刈取りを行うとよい。

　水生植物を管理する上では,水の管理も大切になる。水源に湧水・雨水などを利用している場合,その水量は天候に左右されやすい。水深が浅くなると水生植物の生育に影響が出やすいので,水位は一定に保てるように十分な水量の確保に努める。池底から漏水して失う場合もあるので,日常の確認も大切である。

　水質も水生植物の生育に影響を与える重要な要素である。腐った植物体を池に放置しておくと水質悪化の原因となるので,早く取り除くよう努める。用水を利用している場合は,肥料などが流れ込み富栄養化になりやすいので注意が必要である。ヨシやウキクサなどの水生植物によって,リンなどを固定し浄化する方法もある。池の整備後は,春から夏にかけて,日当たりがよく水の動きが少ないところで糸状藻類のアオミドロが発生することがよくある。アオミドロは臭いを発生し景観的にも見苦しいので,頻繁に取り去り,水質の浄化に努める。

　池では「かいぼり(掻い掘り)」といって,池の底に沈殿したゴミや堆積物などを除去し,池の容量・水深を確保するためのメンテナンスも必要になる。体積物の厚さが20 cmを超えたときが一つの目安で,5 cm 程度の厚さを残して除去するとよい。なお,除去に当たっては,昆虫の卵などが付着している場合もあるので注意を払う必要がある。かいぼりは,池に放たれたブラックバスやアメリカザリガニなどの移入種を排除するのにも効果的である。なお,アメリカザリガニは,アメリカザリガニ釣りのイベントを開き,排除に協力してもらう取組み例もある。

5-13　農薬使用時の注意事項

5-13-1　農薬使用の考え方
　一般に公園緑地で農薬を使用する場合，公園利用者はもとより，近隣住民の生活環境に影響を及ぼす恐れがある。そのため，農薬取締法をはじめとした関係法令の遵守はもちろん，公園緑地が多様な立地環境にあるレクリエーション空間であるという特性を念頭に置き，農薬の環境や人畜への影響を踏まえた慎重な取扱いが必要である。
　過去の実績などから病虫害発生の消長を把握し，巡回などを頻繁に行い，早期発見，早期対処に心掛けることにより，できる限り農薬散布が必要とならないようにする。また，予防を目的とした散布は極力避け，捕殺，誘殺，塗布など散布以外の手法が採用できないかを常に検討し，やむを得ず散布する場合は最小限の区域にとどめる。

5-13-2　農薬の選定と散布時の注意事項
（1）農薬の選定方法
　農薬取締法により，樹種，作物等において使用して良い農薬の種類，使用量，希釈倍率，使用時期，使用回数等が決められている。選定に当たっては以下の点に注意するとともに，使用する農薬ラベルを必ず確認して使用方法等を遵守する（図5-50参照）。
　①成分，使用方法が明示してあり，安全性の高い登録農薬である
　②樹木や芝生に適用される農薬である
　③防除しようとする病虫害に最も適した農薬である
　④保全しようとする植物への薬害にも注意する
　なお，登録農薬は日々更新されていくため，農林水産省がホームページ等を通じて公表する農薬情報や独立行政法人農林水産消費安全技術センターの農薬登録情報検索システム等を活用して，都度使用薬剤を選定する。

（2）農薬散布時の注意事項
　1）利用者への配慮
　　①利用者の少ない日時に散布する
　　②休園日を設けている公園はできる限り休園日に行う。ただし，病虫害の進行が早い場合にはこの限りでない
　　③散布中は風やノズルの向きに留意する。また，人止柵や注意看板などを設置して散布中および散布直後の場所へ利用者が近づかないようにする
　　④散布する場合は，必要により散布場所，日時，目的などをあらかじめ利用者にわかるように示す
　2）施設などへの配慮
　　①休憩所や売店などの施設へ農薬がかからないよう，風向きなどに注意して散布する。窓

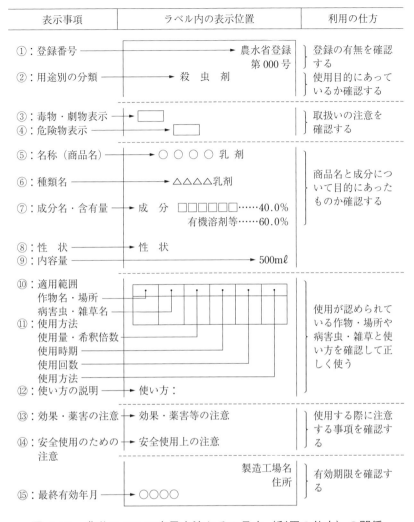

図 5-50　農薬ラベルの表示方法とその見方（利用の仕方）の関係
出典：職業訓練教材研究会「緑化植物の保護管理と農業薬剤」

のある施設では散布中は窓を閉める
②川や池などの水系へ農薬が入らないよう注意する
③水辺での散布は可能な限り控え，やむを得ず散布する場合には，魚類に影響を及ぼす恐れがないかなど農薬ラベルに記載されている安全使用上の注意等を遵守する
④散布直後に降雨がないよう天候に注意する

3）周辺民家等への配慮
①民家などが隣接している箇所で散布を行う場合には，実施日時などを事前に通知し，住民への理解を促した上で行う
②散布当日は風向きなどに注意し，住民等に声をかけて洗濯物，車などを室内や安全な場所に移動したのを確認してから行う
③農地などが隣接する場合には，農作物への薬害の可能性のある農薬の使用は避ける

④外部へ流出する河川や池等がある場合は上述2)②および③に順じて行うものとし，特に河川敷の公園では注意する
  4) その他の注意事項
　　①使用する農薬容器のラベルに記載してある事項に注意し，適期，適量散布を心掛ける
　　②全面散布は極力避け，スポット散布を心掛ける
　　③風の強い日，降水確率の高い日の散布は避ける
　　④下向き散布を原則とする

（3）農薬の保管に関わる注意事項
  1) 農薬は有効期限内に使用する
  2) 公園利用者が立ち入らない安全な場所に保管するなど，農薬の保管管理の徹底および盗難，紛失の防止に万全を期する
  3) 万一，盗難，紛失事故が発生した場合は直ちに警察署に届け出る
  4) 毒物または劇物に該当する農薬については，さらに以下のことに努める
　　・鍵のかかる農薬保管庫の整備等，一層の保管管理を徹底する
　　・農薬の保管量の定期的な把握および利用状況の記録をする

（4）使用残農薬の管理と処分に関する注意事項
　製品容器内に残った農薬，農薬散布後に余った希釈薬液，散布器具等の洗浄液の処分については以下のことに注意し，詳細については，農林水産省が通達する「使用残農薬の管理と処分に関するガイドライン」を参照する。
  1) 製品（農薬）容器内に残った農薬
　　①禁止事項
　　・容器内に農薬を残したままで廃棄しない
　　・残った農薬は誤用，誤飲，誤食などを避けるため他の容器に移しかえない
　　・使用後に余った農薬および使用済み容器に付着した農薬は河川，湖沼，用水路，下水等の水系に廃棄しない
　　②注意事項
　　・農薬の購入に当たっては使い残しが生じないように計画的に購入する
　　③処理方法
　　　農薬をやむを得ず廃棄する（容器に農薬が残りどうしても使用できない）場合は，次のいずれかの方法で適切に処分する。
　　・許可を受けた廃棄物処理業者に処理を委託する。なお，容器内に農薬を残したまま，廃棄物処理業者に処理を依頼する場合は，必ず容器内に農薬が残っている旨を廃棄物処理業者に知らせる
　　・市町村が回収・処分しているところでは，定められた方法に従う
　　・農薬を地域共同で適正に回収・処分する体制が確立しているところでは，当該システム

により処分する

2）希釈薬液
　①禁止事項
　・残った希釈薬液は河川，湖沼，用水路，下水等の水系に廃棄しない。また，他の容器等へ移しかえて保管するなどは絶対にしない
　②注意事項
　・調製前に散布濃度，散布面積等を確認し，希釈液表等を用いて必要量を調べ，過剰に調製しないよう注意する。調製した薬液は使い切る。気象情報等を調べて散布当日の天候を確認し，雨や強風など悪条件が予想される場合は散布液調製を見合わせる
　③処理方法
　・散布液は，散布むらの調整に利用するなどして，最後まで使い切る
　・種子消毒剤等で，その残液の処分方法が技術資料等に記載されているものは，それに従う
　・廃液処理装置が設置されている場合は，これを用い適切に処理する

3）散布器具等の洗浄液
　①禁止事項
　・散布器具等の洗浄液は河川，湖沼，用水路，下水等の水系に廃棄しない
　②注意事項
　・散布器具等を洗浄する際は，河川等の水系に流入することのない場所で行う
　③処理方法
　・散布器具等の洗浄液は，環境や後作に影響を与えない土壌に撒く
　・廃液処理装置が設置されている場合は，これを用い適切に処理する
　・河川，湖沼，用水路，下水，地下水等の水系に流れ込まないよう，最大限の注意を払う穴を掘り洗浄液を溜めて廃棄することは，地下水系へ流れ込んだり降雨により溢れ出したりする恐れもあるため，十分注意する

4）農薬使用後の空容器
　①ほかの用途には絶対に使わず，環境に影響を与えないよう適切に処理する
　②処理の際は，製品ラベルに定められた保護具を着用する
　③使用済み容器中の付着農薬の除去方法は，容器の種類（紙袋，瓶，缶，エアゾール缶）や薬剤が揮発性かどうかにより異なる。農林水産省が通達する「使用済み容器中の付着農薬の除去と空容器の処分に関するガイドライン」を参照する
　④付着農薬を除去した空容器は，以下のように適切に処理する
　・許可を受けた廃棄物処理業者に処理を委託する
　・農薬の使用済み空容器を市町村が回収・処分しているところでは，定められた方法に従う
　・農薬の使用済み空容器を地域共同で適正に回収・処分する体制が確立しているところでは，当該システムにより処分する

- 容器がプラスチック，金属，ガラスの場合は産業廃棄物となるため，許可を受けた産業廃棄物処理業者および収集運搬業者と委託契約し，適切に処理する。その際にはマニフェスト（産業廃棄物管理票）を発行し，最終処分を確認するものとし，このマニフェストの写しおよび産業廃棄物処理委託契約書は5年間保存する。また，毎年，都道府県に対し産業廃棄物管理票交付等状況報告書を提出する必要がある
- 容器が紙類の場合は事業系一般廃棄物となるため，許可を受けた一般廃棄物処理業者および収集運搬業者と委託契約し，適切に処理する

（5）作業者等に関する注意事項

①散布作業者は長袖シャツ，手袋，マスク，メガネ，帽子などを着用し，直接肌を出さないなど服装に注意する。また，散布終了後は必ず手や顔を石けんで洗う

②散布作業者はできる限り，薬剤散布に関する知識や経験が豊富で信頼できる者をあてる

③農薬散布の時期，対象植物，病虫害名，使用量，効果等を記録して今後の予防管理に生かすとともに，その記録は一定期間保管して常に薬剤の在庫量を把握しておく

参考および引用文献

1. 公園・緑地維持管理研究会編，『改訂4版 公園・緑地の維持管理と積算』，経済調査会
2. 中島宏著，『緑化・植栽マニュアル』，経済調査会
3. 中島宏著，『改訂 植栽の設計・施工・管理』，経済調査会
4. 中島宏監修，『道路植栽の設計・施工・維持管理』，経済調査会
5. 東京都公園協会資料
6. 三橋一也・中島 宏，『造園植物と施設の管理』，鹿島出版会
7. 河原武敏，『小庭園のつくり方』，永岡書店
8. 『街路樹剪定ハンドブック第3版』，日本造園建設業協会
9. 「造園工事業におけるみどりのリサイクルシステムの構築報告書」，日本造園建設業協会
10. 「チップ及び堆肥の特記仕様書（案）」，日本造園建設業協会
11. 「標準構造図集」「緑化に関する調査報告」，東京都建設局
12. 「公園管理基準調査報告書」，建設省近畿地方建設局・公園緑地管理財団
13. 日本芝草学会，『新訂 芝生と緑化』，ソフトサイエンス社
14. 「国営武蔵丘陵森林公園樹林地管理調査報告書」，建設省関東地方建設局武蔵丘陵森林公園管理所・公園緑地管理財団
15. 「平成15年度樹林地の管理手法に関する検討及び実践業務報告書」，国土交通省関東地方整備局国営常陸海浜公園事務所，日本造園修景協会
16. 重松敏則，『緑の景観と植生管理』，第7章 林床景観の植生管理，ソフトサイエンス社
17. 「樹林地の管理育成調査報告書」，公園緑地管理財団
18. 「ワイルドフラワーVoL.2」，タキイ種苗
19. 日本造園学会編，『ランドスケープ大系第5巻ランドスケープエコロジー』，技報堂出版
20. 進藤清貴，『松保護士の手引き（改訂2版）』，日本緑化センター
21. 花葉会，『フラワーランドスケーピング―花による緑化マニュアル』，講談社

22. 亀山章,「芝草研究 第 19 巻 第 2 号」, 日本芝草学会
23. 富野耕治,「花菖蒲」, 泰文館
24. 加茂荘花鳥園,「花菖蒲」
25. ガーデンライフ,『バラ 魅力と作り方』, 誠文堂新光社
26. 『自然と共生する環境をめざして』, 埼玉県
27. 『第 19 版 造園施工管理（技術編）』平成 6 年 12 月発刊, 日本公園緑地協会
28. 『新版 図説土木用語辞典』, 実教出版
29. いきものまちづくり研究会編著,『エコロジカル・デザイン』, ぎょうせい
30. 杉山恵一・進士五十八編,『自然環境復元の技術』, 朝倉書店
31. 『環境からみた植生湖岸とその評価』, 建設省土木研究所
32. 『緑化植物の保護管理と農業薬剤』, 職業訓練教材研究所
33. 特定非営利活動法人屋上開発研究会『新版 屋上緑化設計・施工ハンドブック』, マルモ出版

第6章 植物維持管理積算基準

本積算基準が対象とする公園・緑地は，植物維持管理において発生する園内の小運搬について，車両を必要としない規模の公園・緑地を対象とすることを原則としている。しかし積算担当者の判断で，本積算基準によらずに車両による園内の小運搬を別途計上する場合は，「基本剪定」や「刈込み」等の作業の歩掛について活用することを妨げるものではない。

　本積算基準に掲載した歩掛は，標準的な公園・緑地の植物維持管理の施工条件を前提としたものである。そのため，施工現場が傾斜地や狭隘地，民地隣接等の場合，施工に際し公園利用者やトラフィカビリティ等について通常とは異なる配慮を必要とする作業条件においては，それぞれの歩掛の留意点に記載された範囲において割増をすることができる。具体的な割増率については，個々の公園の状況に応じて積算担当者が適切に判断する必要がある。

　公園・緑地の植物維持管理で使用する機械の損料については，最新の「建設機械等損料表」（発行：(一社)日本建設機械施工協会，以下「損料表」と表記）を参照する。掲載がないものについては見積り等で対応するか，損料表に掲載されている類似の機械損料データを参考にして換算することが考えられる。

6-1 植物維持管理工事における工事費の構成

> 植物維持管理は，作業の内容によって「役務」での発注と「工事」での発注の双方が想定される。本項は，「工事」での発注を前提とした内容である。「役務」の場合は本項によらず，適切な諸経費を設定した上で発注することが求められる。

6-1-1 工事費の基本構成

植物維持管理工事における工事費の基本構成は，一般的な請負土木工事の構成と変わらない。請負工事費の構成を図 6-1 に示す。

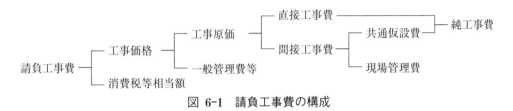

図 6-1 請負工事費の構成

6-1-2 直接工事費

（1）直接工事費の構成

植物維持管理工事における直接工事費の構成については，一般的な請負土木工事の構成と同様であり，材料費，労務費，直接経費の三つの要素で構成される。基本的な構成を図 6-2 に示す。

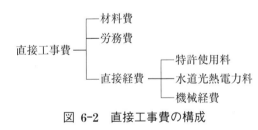

図 6-2 直接工事費の構成

（2）工事工種体系

工事工種体系とは，工事数量総括表における階層数や階層定義，細分化方法などの構成方法，用語名称や数量単位などの表示方法を工種ごとに標準化・規格化したものである。図 6-3 は，国土交通省国土技術政策総合研究所のホームページに公開されている工事工種体系の分類と整備状況である。

事業分野「公園」については，新設工事を中心とする事業区分「公園緑地整備・改修」が整

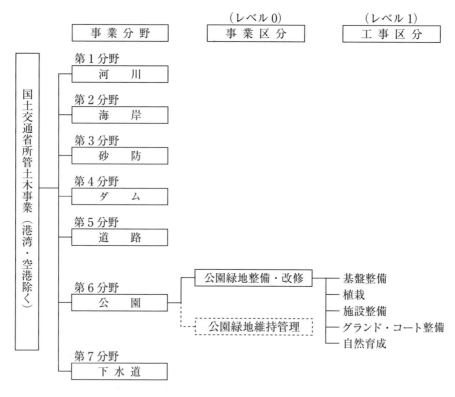

(注) 1. ⬚は，体系化が未整備（もしくは体系化の必要性も含めて検討中）の工種を示す。
2. 事業区分とは，予算制度上および事業執行上の区分を示す。
3. 工事区分とは，通常1件の工事を発注する単位区分（発注ロット）を示す。

図 6-3　工事工種体系における分類と整備状況

出典：国土交通省国土技術政策総合研究所社会資本マネジメント研究センター社会資本システム研究室
ホームページより抜粋

備されている。具体的な内容は，国土交通省都市局公園緑地・景観課のホームページにて公開されている。

（3）諸雑費および端数処理について

歩掛に関する以下の内容は国土交通省土木工事の場合であり，発注機関により独自の手法が定められている場合は，それぞれの発注機関の手法による。

1）諸雑費
　①諸雑費の定義
　　当該作業で必要な労務，機械損料および材料等でその金額が全体の費用に比べて著しく小さい場合に，積算の合理化および端数処理を兼ねて一括計上する。
　②単価表
　　ア．単価表（歩掛表に諸雑費率があるもの）
　　　単位数量当たりの単価表の合計金額が，有効数字4桁になるように原則として所定の諸雑費率以内で端数を計上する。

イ．単価表（歩掛表に諸雑費がなく，端数処理のみの場合）

単位数量当たりの単価表の合計金額が，有効数字4桁になるように原則として端数を計上する。

ウ．金額は「諸雑費」の名称で計上する。

③内訳書

諸雑費は計上しない。

2）端数処理

①単価表の各構成要素の数量×単価＝金額は，小数第3位を切り捨て，小数第2位止めとする。また，内訳書の各構成要素の数量×単価＝金額は，1円未満は切り捨て，1円止めとする。

②歩掛における計算結果の端数処理については，各々に定めのある場合を除き，小数第4位を四捨五入して，小数第3位止めとする。

6-1-3　間接工事費

（1）間接工事費の構成

植物維持管理工事における間接工事費の構成については，一般的な請負土木工事の構成と同様である。基本的な構成を図6-4に示す。

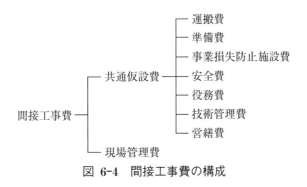

図 6-4　間接工事費の構成

6-2　樹木管理工

6-2-1　整枝（基本）剪定

（1）適用範囲

樹形の骨格づくりを目的とするもので，主に冬期剪定に適用し，樹種の特性に応じ，適切な剪定方法により行う。

(2) 歩 掛 表

表 6-1 整枝剪定歩掛 (10 本当たり)

種別 幹周 (cm)	落葉樹		常緑樹		針葉樹	
	造園工 (人)	普通作業員 (人)	造園工 (人)	普通作業員 (人)	造園工 (人)	普通作業員 (人)
30 未満	0.73	0.31	2.0	0.6	2.0	0.75
30 以上 60 未満	1.4	0.6	2.9	0.8	3.0	1.1
60 以上 90 未満	2.9	0.9	4.7	1.4	6.6	1.9
90 以上 120 未満	7.6	2.3	7.6	2.3	13.3	4.2
120 以上 150 未満	14.2	4.2	14.2	4.2	28.5	8.7
150 以上 180 未満	23.7	7.1	23.7	7.1	42.7	12.8
180 以上 210 未満	35.1	10.5	34.2	10.2	57.0	17.1
210 以上 240 未満	47.5	14.2	45.6	13.6	72.2	21.6
240 以上 270 未満	61.7	18.5	57.9	17.3	86.4	25.9
270 以上 300 未満	76.0	22.8	71.2	21.3	100.7	30.2

表 6-2 トラック運搬時間 (1 台当たり)

運搬機種・規格	トラック 普通型 2t積							
DID 区間なし								
運搬距離(km)	1.8 以下	3.2 以下	4.6 以下	6.0 以下	7.5 以下	9.1 以下	10.7 以下	12.4 以下
運搬時間(h)	0.1	0.2	0.3	0.4	0.5	0.6	0.7	0.8
運搬距離(km)	14.2 以下	16.1 以下	18.1 以下	20.3 以下	22.7 以下	25.2 以下	28.4 以下	30.0 以下
運搬時間(h)	0.9	1.0	1.1	1.2	1.3	1.4	1.5	1.6

運搬機種・規格	トラック 普通型 2t積							
DID 区間あり								
運搬距離(km)	1.7 以下	3.0 以下	4.3 以下	5.6 以下	7.0 以下	8.4 以下	9.8 以下	11.2 以下
運搬時間(h)	0.1	0.2	0.3	0.4	0.5	0.6	0.7	0.8
運搬距離(km)	12.8 以下	14.4 以下	16.0 以下	17.7 以下	19.4 以下	21.4 以下	23.3 以下	25.3 以下
運搬時間(h)	0.9	1.0	1.1	1.2	1.3	1.4	1.5	1.6
運搬距離(km)	27.6 以下	30.0 以下						
運搬時間(h)	1.7	1.8						

(注) 1. 運搬距離には，公園内の運搬距離は含まない。
2. 運搬距離は片道であり，往路と復路が異なるときは，平均値とする。
3. 自動車専用道路を利用する場合には，別途考慮する。
4. DID（人口集中地区）は，総務省統計局の国勢調査報告資料添付の人口集中地区境界図によるものとする。
5. 運搬距離が 30 km を超える場合は，別途考慮する。
6. 機械運転単価表は表 6-3 による。

表 6-3 機械運転単価表（1）

機 械 名	規 格	適用単価表	指定事項
トラック	普通型 2 t 積	機-6	―

表 6-4 トラック積載量（整枝剪定）【参考】　　　　（1台当たり）

運搬機種・規格	トラック　普通型　2 t 積									
幹周（cm）	30 未満	30 以上 60 未満	60 以上 90 未満	90 以上 120 未満	120 以上 150 未満	150 以上 180 未満	180 以上 210 未満	210 以上 240 未満	240 以上 270 未満	270 以上 300 未満
積載量（本）	125	100	50	33.3	20	11.1	6.7	4.5	3.3	2.6

（注）積載量は発生材の形状により差異が生じる。上表は参考のため，見積り等で対応することが望ましい。

（算出例）
・幹周 120 cm の発生材 100 本を片道運搬距離 10 km（DID 区間あり）へ運搬する場合
　　○トラック運転 1 時間当たり単価：X 円/h（機-6 より）
　　○運搬時間：0.8 h/台（表 6-2 より）
　　○積載量：20 本/台（表 6-4 より）
　　○発生材 100 本当たりの運搬費：X×0.8÷20×100 円

（3）積算の留意点
1) 立地条件，作業状況が悪い場合は 3 割以内の割増ができる。
2) 樹形，樹冠が小さく繁茂が少ない場合は 3 割以内で減じる。
3) 普通作業員は補助的業務（資材等の積込み，運搬，片付け等）を行う。
4) 発生材（剪定枝葉等）を園内の指定箇所まで運搬する費用は労務費に含まれる。
5) 発生材は発注者の責任において処理すべきものであるが，処分費を要する場合には別途積算する（剪定枝葉等の発生材は，本書では一般廃棄物として考える）。
6) トラック運搬で園外へ搬出する場合は，表 6-2 を参照。

6-2-2　整姿（軽）剪定
（1）適用範囲
　枝の切詰めや枝透かしを行う。主として下記の場合において適用するもので，夏期に行う剪定作業である。夏期以外に実施する場合でも，枝の切詰めや枝透かしであれば本歩掛を適用する。
1) 伸長した枝のみを切り詰め，樹冠の外観的な乱れを整える。
2) 枝葉の込みすぎによる枯損枝の発生を防止する。

3）枝の伸長による園路通行等の障害を解消する。

4）台風による倒木等を予防する。

（2）歩掛表

表6-5 整姿剪定歩掛 （10本当たり）

種別 幹周（cm）	落葉樹		常緑樹		針葉樹	
	造園工（人）	普通作業員（人）	造園工（人）	普通作業員（人）	造園工（人）	普通作業員（人）
15 未満	0.13	0.04	0.5	0.15	0.3	0.03
15 以上 30 未満	0.41	0.14	1.2	0.36	1.0	0.41
30 以上 60 未満	0.8	0.36	1.9	0.5	1.9	0.81
60 以上 90 未満	1.9	0.69	2.97	0.89	3.9	1.2
90 以上 120 未満	4.9	1.49	4.95	1.49	10.8	3.2
120 以上 150 未満	8.9	2.67	8.91	2.67	19.8	5.9
150 以上 180 未満	14.9	4.45	14.85	4.45	29.7	8.9

表6-6 トラック積載量（整姿剪定）【参考】 （1台当たり）

運搬機種・規格	トラック 普通型 2t積						
幹周(cm)	15 未満	15 以上 30 未満	30 以上 60 未満	60 以上 90 未満	90 以上 120 未満	120 以上 150 未満	150 以上 180 未満
積載量(本)	333	250	200	100	66.7	50	25

（注）積載量は発生材の形状により差異が生じる。上表は参考のため，見積り等で対応することが望ましい。

（3）積算の留意点
1）作業が困難な場合は，3割以内の割増ができる。
2）樹形，樹冠が小さく繁茂が少ない場合は3割以内で減じる。
3）普通作業員は補助的業務（資材等の積込み，運搬，片付け等）を行う。
4）発生材（剪定枝葉等）を園内の指定箇所まで運搬する費用は労務費に含まれる。
5）発生材は発注者の責任において処理すべきものであるが，処分費を要する場合には別途積算する（剪定枝葉等の発生材は，本書では一般廃棄物として考える）。
6）トラック運搬で園外へ搬出する場合は，表6-2を参照。

6-2-3 刈込み（寄植え）

（1）適用範囲

寄植えされた植栽が，高さよりも平面的に広く刈り込まれたものに適用する。

（2）歩掛表

1）手刈り

表6-7　刈込み（寄植え）手刈り歩掛　　　　　　　　　　　　　　（100 m² 当たり）

名　称	単位	数量			摘　要
		高さ(m) 1.5未満	高さ(m) 1.5以上2.5未満	高さ(m) 2.5以上	
造　園　工	人	1.1	2.3	3.3	主作業
普通作業員	〃	0.3	0.71	1.0	資材等の積込み，運搬，片付け等

表6-8　トラック積載量（刈込み（寄植え））【参考】　　　　　（1台当たり）

運搬機種・規格	トラック　普通型　2t積		
高さ（m）	1.5未満	1.5以上2.5未満	2.5以上
積載量（m²）	370	313	263

（注）積載量は発生材の形状により差異が生じる。上表は参考のため，見積り等で対応することが望ましい。

2）機械刈り（剪定機0.88 kW）

表6-9　刈込み（寄植え）機械刈り（剪定機0.88 kW）　　　　（100 m² 当たり）

名　称	単位	数量			摘　要
		高さ(m) 1.5未満	高さ(m) 1.5以上2.5未満	高さ(m) 2.5以上 大刈込み	
造　園　工	人	0.59	1.5	2.1	
普通作業員	〃	0.17	0.47	0.65	
主　燃　料	ℓ	1.2	3.12	4.32	ガソリン
剪定機損料	日	0.6	1.6	2.2	0.88 kW

（注）1．剪定機損料は損料表に掲載がないため，見積り等による。
　　　2．2t積トラックの積載量は表6-8による。

（3）積算の留意点

1)「手刈り」は，もっぱら刈込みばさみにより作業を行う場合に適用する。「機械刈り」は主として機械により刈り込む場合であり，補助的に刈込みばさみを使用する作業も含まれる。
2) 普通作業員は補助的業務（資材等の積込み，運搬，片付け等）を行う。
3) 形状が違うものは，別途積算する。
4) 立地条件，作業状況により3割以内の割増ができる。
5) 繁茂が少ない場合や，枯込みにより枝葉が極端に少ない場合には3割以内で減じることができる。
6) 発生材（刈込み作業によって生じた枝葉等）を園内の指定箇所まで運搬する費用は労務費に含まれる。

7）発生材は発注者の責任において処理すべきものであるが，処分費を要する場合には別途積算する（剪定枝葉等の発生材は，本書では一般廃棄物として考える）。

8）トラック運搬で園外へ搬出する場合は，表6-2を参照。

6-2-4 刈込み（玉物）

（1）適用範囲

数本を寄植えして，玉物仕立しているものに適用する。

（2）歩掛表

表6-10 刈込み（玉物）歩掛 　　　　　　　　　　　　　　　　（100株当たり）

名称	単位	数量 高さ(m) 0.45未満	数量 高さ(m) 0.45以上 0.75未満	数量 高さ(m) 0.75以上 1.2未満	数量 高さ(m) 1.2以上	摘要
造園工	人	0.95	1.4	1.9	4.7	主作業
普通作業員	〃	0.38	0.5	0.7	1.7	資材等の積込み，運搬，片付け等

表6-11 トラック積載量（刈込み（玉物））【参考】 　　　　　　　（1台当たり）

運搬機種・規格	トラック　普通型　2t積			
高さ（m）	0.45未満	0.45以上0.75未満	0.75以上1.2未満	1.2以上
積載量（株）	1,430	500	200	76.9

（注）積載量は発生材の形状により差異が生じる。上表は参考のため，見積り等で対応することが望ましい。

（3）積算の留意点

1）立地条件，作業状況により3割以内の割増ができる。

2）繁茂が少ない場合や，枯込みにより枝葉が極端に少ない場合には3割以内で減じることができる。

3）発生材（剪定枝葉等）を園内の指定箇所まで運搬する費用は労務費に含まれる。

4）発生材は発注者の責任において処理すべきものであるが，処分費を要する場合には別途積算する（刈込枝葉等の発生材は，本書では一般廃棄物として考える）。

5）トラック運搬で園外へ搬出する場合は，表6-2を参照。

6-2-5 刈込み（生垣）

（1）適用範囲

帯状に列植されたもので，高さ(H)と厚み(W)の比が $1 \geqq 1$ となる植栽の両面刈りとする。

（2）歩 掛 表

1）手刈り

表 6-12　刈込み（生垣）手刈り歩掛　　　　　　　　　　（100 m 当たり）

名　称	単位	数　量			摘　要
		高さ(m) 0.75 未満	高さ(m) 0.75 以上 1.5 未満	高さ(m) 1.5 以上	
造 園 工	人	0.7	1.4	4.7	主作業
普 通 作 業 員	〃	0.2	0.4	1.4	資材等の積込み，運搬，片付け等

2）機械刈り（剪定機 0.88 kW）

表 6-13　刈込み（生垣）機械刈り（剪定機 0.88 kW）　　（100 m 当たり）

名　称	単位	数　量			摘　要
		高さ(m) 0.75 未満	高さ(m) 0.75 以上 1.5 未満	高さ(m) 1.5 以上	
造 園 工	人	0.38	0.76	3.13	刈込機の操作を伴う作業
普 通 作 業 員	〃	0.11	0.22	0.94	資材等の積込み，運搬，片付け等
主 燃 料	ℓ	0.75	1.5	6.21	ガソリン
剪 定 機 損 料	日	0.4	0.8	3.3	

（注）剪定機損料は損料表に掲載がないため，見積り等による。

（3）積算の留意点

1) 生垣植栽は，高さ(H)と厚み(W)の比が 1≧1 となる植栽であり，形状の違うものは別途積算する。なお，高さ(H)と厚み(W)の比が 1<1 となる植栽については，「刈込み（寄植え）」の適用を原則とする。
2) 立地条件，作業状況により 3 割以内の割増ができる。
3) 繁茂が少ない場合や，枯込みにより枝葉が極端に少ない場合には 3 割以内で減じることができる。
4) 発生材（剪定枝葉等）を園内の指定箇所まで運搬する費用は労務費に含まれる。
5) 発生材は発注者の責任において処理すべきものであるが，処分費を要する場合には別途積算する（刈込枝葉等の発生材は，本書では一般廃棄物として考える）。
6) トラック運搬で園外へ搬出する場合は，表 6-2 を参照。

6-2-6　樹木枝葉チップ工（参考）

（1）適用範囲

1) 樹木剪定などで発生した枝葉をチップ化し，リサイクルして再利用する場合に適用する。
2) チップ機は機種と製品が多岐にわたるため，積算に当たっては見積りをとることが望ましい。

（2）枝粉砕工積算の留意点

チップ機で粉砕する際，騒音が出るため，近隣住宅への周辺環境に配慮した作業場を選定する。

（3）チップ敷均し工積算の留意点

園内でチップ化したものを同園内で敷均す場合に適用する。

表 6-14　チップ敷均し工歩掛　　　　　　　　　　　　（出来高 7 m³ 当たり）

名　称	単位	数量 直接投入（敷均し）	数量 小車運搬	摘　要
土木一般世話役	人	0.08	0.13	作業指導
造　園　工	〃	0.17	0.28	敷均し作業
普 通 作 業 員	〃	0.33	0.56	同上手伝い
〃	〃	—	0.64	チップ機から小車への積込み，小車運搬

6-2-7　カントリーヘッジ工

（1）適用範囲

垣根および柵として利用し，間伐材や剪定枝を使用する場合に適用する。

（2）歩掛表

表 6-15　カントリーヘッジ工歩掛　　　　　　　　　　　　（100 m 当たり）

名　称	規　格	単位	数量	摘　要
杭　丸　太	$L=1.6$ m 末口 9.0 cm 程度	本	100	
造　園　工		人	5.0	垣根および柵の組立
普 通 作 業 員		〃	21.0	枝の仕揃え，杭打ち，材料運搬等
諸　雑　費		％	2	

（注）諸雑費は，くぎ，番線等の補助資材（雑材）の費用であり，労務費の合計額に上表の率を乗じた金額を上限として計上する。

（3）積算の留意点

立地条件，施工状況により2割以内の割増ができる。

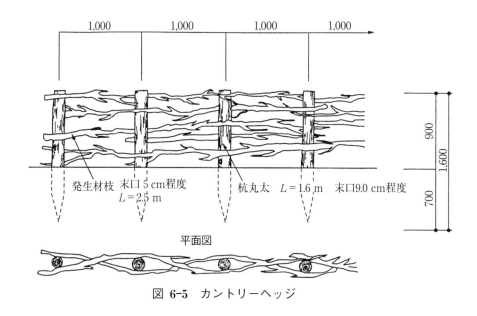

図 6-5　カントリーヘッジ

6-2-8　施　　肥

（1）適用範囲

樹木の健全な育成を目的として行う。

1）高木施肥

　樹木の幹を中心にして，葉張りの外周線下に溝または穴を15～30 cm掘り，施肥してから埋め戻す。

2）中低木施肥

　1本立および小規模な寄植えの場合は輪肥（わごえ）・壺肥（つぼごえ）を主体として，高木施肥に準ずる。

3）寄植え施肥

　地表散布とし，所定量をばら播きする。

4）樹木用打込肥料

　根元に打ち込んで使用する。

（2）歩掛表

1）高木施肥

表6-16 高木施肥歩掛 （100本当たり）

名称	単位	数量				
		幹周(cm) 30未満	幹周(cm) 30以上 60未満	幹周(cm) 60以上 90未満	幹周(cm) 90以上 120未満	幹周(cm) 120以上
造園工	人	1.9	2.9	6.9	9.9	14.9
普通作業員	〃	0.59	0.89	2.05	2.99	4.45
肥料	kg	30.0	50.0	60.0	80.0	100.0

（注）1. 高木とは，樹高3m以上を対象とする。
　　　2. 樹木の周囲に15～30cmの深さに穴を掘り，固型肥料を施肥後，埋め戻す。穴掘り方法，土壌の種類などにより歩掛を減じることができる。

2）中低木施肥

表6-17 中低木施肥歩掛 （100本当たり）

名称	規格	単位	数量	摘要
造園工		人	0.49	主作業
普通作業員		〃	0.044	資材等の積込み，運搬，片付け等
肥料		kg	5.0	

（注）1. 中低木とは，樹高3m未満を対象とする。
　　　2. 粒状固型肥料を対象とする。

3）寄植え施肥

表6-18 寄植え施肥歩掛 （100㎡当たり）

名称	規格	単位	数量	摘要
造園工		人	0.14	主作業
普通作業員		〃	0.044	資材等の積込み，運搬，片付け等
肥料		kg	10.0	

（注）粒状固型肥料を対象とする。

4）樹木用打込肥料

表6-19 樹木用打込肥料歩掛 （施肥材料100本当たり）

名称	規格	単位	数量	摘要
造園工		人	0.45	
普通作業員		〃	0.14	

（3）積算の留意点

1) 特殊樹などは別途積算する。
2) 立地条件，作業状況により3割以内の増減ができる。
3) 普通作業員は補助的業務（資材の運搬，穴掘り等）を行う。

4) 樹木用打込肥料の歩掛は，地盤が踏み固められた状態を想定しており，良質土の場合は，別途積算する。

6-2-9 病虫害防除

（1）適用範囲

1) 樹木に発生したアメリカシロヒトリ，チャドクガ，ケムシなどの防除のため，動力噴霧機で散布を行うもの。カイガラムシなどの発生時を限定された散布は別途積算する。
2) 動力噴霧機は，トラックに動力噴霧機およびタンクを搭載して施工するものとする。

（2）歩掛表

表 6-20　病虫害防除歩掛　　　　　　　　　　　　　　　　　（100ℓ 当たり）

名　　称	規　　格	単位	数量	摘　　要
造　園　工		人	0.18	薬剤散布作業
普 通 作 業 員		〃	0.57	給水，運搬，片付け等，散布補助作業
ト ラ ッ ク 運 転	普通型　2t積	日	0.09	表 6-21，噴霧機等の積載・移動
薬　　　剤		ℓ		
諸　雑　費		％	2.5	

（注）1. 諸雑費は噴霧機等の燃料費および損料等であり，労務費および運搬費の合計額に上表の率を乗じた金額を上限として計上する。
　　　2. 薬剤数量については，使用薬剤の取扱説明書に基づき算出する。

表 6-21　機械運転単価表（2）

機械名	規　　格	適用単価表	指定事項
ト　ラ　ッ　ク	普通型　2t積	機-19	運転労務数量→1.00 燃料消費量→25 機械損料数量→1.13

（3）積算の留意点

1) 造園工は機械操作を伴う作業（噴霧作業等）を行う。
　　普通作業員は補助的業務（給水，運搬，片付け等）を行う。
2) 樹冠，樹形が小さく繁茂が少ない場合は，3割以内で減じる。
3) 散布に際して，立地条件，作業困難な場合は，3割以内の割増ができる。

6-2-10　枯木処理

（1）適用範囲

枯損木および管理上支障となる樹木を伐採する。

1) 伐採

　　原則として切った枝や幹を地上に自然落下させることができ，伐倒が可能な作業である。

2) 吊るし切り

　　原則として対象樹木の頂部から少しずつ枝や幹を切り，切った枝・幹をその都度，慎重に

地上に吊り下ろす作業である。

（2）歩 掛 表

1）人　力

表6-22　枯木処理（人力）歩掛　　　　　　　　　　　　　　　（10本当たり）

幹　周　（cm）	伐　採		吊 る し 切 り	
	造園工（人）	普通作業員（人）	造園工（人）	普通作業員（人）
20 未満	0.29	0.16	—	—
20 以上　30 未満	0.47	0.23	1.4	1.4
30 以上　60 未満	1.9	0.9	9.5	9.5
60 以上　90 未満	4.7	2.3	17.1	17.1
90 以上 120 未満	9.5	4.7	28.5	28.5
120 以上 150 未満	14.2	7.1	42.7	42.7
150 以上 200 未満	23.7	11.2	61.7	61.7
200 以上 250 未満	57.0	28.5	85.5	85.5

2）チェーンソー伐り

表6-23　枯木処理（チェーンソー伐り）歩掛　　　　　　　　（10本当たり）

幹　周　（cm）	造園工（人）	普通作業員（人）	チェーンソー運転 0.08ℓ，鋸長 600 mm（日）
20 未満	0.1	0.21	0.09
20 以上　30 未満	0.18	0.33	0.12
30 以上　60 未満	0.7	1.35	0.37
60 以上　90 未満	1.75	3.37	0.89
90 以上 120 未満	3.5	6.75	1.25

表6-24　チェーンソー運転1日当たり単価表（1）

名　称	規　格	単位	数量	摘　要
造　園　工		人	1.0	
燃　料　費	ガソリン	ℓ	2.7	
チェーンソー損料	ガソリンエンジン　鋸長 600 mm 0.08ℓ	日	1.0	
諸　雑　費		％	3	

（注）諸雑費はチェーンなどの損耗費であり，燃料費，労務費，機械損料の合計額に上表の率を乗じた金額を上限として計上する。

表6-25　トラック積載量（枯木処理）【参考】　　　　　　　　　（1台当たり）

運搬機種・規格	トラック　普通型　2 t積							
幹周(cm)	20 未満	20 以上 30 未満	30 以上 60 未満	60 以上 90 未満	90 以上 120 未満	120 以上 150 未満	150 以上 200 未満	200 以上 250 未満
積載量(本)	200	66.7	7.7	4.2	2.6	1.5	0.9	0.6

（注）積載量は発生材の形状により差異が生じる。上表は参考のため，見積り等で対応することが望ましい。

（3）積算の留意点

1) この歩掛は枯損木の地上部を伐採するもので，剪定枝葉の園内における集積手間を含む。
2) 切り株の処理（抜根）が必要な場合には別途積算する。
3) 造園工は作業の指導・段取りを行い，普通作業員は補助的業務（発生材の園内集積運搬等）を行う。
4) 立地条件，作業状況により3割以内の増減ができる。
5) 発生材は発注者の責任において処理すべきものであるが，処分費を要する場合には別途積算する（枝葉等の発生材は，本書では一般廃棄物として考える）。
6) トラック運搬で園外へ搬出する場合は，表6-2を参照。

6-2-11　支柱取外し

（1）適用範囲

樹木の控木撤去（取外し）に使用する。

（2）歩掛表

表6-26　支柱取外し歩掛　　　　　　　　　　　　　　　　（10組当たり）

名　称	規格	単位	数量			摘要
			二脚鳥居	三脚鳥居	八ツ掛 幹周(cm)60未満	
造園工		人	0.22	0.23	0.32	
普通作業員		〃	0.22	0.23	0.32	

表6-27　トラック積載量（支柱取外し）【参考】　　　　　　（1台当たり）

運搬機種・規格	トラック　普通型　2t積		
種別	二脚鳥居	三脚鳥居	八ツ掛 幹周(cm)60未満
積載量（組）	100	100	25.6

（注）積載量は発生材の形状により差異が生じる。上表は参考のため，見積り等で対応することが望ましい。

（3）積算の留意点

1) 控木が著しく老朽化している場合には3割以内で減じる。
2) 普通作業員は補助的業務（発生材の園内集積運搬等）を行う。
3) トラック運搬で園外へ搬出する場合は，表6-2を参照。

6-2-12　支柱結束直し

（1）適用範囲

通常，しゅろ縄の老朽化による控木結束直しに適用する。

（2）歩掛表

表6-28　支柱結束直し歩掛　　　　　　　　　　　　　　　　（10組当たり）

名　称	規　格	単位	数　　　量			
			二脚鳥居	三脚鳥居	八ツ掛	
					幹周(cm) 60未満	幹周(cm) 60以上
造 園 工		人	0.23	0.29	0.36	0.71
普通作業員		〃	0.15	0.19	0.24	0.47
杉　　皮	長75cm×幅30cm	枚	2.5	2.5	7.5	9.0
しゅろ縄	長27m×径3mm	把	4.0	4.0	16.0	19.2
鉄　　線		kg	0.6	0.9	1.0	1.2
洋 く ぎ		〃	0.5	0.7	0.5	0.6

（3）積算の留意点

普通作業員は補助的業務（資材の運搬，片付け等）を行う。

6-2-13　松こも巻き

（1）適用範囲

取付け，取外し時期を逸しないよう取付位置は地上高1.5m程度とし，樹幹にこもを巻き，丸縄で2か所結束し，取外し後は速やかに処分する。

（2）歩掛表

表6-29　松こも巻き歩掛　　　　　　　　　　　　　　　　（100本当たり）

幹周（cm）	種　　　別			
	造園工（人）	普通作業員（人）	こも（枚）	丸縄（巻）
15未満	1.4	0.44	7.0	1.2
15以上　30未満	2.9	0.89	10.0	2.3
30以上　60未満	4.9	1.4	17.0	3.5
60以上　100未満	7.9	2.3	25.0	4.5
100以上	11.9	3.5	50.0	6.0

（3）積算の留意点

1) こもの大きさは40～45cmのものを使用する。
2) 作業が困難な場合は，2割以内の割増ができる。
3) 普通作業員は補助的業務（資材の運搬，片付け等）を行う。

6-2-14　雪吊り

（1）適用範囲

積雪による枝折れや曲りを防ぎ，冬期間の修景も考慮し堅固に組み上げ，整姿にも留意する。

(2) 歩掛表

1) 雪吊り

表 6-30 雪吊り歩掛　　　　　　　　　　　　（10本当たり）

名　称	規　格	単位	数量 樹木高（m）4.0以上6.0未満	数量 樹木高（m）6.0以上9.0未満	摘　要
造園工		人	5.5	15.0	
普通作業員		〃	1.5	7.5	
縄	4.0以上6.0未満用　6〜8 mm 6.0以上9.0未満用　8〜10 mm	kg	45.0	85.0	
支柱杉丸太	4.0以上6.0未満用　L＝8.0 m 末口12 cm程度 6.0以上9.0未満用　L＝12.0 m 末口12 cm程度	本	10.0	10.0	支給品
諸雑費		％	2	2	

（注）1. 諸雑費は，くぎ，しゅろ縄，竹材等の補助資材（雑材等）の費用であり，労務費の合計額に上表の率を乗じた金額を上限として計上する。
　　　2. 発生材は指定箇所へ集積する。

図 6-6　雪吊り

2) 低木枝おり（縄2回巻き）

表 6-31　低木枝おり（縄2回巻き）歩掛　　　　　　　　（100本当たり）

名　称	規　格	単位	数量	摘　要
造園工		人	0.6	
普通作業員		〃	0.2	
縄	8 mm程度	kg	12.5	
諸雑費		％	2	

（注）諸雑費は，くぎ，しゅろ縄，竹材等の補助資材（雑材等）の費用であり，労務費の合計額に上表の率を乗じた金額を上限として計上する。

図 6-7 低木枝おり（縄2回巻き）

3）むしろ（こも）掛け

表 6-32 むしろ（こも）掛け歩掛　　　　　　　　　　　　（10本当たり）

名　称	規　格	単位	数量	摘　要
造　園　工		人	0.13	
普　通　作　業　員		〃	0.06	
根　曲　竹	L=2.1 m	本	60.0	
む　し　ろ　（こ　も）	0.9×1.5 m	枚	10.0	
縄	8 mm 程度	kg	3.5	
諸　雑　費		%	2	

（注）諸雑費は，くぎ，しゅろ縄，竹材等の補助資材（雑材等）の費用であり，労務費の合計額に上表の率を乗じた金額を上限として計上する。

図 6-8 むしろ（こも）掛け

4) 高木枝おり（3回巻き）

表6-33 高木枝おり（3回巻き）歩掛　　　　　　　　（100本当たり）

名称	規格	単位	数量	摘要
造園工		人	0.8	
普通作業員		〃	0.3	
縄	8mm程度	kg	25.0	
諸雑費		％	2	

（注）諸雑費は，くぎ，しゅろ縄，竹材等の補助資材（雑材等）の費用であり，労務費の合計額に上表の率を乗じた金額を上限として計上する。

図6-9　高木枝おり（3回巻き）

5) 低木枝おり撤去

表6-34 低木枝おり撤去歩掛　　　　　　　　（100本当たり）

名称	規格	単位	数量	摘要
造園工		人	0.18	
普通作業員		〃	0.06	

（注）発生材は指定箇所へ集積する。

6) むしろ掛け撤去

表6-35 むしろ掛け撤去歩掛　　　　　　　　（10本当たり）

名称	規格	単位	数量	摘要
造園工		人	0.04	
普通作業員		〃	0.03	

（注）発生材は指定箇所へ集積する。

7) 高木枝おり撤去

表6-36　高木枝おり撤去歩掛　　　　　　　　　　（100本当たり）

名　称	規　格	単位	数量	摘　要
造　園　工		人	0.24	
普通作業員		〃	0.10	

（注）発生材は指定箇所へ集積する。

（3）積算の留意点
1) 樹形，樹冠の大小によって2割以内の増減ができる。
2) 普通作業員は補助的作業（資材の運搬，発生材の園内集積，片付け等）を行う。
3) 発生材は発注者の責任において処理すべきものであるが，処分費を要する場合には別途積算する（剪定枝葉等の発生材は，本書では一般廃棄物として考える）。

6-2-15　倒木復旧

（1）適用範囲

強風（台風を含む）などにより，半倒もしくは全倒した樹木の復旧とし，倒木した状況を判断して，復旧可能なものとする。

（2）歩掛表

表6-37　倒木復旧歩掛　　　　　　　　　　（10本当たり）

	幹周（cm）	数量		
		造園工（人）	普通作業員（人）	トラック［クレーン装置付］2t積　2.9t吊（h）
倒木復旧	30未満	4.75	1.42	―
	30以上60未満	7.6	3.32	2.3
	60以上90未満	25.6	11.4	3.6
半倒木復旧	30未満	3.32	0.99	―
	30以上60未満	5.7	2.32	1.6
	60以上90未満	17.95	7.98	2.5

（注）機械運転単価表は表6-38による。

表6-38　機械運転単価表（3）

機械名	規　格	適用単価表	指定事項
トラック	［クレーン装置付］2t積　2.9t吊	機-1	―

（3）積算の留意点
1) 控木取付けが必要な場合は別途積算する。
2) 作業困難な場合は，3割以内の割増ができる。

3) 普通作業員は，資材の運搬や片付け等の補助的作業を行う。
4) 倒　木：根が完全に浮き上がっている状態
　　半倒木：倒木以外

6-2-16　灌　水（参考）

（1）適用範囲

灌水は，施工条件，土種等により施工効率の幅が非常に大きいので，積算に当たっては見積りをとることが望ましい。参考となる歩掛について，以下に掲載した。

人力による灌水は，小規模な場合や車両が進入できない場合などで，ホースやバケツによる灌水をいう。なお，高木とは樹高3m以上，中低木とは樹高3m未満を対象とする。

（2）歩掛表

1）人　力

表6-39　樹木管理工　灌水（人力）歩掛（1）

（100本当たり）

幹　周　（cm）	数　量
	普通作業員（人）
（高木）　30未満	0.25
30以上	0.45
60以上	0.70
（中低木）	0.15

表6-40　樹木管理工　灌水（人力）歩掛（2）

（100 m² 当たり）

	普通作業員（人）
寄　植　え	0.2

2）散水車

表6-41　樹木管理工　灌水（散水車）歩掛

（1000ℓ当たり）

名　称	規　格	単位	数量	摘　要
普 通 作 業 員		人	0.22	灌水作業
水		ℓ	1,000	
散 水 車 運 転	1,800ℓ級	日	0.11	表6-45, 9,100ℓ/日（参考）

表6-42　標準灌水量（高木）

（1本当たり）

幹　周(cm)	15以上30未満	30以上60未満	60以上100未満	100以上180未満
灌水量(ℓ)	25	45	60	80

表6-43　標準灌水量（中低木）

（1本当たり）

高　さ（m）	0.5未満	0.5以上1.0未満	1.0以上2.0未満
灌水量（ℓ）	15	15	15

表 6-44　標準灌水量（寄植え）　　　　　　　　　　　　　　　　　（1 m² 当たり）

高　さ(m)	0.5 未満	0.5 以上 1.0 未満	1.0 以上 2.0 未満	2.0 以上
灌水量(ℓ)	20	20	20	20

表 6-45　機械運転単価表（4）

機　械　名	規　　格	適用単価表	指　定　事　項
散　水　車	［トラック架装型］1,800 ℓ	機-19	運転労務数量→1.00 燃料消費量→17 機械損料数量→1.64

（3）積算の留意点

1) 作業が困難な場合や，施工箇所が点在している場合は2割以内の増減ができる。
2) 水代を考慮する場合は別途計上する。

6-3　芝生管理工

6-3-1　芝　刈　り

（1）適用範囲

1) 本歩掛には，作業前の障害物の除去，機械運転，刈草の収集および処分までを含む。ただし，処分方法は園内の指定された場所への集積までとし，それ以外の処分方法による場合は別途積算する。
2) 一般の芝生地ではハンドガイド式を標準とするが，3連トラクタモアなど大型機械の使用は，おおむね10,000 m² 以上の大面積で，障害物のない平坦な芝生地に適用するものとする。
3) 小面積の場合や斜面地，工作物の周囲などの施工は，肩掛式機械を適用する。
4) 集草を行わない刈放管理を行う場合は，芝刈回数は年10回程度以上（コウライシバ，ノシバ）の設定とし，芝刈機運転のみを計上する。
5) 本歩掛は，芝刈りの仕上がり高が5 cm以内において適用する。

(2) 歩掛表

機械刈り

表 6-46 芝刈り (機械刈り) 歩掛 (1,000 m² 当たり)

名　称	規　格	単位	肩掛式 カッタ径 255 mm	ハンドガイド式 刈幅 77 cm	3連トラクタモア 刈幅 180 cm	摘　要
普通作業員		人	1.5	0.65	—	集草, 積込み, 片付け
芝刈機運転		日	1.3	0.36	0.1	表 6-47～6-49
スイーパ運転	3 m³ 級	h	—	—	0.3	集草, 表 6-50
トラック運転	普通型　2 t 積	日	0.38	0.38	0.38	刈草園内運搬, 表 6-21

表 6-47 肩掛式草刈機機械運転 1 日当たり単価表

名　称	規　格	単位	数量	摘　要
土木一般世話役		人	0.1	機械運転の指導, 作業の段取り
特殊作業員		〃	1.1	機械運転
燃料費	ガソリン	ℓ	4.9	
草刈機損料	[肩掛式] カッタ径 255 mm	日	1.0	

表 6-48 ハンドガイド式草刈機運転 1 日当たり単価表

名　称	規　格	単位	数量	摘　要
土木一般世話役		人	0.1	機械運転の指導, 作業の段取り
特殊作業員		〃	1.0	機械運転
普通作業員		〃	0.3	障害物の除去, 構造物周辺の補助刈り
燃料費	ガソリン	ℓ	11.0	
草刈機損料	[ハンドガイド式・芝用] 刈幅 77 cm	日	1.0	
諸雑費		％	3	

(注) 諸雑費は切刃などの損耗費であり, 燃料費, 労務費, 機械損料の合計額に上表の率を乗じた金額を上限として計上する。

表 6-49 3連トラクタモア運転 1 日当たり単価表 (1 日当たり)

名　称	規　格	単位	数量	摘　要
土木一般世話役		人	0.1	機械運転の指導, 作業の段取り
特殊作業員		〃	1.0	機械運転
普通作業員		〃	0.31	障害物の除去, 構造物周辺の補助刈り
主燃料	ガソリン	ℓ	24.0	
3連トラクタモア損料	刈幅 180 cm　11 kW	日	1.0	
諸雑費		％	3	

(注) 1. 3連トラクタモア損料は損料表に掲載がないため, 見積り等により設定する。
2. 諸雑費は切刃などの損耗費であり, 燃料費, 労務費, 機械損料の合計額に上表の率を乗じた金額を上限として計上する。

表 6-50　スイーパ運転 1 時間当たり単価表　　　　　　　　（1 h 当たり）

名　称	規　格	単位	数量	摘　要
土木一般世話役		人	0.04	機械運転の指導，作業の段取り
運転手（特殊）		〃	0.22	機械運転
普通作業員		〃	0.07	構造物周辺等の集草補助
主燃料	軽油	ℓ	5.5	
スイーパ損料	スイーパ 3 m³ 級	h	1.0	
トラクタ損料	建設用［普通］3 t	〃	1.0	

（注）1. スイーパ損料は損料表に掲載がないため，見積り等により設定する。
　　　2. トラクタ損料は「農林水産省土地改良工事積算基準（機械経費）」に掲載。

（3）積算の留意点

1) 芝生の種類，立地条件，作業状況（勾配，点在性など）により 2 割以内の増減ができる。
2) トラック運搬で園外へ搬出する場合は，表 6-2 を参照。

6-3-2　施　肥

（1）適用範囲

1) 本歩掛は粒状化成肥料を人力または機械を用いて散布を行う場合（標準施肥量 60 g/m²）に適用する。
2) 機械施工は，おおむね 30,000 m² 以上の大面積で，障害物のない平坦な芝生地に適用するものとする。

（2）歩掛表

1) 人力施工

表 6-51　施肥（人力施工）歩掛　　　　　　　　（100 m² 当たり）

名　称	規　格	単位	数量	摘　要
造園工		人	0.03	肥料散布
普通作業員		〃	0.01	材料準備，運搬
肥料	粒状化成肥料	kg		

（注）施肥数量は，散布量に応じて算出するものとする。

2) 機械施工

表 6-52　施肥（機械施工）歩掛　　　　　　　　（1,000 m² 当たり）

名　称	規　格	単位	数量	摘　要
肥料	粒状化成肥料	kg		
肥料散布機運転		h	0.23	表 6-53

（注）施肥数量は，散布量に応じて算出するものとする。

表6-53 肥料散布機運転1時間当たり単価表　　　　　　　　（1h当たり）

名　称	規　格	単位	数量	摘　要
特殊作業員		人	0.2	
燃料費	軽油	ℓ	2.6	
トラクタ損料	［ホイール式］1t級	h	1.0	
ブロードキャスタ損料	作業幅3〜12m	〃	1.0	
諸雑費		式	1	

（3）積算の留意点

1）立地条件，作業状況により2割以内の増減ができる。

6-3-3　目土掛け

（1）適用範囲

1）目土量は，厚さ5mmを標準とする。

2）本歩掛には，肥料などの混入も含むものとする。ふるい分けを行う場合は別途積算するものとする。

（2）歩掛表

表6-54　目土掛け歩掛　　　　　　　　（100m²当たり）

名　称	規　格	単位	数量	摘　要
造園工		人	0.11	作業指導，敷均し仕上げ
普通作業員		〃	0.26	散布作業
目土		m³	0.5	

（3）積算の留意点

立地条件，作業状況により2割以内の増減ができる。

6-3-4　人力除草

（1）適用範囲

1）人力除草とは抜取除草とし，歩掛には，草の収集，運搬処分まで含む。
ただし，処分方法は園内の指定された場所への集積までとし，それ以外の処分方法による場合は別途積算する。

2）歩掛表の疎，中間，密の雑草条件は，表6-55によるものとする。

表6-55　雑草状態

条件		雑草状態の内容
中	疎	草の密生は少なく，草の種類もイネ科などの草が比較的少なく除草しやすい
	間	草の密生は中程度で，草の種類は比較的除草しやすい草が多い
	密	草が密生しており，草の種類も，根が張って除草しにくい草が多い

（2）歩掛表

表6-56　人力除草歩掛　　　　　　　　　　（100 m² 当たり）

名　称	規　格	単位	雑草状態			摘　要
			疎	中間	密	
軽作業員		人	0.6	1.0	1.4	除草，草の収集，積込み
トラック運転	普通型　2t積	日	0.03	0.06	0.12	表6-21，場内草運搬

（3）積算の留意点

立地条件，作業状況により2割以内の増減ができる。

6-3-5　薬剤除草（除草剤散布）

（1）適用範囲

1) 手動噴霧機は，小面積の施工に適用する。
2) 動力噴霧機は，トラックに動力噴霧機およびタンクを搭載して施工するものとする。

（2）歩掛表

1) 手動噴霧機

表6-57　薬剤除草（手動噴霧機）歩掛　　　　（100 m² 当たり）

名　称	規　格	単位	数量	摘　要
普通作業員		人	0.2	散布作業
薬　剤		ℓ		

（注）1. 上記歩掛には，噴霧機の損料を含む。
　　　2. 薬剤数量は，使用薬剤の取扱説明書に基づき算出する。

2) 動力噴霧機

表6-58　薬剤除草（動力噴霧機）歩掛　　　　（1,000 m² 当たり）

名　称	規　格	単位	数量	摘　要
造園工		人	0.13	薬剤散布作業
普通作業員		〃	0.13	散布補助作業
薬　剤		ℓ		
トラック運転	普通型　2t積	日	0.13	表6-21，噴霧機等の積載・移動
諸雑費		％	2.5	

（注）1. 諸雑費は噴霧機等の燃料費および損料等であり，労務費および運搬費の合計額に上表の率を乗じた金額を上限として計上する。
　　　2. 薬剤数量は，使用薬剤の取扱説明書に基づき算出する。

（3）積算の留意点

立地条件，作業状況により2割以内の増減ができる。

6-3-6　病虫害防除（薬剤散布）

（1）適用範囲
薬剤除草（薬剤散布）に準ずるものとする。

（2）歩掛表
1）手動噴霧機

表6-59　病虫害防除（手動噴霧機）歩掛　　　　　　（100 m² 当たり）

名　称	規　格	単位	数量	摘　要
普通作業員		人	0.2	散布作業
薬　剤		ℓ		

(注) 1. 上記歩掛には，噴霧機の損料を含む。
　　 2. 薬剤数量は，使用薬剤の取扱説明書に基づき算出する。

2）動力噴霧機

表6-60　病虫害防除（動力噴霧機）歩掛　　　　　　（1,000 m² 当たり）

名　称	規　格	単位	数量	摘　要
造園工		人	0.13	薬剤散布作業
普通作業員		〃	0.13	散布補助作業
薬　剤		ℓ		
トラック運転	普通型　2 t積	日	0.13	表6-21，噴霧機等の積載・移動
諸雑費		％	2.5	

(注) 1. 諸雑費は噴霧機等の燃料費および損料等であり，労務費および運搬費の合計額に上表の率を乗じた金額を上限として計上する。
　　 2. 薬剤数量は，使用薬剤の取扱説明書に基づき算出する。

（3）積算の留意点
立地条件，作業状況により2割以内の増減ができる。

6-3-7　エアレーション

（1）適用範囲
1) エアレーション（コアリング）は，エアレーション機械を用いてコア抜き（穴あけ）を行うもので，コアの間隔は15 cm，深さは7 cmを標準とする。歩掛にはコアの敷均し，清掃，処分までを含む。
2) コアリング式エアレータは，トラクタ牽引式を標準とする。

（2）歩掛表

表6-61　エアレーション歩掛　　　　　　　　　　　　　　　　　（1,000 m² 当たり）

名　　称	規　　格	単位	数量	摘　　要
軽　作　業　員		人	0.8	コアの敷均し，清掃，処分
エアレーション機械運転	コアリング式エアレータ 1tトラクタ牽引　作業幅910 mm	h	2.3	表6-62

表6-62　エアレーション機械運転1時間当たり単価表　　　　　　（1 h 当たり）

名　　称	規　　格	単位	数量	摘　　要
土木一般世話役		人	0.04	機械運転の指導，作業の段取り
特　殊　作　業　員		〃	0.22	機械運転
普　通　作　業　員		〃	0.07	構造物周辺等でのエアレーション作業補助
主　　燃　　料	ガソリン	ℓ	2.5	
エアレータ損料	コアリング式エアレータ 作業幅910 mm	h	1.0	
トラクタ損料	［ホイール式］1t級	〃	1.0	
諸　　雑　　費		％	3	

（注）1. エアレータ損料は損料表に掲載がないため，見積り等により設定する。
　　　2. 諸雑費はパイプ刃などの損耗品であり，主燃料，労務費，機械損料の合計額に上表の率を乗じた金額を上限として計上する。

（3）積算の留意点

立地条件，作業状況により2割以内の増減ができる。

6-3-8　ブラッシング

（1）適用範囲

1）レーキ，ホークなどで芝生のサッチ（枯葉枯茎）を除去し，ほふく茎や根を切断することにより，更新を促す場合に適用する。

2）歩掛にはサッチの収集，運搬処分まで含む。
　　ただし処分方法は，園内の指定された場所への集積までとし，それ以外の処分方法による場合は別途積算する。

（2）歩掛表

表6-63　ブラッシング歩掛　　　　　　　　　　　　　　　　　　（1,000 m² 当たり）

名　　称	規　　格	単位	数量	摘　　要
軽　作　業　員		人	1.0	サッチ除去，収集，小運搬
トラック運転	普通型　2t積	日	0.1	表6-21，サッチの園内運搬

（3）積算の留意点

立地条件，作業状況により2割以内の増減ができる。

6-3-9 灌水（参考）

（1）適用範囲

灌水は，施工条件，土種等により施工効率の幅が非常に大きいので，積算に当たっては見積りをとることが望ましい。参考となる歩掛について，以下に掲載した。

散水車は，1,800ℓ級を標準とする。

（2）歩掛表

表 6-64　芝生工　灌水（散水車）歩掛　　　　　　　　　　（1日当たり）

名　　称	規　　格	単位	数量	摘　　要
軽　作　業　員		人	1.0	灌水作業
散　水　車　運　転	1,800ℓ級	日	1.0	表6-45

（3）積算の留意点

1) 作業が困難な場合や，施工箇所が点在している場合は2割以内の割増ができる。
2) 水代を考慮する場合は別途計上する。

6-3-10 補植（張芝）

（1）適用範囲

1) 本歩掛は，コウライシバ，ノシバなどの張芝（ベタ張り，目地張り）に適用し，地拵え，芝付け，転圧，小運搬などを含む。
2) 急傾斜地については，芝串を使用し，費用は諸雑費にて計上するものとする。
3) 客土を行う場合は別途計上するものとする。

（2）歩掛表

表 6-65　補植（張芝）歩掛　　　　　　　　　　（100 m² 当たり）

名　　称	規　　格	単位	数量	摘　　要
土木一般世話役		人	0.2	
造　園　工		〃	1.1	
普　通　作　業　員		〃	2.3	
目　土　使　用　量		m³	2.7	
芝（ベ タ 張 り）		m²	100	
（目 地 張 り）		〃	必要量を計上	
諸　雑　費		%	5	

（注）1. 上表はベタ張り，目地張りに適用する。
　　　2. 諸雑費は，芝串を必要とする場合に計上し，労務費の合計額に上表の率を乗じた金額を上限として計上する。
　　　3. 現場条件により，上表により難い場合は別途考慮する。

（3）積算の留意点

立地条件，作業状況により2割以内の増減ができるものとする。

6-4 樹林地管理工

樹林地管理の施工条件は多岐にわたるため，ここでは，起伏のある二次林で，100 ha 以上の面積を有する樹林地に適用する歩掛を示す。

6-4-1 間 伐
（1）適用範囲
1) 原則として来園者の立ち入りを想定していない樹林地に適用する。園地・広場における枯木の処理は「6-2-10 枯木処理」による。
2) チェーンソーを使用する伐採に適用する。
3) 処分の方法は，幹・枝葉とも指定された場所に集積するものとし，それ以外の処分方法による場合は別途積算する。
4) 本歩掛は，機械による幹・枝葉の集積，小運搬が不可能な樹林地に適用する。機械化が可能な場合は，別途積算する。

（2）歩掛表

表 6-66 間伐歩掛 (100本当たり)

名 称	規 格	単位	数 量			摘 要
			幹周（cm）30 未満	幹周（cm）30 以上 60 未満	幹周（cm）60 以上 90 未満	
普通作業員		人	0.96	4.2	10.6	集積,小運搬
チェーンソー運転	0.06ℓ，鋸長 500 mm	日	0.6	0.74	0.88	表 6-67
名 称	規 格	単位	数 量			摘 要
			幹周（cm）90 以上 120 未満	幹周（cm）120 以上 150 未満	幹周（cm）150 以上 200 未満	
普通作業員		人	21.7	33.1	54.2	集積,小運搬
チェーンソー運転	0.06ℓ，鋸長 500 mm	日	0.98	1.10	1.20	表 6-67

表 6-67 チェーンソー運転 1 日当たり単価表（2）

名 称	規 格	単位	数量	摘 要
造 園 工		人	1.0	
燃 料 費	ガソリン	ℓ	2.7	
チェーンソー損料	ガソリンエンジン 鋸長 500 mm 0.06ℓ	日	1.0	
諸 雑 費		％	3	

（注）諸雑費はチェーンなどの損耗費であり，燃料費，労務費，機械損料の合計額に上表の率を乗じた金額を上限として計上する。

表 6-68 トラック積載量(間伐)【参考】　　　(1台当たり)

運搬機種・規格	トラック　普通型　2t積					
幹　周 (cm)	30 未満	30 以上 60 未満	60 以上 90 未満	90 以上 120 未満	120 以上 150 未満	150 以上 200 未満
積載量 (本)	30.30	12.20	5.75	3.10	2.11	1.32

(注) 積載量は発生材の形状により差異が生じる。上表は参考のため,見積り等で対応することが望ましい。

(3) 積算の留意点

1) 急傾斜地など作業が困難な場合は,2割以内の割増ができる。
2) トラック運搬で園外へ搬出する場合は,表6-2を参照。

6-4-2　除伐・蔓切り

(1) 適用範囲

1) 本歩掛は,幹周10 cm以内で,肩掛式草刈機で伐採可能な樹木および蔓性植物の刈取りに適用する。
2) 伐木本数は15～20本/100 m^2 程度を標準とする。
3) 伐木を運搬可能な大きさに切断する作業を含む。
4) 処分は園内の指定された場所への集積までとし,それ以外の処分方法による場合は,別途積算する。

(2) 歩掛表

表 6-69 除伐・蔓切り歩掛　　　(1,000 m^2 当たり)

名　　称	規　格	単位	数量	摘　要
特 殊 作 業 員		人	2.1	伐採,切断
普 通 作 業 員		〃	1.0	集積,小運搬
諸 雑 費		%	5	

(注) 諸雑費には,肩掛式草刈機,斧などの運転経費および損耗費を含み,労務費の合計額に上表の率を乗じた額を上限として計上する。

(3) 積算の留意点

急傾斜地など作業が困難な場合は,2割以内の割増ができる。

6-4-3　枝打ち

枝打ちの実施に当たっては,はしごなどを用いて行い,枝打ちの程度により施工効率の幅が非常に大きいので,積算に当たっては見積りをとることが望ましい。

6-4-4　下草刈り

(1) 適用範囲

1) 本歩掛は,作業前の障害物の除去,肩掛式草刈機運転,下草の収集および処分までを含

む。ただし、処分の方法は、指定された場所への集積までとし、それ以外の処分方法による場合は、別途積算する。
2) 毎年あるいは2、3年ごとに実施し、常緑高木の稚樹や、ヒサカキ、アズマネザサなどの特定の種を対象とした選択的な下草刈りに適用する。

（2）歩掛表

表6-70 下草刈り歩掛 (1,000 m² 当たり)

名 称	規 格	単位	数量	摘 要
普 通 作 業 員		人	0.8	集草、小運転
草 刈 機 運 転	［肩掛式］カッタ径255 mm	式	1	表6-82

（3）積算の留意点
急傾斜地など作業が困難な場合は、2割以内の割増ができる。

6-4-5 病虫害防除
（1）樹幹注入
1）適用範囲
①本歩掛は薬剤100本当たりの歩掛であり、合計3,000本以上使用する場合に適用する。
②注入後の処理（癒合剤の塗布）を含む。

（2）歩掛表

表6-71 樹幹注入歩掛 (100本当たり)

名 称	規 格	単位	数量	摘 要
特 殊 作 業 員		人	2.7	
薬 剤		本	100	

（3）積算の留意点
急傾斜地など作業が困難な場合、または施工場所が分散している場合は、2割以内の割増ができる。

6-5 草花管理工

6-5-1 地拵え
（1）適用範囲
1）既存の床土を30 cm掘り起こし、反転、ゴロ土やゴミを除去した上、苗床づくりを行う。
2）土の入替え、土壌改良、施肥を行う場合は別途積算する。
3）花苗の配置、割付けは含まない。

（2）歩掛表

表6-72 地拵え歩掛　　　　　　　　　　　　　　　　　（100 m² 当たり）

名　称	規　格	単位	数量	摘　要
造　園　工		人	5.0	地拵え
普通作業員		〃	1.5	同上手伝い

6-5-2 草花植付け（花壇苗）

（1）適用範囲

1) 地拵え後の床土への配植，植付け，灌水，片付けを含む。
2) 1 m² 当たり 25～36 株植付けを標準とする。
3) プランターの場合，運搬は別途積算する。

（2）歩掛表

表6-73 草花植付け（花壇苗）歩掛　　　　　　　　　（100 m² 当たり）

名　称	規　格	単位	数量	摘　要
造　園　工		人	4.0	配植，植付け，灌水，片付け一式
普通作業員		〃	1.2	同上手伝い
草　花		株		ポット育成のもの

（注）植付数量は標準植付数等を考慮して算出する。

（3）積算の留意点

斜面など作業が困難な場合や，施工箇所が点在している場合は2割以内の割増ができる。

6-5-3 草花植付け（宿根草・球根類）

（1）適用範囲

1) 地拵え後の床土への配植，植付け，灌水，片付けを含む
2) 1 m² 当たり 25～36 株（球）植付けを標準とする

（2）歩掛表

表6-74 草花植付け（宿根草・球根類）歩掛　　　　　（100 m² 当たり）

名　称	規　格	単位	数量	摘　要
造　園　工		人	2.1	配植，植付け，灌水，片付け一式
普通作業員		〃	1.7	同上手伝い
宿根草（球根類）		株(球)		

（注）植付数量は標準植付数等を考慮して算出する。

（3）積算の留意点

斜面など作業が困難な場合や，施工箇所が点在している場合は2割以内の割増ができる。

6-5-4 播種(はしゅ)

（1）適用範囲

地拵え後の床土への播種，覆土，灌水，片付けを含む。

（2）歩掛表

表6-75 播種歩掛 （100 m² 当たり）

名　称	規　格	単位	数量	摘　要
造　園　工		人	0.2	播種作業
普 通 作 業 員		〃	0.06	同上手伝い
種　　　　　子		g		

（3）積算の留意点

斜面など作業が困難な場合や，施工箇所が点在している場合は2割以内の割増ができる。

6-5-5 巡回管理

（1）適用範囲

対象地の草花の生育状況に応じて，除草，花殻摘み，枯葉やゴミの除去，植直しなどの作業を行うものである。

（2）歩掛表

表6-76 巡回管理歩掛 （100 m²，1回当たり）

名　称	規　格	単位	数量	摘　要
造　園　工		人	2.0	除草，花殻摘み，枯葉やゴミの除去，植直し等一式
普 通 作 業 員		〃	0.6	同上手伝い

（3）積算の留意点

作業が困難な場合や，施工箇所が点在している場合は2割以内の割増ができる。

6-5-6 灌水（参考）

（1）適用範囲

灌水は，施工条件，土種等により施工効率の幅が非常に大きいので，積算に当たっては見積りをとることが望ましい。参考となる歩掛について，以下に掲載した。

本歩掛は，トラック（タンク付）を使用して灌水する場合に適用する。

（2）歩 掛 表

表 6-77　草花管理工　灌水歩掛　　　　　　　　　　　　（100 m² 当たり）

名　　称	規　　格	単位	数量	摘　　要
造　園　工		人	0.2	灌水作業
普通作業員		〃	0.2	同上手伝い
トラック運転	普通型　2t積	日	0.2	表 6-21，水運搬

（3）積算の留意点

1) 作業が困難な場合や，施工箇所が点在している場合は 2 割以内の割増ができる。
2) 水代を考慮する場合は別途計上する。

6-5-7　施肥（元肥）

（1）適用範囲

本歩掛は草花植付けの際に行う元肥に適用するもので，肥料を土壌に混入しておくものである。

（2）歩 掛 表

表 6-78　草花管理工　施肥（元肥）歩掛　　　　　　　　（100 m² 当たり）

名　　称	規　　格	単位	数量	摘　　要
造　園　工		人	1.0	施肥作業
普通作業員		〃	0.3	同上手伝い
肥　　料		kg		有機質肥料ほか

（注）施肥数量は，散布量に応じて算出するものとする。

（3）積算の留意点

作業が困難な場合や，施工箇所が点在している場合は 2 割以内の割増ができる。

6-5-8　施肥（追肥）

（1）適用範囲

本歩掛は，草花の生育中に行う追肥に適用するもので，肥料を土壌中に均一にすき込むものである。

（2）歩掛表

表6-79　草花管理工　施肥（追肥）歩掛　　　　　　　　　（100㎡当たり）

名　称	規　格	単位	数量	摘　要
造　園　工		人	0.3	施肥作業
普 通 作 業 員		〃	0.09	同上手伝い
肥　料		kg		化成肥料

（注）施肥数量は，散布量に応じて算出するものとする。

（3）積算の留意点

作業が困難な場合や，施工箇所が点在している場合は2割以内の割増ができる。

6-5-9　刈取り

草地管理工の肩掛式（表6-82）を適用する。

6-6　草地管理工

6-6-1　草刈り

（1）適用範囲

本歩掛は，草地の除草および集草，積込み・運搬に適用する。ただし，景観を重視し，かつ除草回数が1回/月を超える場合については適用除外とする。

（2）施工概要

施工フローは，次図を標準とする。

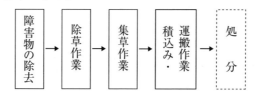

（注）1．本歩掛で対応しているのは，実線部分のみである。
　　　2．障害物とは石やゴミ等である。

図6-10　草刈り　施工フロー

（3）工法の選定

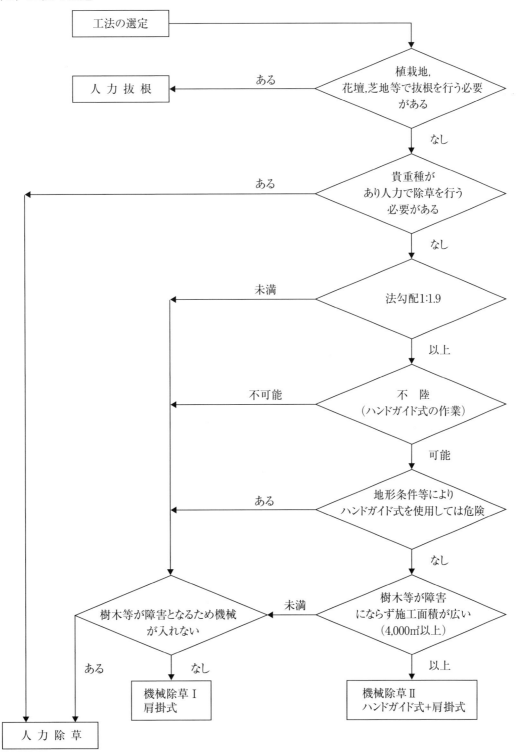

図 6-11 工法の選定フロー

（4）人力除草

1）人力除草歩掛表

表6-80　人力除草歩掛　　　　　　　　　　　　　　（1,000 m² 当たり）

名　　称	規　　格	単位	数量	摘　要
土木一般世話役		人	0.97	
普 通 作 業 員		〃	6.80	
諸 　雑 　費		％	2	

(注) 1. 障害物の除去は，上記歩掛に含む。
　　 2. 諸雑費は，鎌等の費用であり労務費の合計額に上表の率を乗じた金額を上限として計上する。

2）人力除根歩掛表

表6-81　人力除根歩掛　　　　　　　　　　　　　　（1,000 m² 当たり）

名　　称	規　　格	単位	数量	摘　要
土木一般世話役		人	1.8	
普 通 作 業 員		〃	12.9	
諸 　雑 　費		％	1	

(注) 1. 障害物の除去は，上記歩掛に含む。
　　 2. 人力除根に伴う人力除草は上記歩掛に含む。
　　 3. 諸雑費は，鎌等の費用であり労務費の合計額に上表の率を乗じた金額を上限として計上する。

（5）機械除草

1）歩掛表（機械除草Ⅰ，肩掛式を用いて除草を行う場合）

表6-82　機械除草Ⅰ（肩掛式）歩掛　　　　　　　　（1,000 m² 当たり）

名　　称	規　　格	単位	数量	摘　要
土木一般世話役		人	0.18	
特 殊 作 業 員		〃	0.90	
普 通 作 業 員		〃	0.18	
軽 　作 業 員		〃	0.07	
草 刈 機 損 料	肩掛式　カッタ径255 mm	日	0.90	
諸 　雑 　費		％	20	

(注) 1. 上表には，補助刈り（機械除草に関わる人力による除草）を含む。
　　 2. 障害物の除去は，上記歩掛に含む。
　　 3. 諸雑費は，ガソリン，切刃，鎌等の費用であり，労務費，機械損料の合計額に上表の率を乗じた金額を上限として計上する。

2) 歩掛表（機械除草Ⅱ，ハンドガイド式および肩掛式を用いて除草を行う場合）

表6-83　機械除草Ⅱ（ハンドガイド式＋肩掛式）歩掛　　　（1,000 m² 当たり）

名　　称	規　　格	単位	数量	摘　要
土木一般世話役		人	0.09	
特殊作業員		〃	0.36	
普通作業員		〃	0.09	
軽作業員		〃	0.07	
草刈機損料	肩掛式　カッタ径 255 mm	日	0.18	
〃	ハンドガイド式・笹/ヨシ等用 刈幅 95 cm	〃	0.18	
諸雑費		％	6	

（注）1. 上表には，補助刈り（機械除草に関わる人力による除草）を含む。
　　　2. 障害物の除去は，上記歩掛に含む。
　　　3. 諸雑費は，ガソリン，切刃，鎌等の費用であり，労務費，機械損料の合計額に上表の率を乗じた金額を上限として計上する。

（6）集草，積込み・運搬

1) 歩掛表

表6-84　集草，積込み・運搬　　　（1,000 m² 当たり）

名　　称	規　　格	単位	集草	積込み・運搬	摘　要
土木一般世話役		人	0.20	0.11	
普通作業員		〃	0.60	0.33	
トラック運転	普通型　2 t 積	h	—	1.60	表6-3
諸雑費		％	6	2	

（注）1. 集草，積込み・運搬は，必要な工種のみ計上する。
　　　2. トラックの運転は公園内での運搬作業である。
　　　3. トラック運搬で園外へ搬出する場合は，表6-2を参照。
　　　4. 諸雑費は，熊手，竹箒，フォーク，ブルーシート等の費用であり，労務費，機械損料および運転経費の合計額に上表の率を乗じた金額を上限として計上する。
　　　5. 廃棄，処分等が必要な場合は，別途計上する。

2) 運搬歩掛

トラック運搬で園外へ搬出する場合は，表6-2を参照。

（7）総合歩掛

1) 歩掛表（除草，集草，積込み・運搬）

除草から運搬までを一連作業として行う場合の歩掛は，次表とする。

表6-85 総合歩掛（除草，集草，積込み・運搬） （1,000 m² 当たり）

名　　称	規　　格	単位	人力除草	機械除草Ⅰ	機械除草Ⅱ	摘　　要
土木一般世話役		人	1.30	0.49	0.40	
特殊作業員		〃	—	0.90	0.36	
普通作業員		〃	7.70	1.10	1.00	
軽作業員		〃	—	0.07	0.07	
草刈機損料	肩掛式　カッタ径255 mm	日	—	0.90	0.18	
〃	ハンドガイド式・笹/ヨシ等用　刈幅95 cm	〃	—	—	0.18	
トラック運転	普通型　2 t積	h	1.60	1.60	1.60	表6-3
諸雑費		%	3	11	5	

（注） 1. 補助刈は，上表に含む。
　　　 2. 障害物の除去は，上記歩掛に含む。
　　　 3. トラックの運転は，公園内での運搬作業である。
　　　 4. 諸雑費は，ガソリン，切刃，鎌，熊手，竹箒，フォーク，ブルーシート等の費用であり労務費，機械損料および運転経費の合計額に上表の率を乗じた金額を上限として計上する。
　　　 5. 廃棄，処分等が必要な場合は，別途計上する。

6-6-2 水辺（水中）

（1）適用範囲

本歩掛は，池，湖，河川など水辺において，アシなどを水中で人力で刈る場合に適用する。

（2）歩掛表

表6-86 人力による水中除草歩掛 （100 m² 当たり）

名　称	規　格	単位	人力	摘　要
普通作業員		人	1.0	主作業（刈取り作業）
軽作業員		〃	0.5	主作業補助（水辺から陸上への運搬等）
諸雑費		%	5	

（注） 1. 水面に浮遊している障害物除去は，上記歩掛に含まれている。なお，障害物の廃棄，処分費用等が必要な場合は，別途積上げるものとする。
　　　 2. 諸雑費は，鎌等の費用であり労務費の合計額に上表の率を乗じた金額を上限として計上する。

6-7　菖蒲田管理工

6-7-1　掘取り

（1）適用範囲

菖蒲田として管理されているものに適用する。

（2）歩掛表

表6-87　掘取り歩掛　　　　　　　　　　　　　　　（100株当たり）

名　　　称	規　格	単位	数量	摘　　要
造　園　工		人	1.1	掘取り
普 通 作 業 員		〃	0.31	同上手伝い

（3）積算の留意点

作業状況，立地条件により2割以内の増減ができる。

6-7-2　株分け

（1）適用範囲

掘取り後，速やかに全体を1/3～1/2切り取って5～7芽を含む花茎とし，1本ずつに分け，扇状に外葉を切り詰る場合に適用する。

（2）歩掛表

表6-88　株分け歩掛　　　　　　　　　　　　　　　（100株当たり）

名　　　称	規　格	単位	数量	摘　　要
造　園　工		人	1.1	株分け，古根取り
普 通 作 業 員		〃	0.31	同上手伝い

（3）積算の留意点

作業状況により3割以内の増減ができる。

6-7-3　植付け

（1）適用範囲

株分けした花茎（5～7芽を含む）4～5本を1株として，配色を考慮し植え付ける場合に適用する。必要があれば簡単な耕うん整地を含む。

（2）歩掛表

表6-89　植付け歩掛　　　　　　　　　　　　　　　（100株当たり）

名　　　称	規　格	単位	数量	摘　　要
造　園　工		人	2.1	整地，植付け
普 通 作 業 員		〃	0.63	同上手伝い

（3）積算の留意点

作業状況により3割以内の増減ができる。

6-7-4 除　　草
（1）適用範囲

雑草は根より丁寧に抜き，園内の指定箇所に集積する場合に適用する。

（2）歩 掛 表

表6-90　菖蒲田管理工　除草歩掛　　　　　　　　　　（100 m² 当たり）

種　　別	規　格	単　位	普通作業員	摘　要
除　　草　岡作り		人	1.3	
池作り		〃	1.7	

（3）積算の留意点

作業状況により3割以内の増減ができる。発生材の処分がある場合は別途積算する。

6-7-5 施　　肥
（1）適用範囲

指定の肥料を菖蒲の根に触れないよう，株間に溝を掘り，施肥してから埋め戻す場合に適用する。

（2）歩 掛 表

表6-91　菖蒲田管理工　施肥歩掛　　　　　　　　　　（100 m² 当たり）

名　　称	規　格	単　位	数　量	摘　要
造　園　工		人	1.1	溝掘り，施肥，埋戻し
普通作業員		〃	0.31	同上手伝い
施　　肥		kg		

（注）施肥数量は，必要に応じて算出するものとする。

（3）積算の留意点

作業状況により3割以内の増減ができる。

6-8　バラ園管理工

6-8-1 剪　　定
（1）適用範囲

バラ株を整え，不必要な枝を取り除く場合に適用する。

（2）歩掛表

表6-92　バラ園管理工　剪定歩掛　　　（100本当たり）

名称	規格	単位	剪定 夏期	剪定 冬期	摘要
造園工		人	1.4	2.1	軽剪定および基本剪定
普通作業員		〃	0.4	0.63	同上手伝いおよび剪定枝片付け

（3）積算の留意点

1) 少数および点在する場合は3割以内の割増ができる。
2) 発生枝は園内の指定場所に集積し，処分費を要する場合には別途積算する。

6-8-2　摘　蕾

（1）適用範囲
品種物の大輪咲きに適用する。

（2）歩掛表

表6-93　バラ園管理工　摘蕾歩掛　　　（100本当たり）

名称	規格	単位	数量	摘要
造園工		人	1.5	ピンチ，摘芯，脇蕾取り
普通作業員		〃	0.46	同上手伝いおよび片付清掃

（3）積算の留意点
少数および点在する場合は3割以内の割増ができる。

6-8-3　摘　実

（1）適用範囲
開花後の花殻取りに適用する。

（2）歩掛表

表6-94　バラ園管理工　摘実歩掛　　　（100本当たり）

名称	規格	単位	数量	摘要
造園工		人	1.6	花後の整枝，花殻取り
普通作業員		〃	0.47	同上手伝いおよび片付清掃

（3）積算の留意点

1) 少数および点在する場合は3割以内の割増ができる。
2) 花殻取りは1本当たり歩掛に換算し，一定周期で計上する。

6-8-4 除　　草
（1）適用範囲

雑草は根より丁寧に抜き，園内の指定箇所に集積する場合に適用する。

（2）歩掛表

表 6-95　バラ園管理工　除草歩掛　　　　　　　　　　（100 m² 当たり）

名　　称	規　　格	単　位	普通作業員	摘　　要
除　　草		人	0.31	

（3）積算の留意点

作業状況に応じて3割以内の増減ができる。

6-9　園地清掃

6-9-1　園地清掃
（1）適用範囲

園地清掃は，地区公園規模以上の公園の園路広場・植込地など全域を対象とし，ゴミ，空缶，吸殻など取りこぼしのないよう集め，指定箇所に集積する場合に適用する。

（2）歩掛表

表 6-96　園路広場清掃　　　　　　　　　（清掃面積 100 m² 当たり）

名　　称	規　　格	単　位	数　量	摘　　要
軽　作　業　員		人	0.0076	拾い集め，掃き清掃

表 6-97　植込地（芝地含む）清掃　　　　　（清掃面積 100 m² 当たり）

名　　称	規　　格	単　位	数　量	摘　　要
軽　作　業　員		人	0.0038	拾い集め清掃

表 6-98　清掃標準作業率

通常時期	繁忙時期
0.2〜0.4	0.45〜0.7

清掃面積＝対象面積×清掃標準作業率

（注）作業率は標準とし，現地利用状況に応じて調整できるものとする。

（3）積算の留意点

1) 収集したゴミは，不燃・可燃に分別しゴミ袋に詰め替える。

2) 園地清掃回数は，週3〜4回を標準とし，時期や来園者の有無により清掃回数を調整する。

3) ゴミ袋は，園地清掃に含むものとし，積算はしない。
4) ゴミの廃棄物処理費は，別途積算する。
5) 園路広場清掃・植込地清掃は組合せで行い，花見シーズン・ゴールデンウィーク・落葉の時期は，植込地清掃区域であっても，園路広場清掃の歩掛を流用できるものとする。
6) 小面積の場合は別途積算する。

6-10 建設機械運転労務等

6-10-1 建設機械運転労務
(1) 適用職種
建設機械の運転・操作に関わる職種区分は，次表のとおりとする。

表6-99 適用職種

職　種	摘　要
運転手（特殊）	特殊免許，資格等を必要とする建設機械
運転手（一般）	上記以外で，公道を走行する建設機械
特殊作業員	上記以外で，公道を走行できない建設機械

(2) 労務歩掛
機械運転1時間当たり労務歩掛は，次式による。

$$歩掛 = \frac{1}{T} （人/h）$$

(注) 1. Tは運転日当たり運転時間で請負工事機械経費積算要領第4第4項および第6（損料表に掲載）の定めによる。なお，Tは4～7時間について適用するものとし，Tが4時間未満の場合は4を，7時間を超える場合は7を使用する。
2. 運転日当たり運転時間（T）は，小数第2位を四捨五入して，小数第1位止めとし，機械運転1時間当たり労務歩掛は，小数第3位を四捨五入して，小数第2位止めとする。

(3) 機械運転単価表
本資料は，各工種に使用する機械のうち，標準的な機種について単価表を示したものであり，各工種の単価表欄の指定に基づき作成する。
1) 各工種の中で特に指定していない場合，次による。
　・労務歩掛は「6-10-1 建設機械運転労務（2）労務歩掛」による。
　・主燃料の種類と燃料消費率については「建設機械等損料算定表」（損料表に掲載）の(16)欄と(17)欄による。
2) 各機種，規格ごとに次の事項を記入する。
　・表題には，機械名を記入する。
　・燃料費の規格欄には，燃料の種類を記入する。
　・機械損料の規格欄には，機械の規格を記入する。

機-1　運転1時間当たり単価表

名　称	規　格	単　位	数　量	摘　要
運　転　手　（特　殊）		人		6-10-1　建設機械運転労務による損料表による
燃　料　費		ℓ		
機　械　損　料		h	1	
諸　雑　費		式	1	
計				

機-6　運転1時間当たり単価表

名　称	規　格	単　位	数　量	摘　要
運　転　手　（一　般）		人		6-10-1　建設機械運転労務による損料表による
燃　料　費		ℓ		
機　械　損　料		h	1	
諸　雑　費		式	1	
計				

機-19　運転1日当たり単価表

名　称	規　格	単　位	数　量	摘　要
運　転　手　（一　般）		人		
燃　料　費		ℓ		
機　械　損　料		供用日		
諸　雑　費		式	1	
計				

（注）以上の機械運転単価表は，国土交通省土木工事標準積算基準書において記載されている機械運転単価表（機-1～機-32）のうち，本書で使用するものを抜粋している。

引用・参考文献

1. 「土木工事標準積算基準書（共通編）平成28年度（4月版）」，国土交通省
2. 「土木工事標準積算基準書（道路編）平成28年度（4月版）」，国土交通省
3. 経済調査会積算研究会編「平成28年度版　工事歩掛要覧〈土木編　上〉」，経済調査会
4. 経済調査会積算研究会編「平成28年度版　工事歩掛要覧〈土木編　下〉」，経済調査会

第7章 施工事例

7-1 施工事例について

施工事例では,「第6章 植物維持管理積算基準」に記載している歩掛について具体的な積算への活用がイメージできるよう,それぞれの作業ごとに事例を挙げて,その事例に対する内訳書を掲載している。ただし,「公園維持管理」を対象とした工事工種体系が未整備のため,内訳書における工種・種別・細別の内容は,参考とした資料による。

内訳書の摘要欄には,対象となる歩掛の番号が記載されているので参考にされたい。薬剤等については,個々の現場の条件によって適切な数量が異なるため,内訳書には具体的な数量等の記載を避けている。実際の積算に当たっては,薬剤等の適切な数量を反映した費用を計上する必要がある。なお,対象となる歩掛が「第6章 植物維持管理積算基準」に掲載されていない場合は,見積等によって対応することが望ましい。

内訳書に掲載しているのは直接工事費のみである。実際の積算においては,「工事」で発注する場合は間接工事費と一般管理費等を,「役務」で発注する場合は諸経費を,適切に計上する必要がある。

7-2 樹木管理工

7-2-1 樹木手入作業(1)

表 7-1 事例概要

公園・緑地の種別	風致公園
敷地面積	公園・緑地の面積 (23 ha),事例面積 (10 ha)
公園・緑地の概要 作業条件等	外周植栽で道路および住宅に近接している樹木および修景木の剪定。 枯損木処理は樹林内の枯損および衰弱木。

表 7-2 内訳書

工種 / 種別 / 細別	規格	数量	単位	単価	金額	摘要
樹木手入作業委託 　整枝剪定 　　常緑樹	幹周(cm)　30 以上　60 未満	1	本			表 6-1
〃	〃　　　　60 以上　90 未満	5	〃			〃
〃	〃　　　　90 以上 120 未満	7	〃			〃
〃	〃　　　120 以上 150 未満	8	〃			〃
〃	〃　　　150 以上 180 未満	4	〃			〃
〃	〃　　　180 以上 210 未満	4	〃			〃
〃	〃　　　210 以上 240 未満	1	〃			〃
〃	〃　　　240 以上 270 未満	1	〃			〃

表 7-2 (つづき)

工　種			規　　格	数　量	単　位	単価	金額	摘　　要
	種　別							
		細　別						
	落 葉 樹		幹周(cm)　120 以上 150 未満	5	本			表6-1
	〃		〃　　　　180 以上 210 未満	3	〃			〃
	〃		〃　　　　210 以上 240 未満	2	〃			〃
枯木処理(人力)								
	伐　採		幹周(cm)　 30 以上 60 未満	2	本			表6-22
	〃		〃　　　　 60 以上 90 未満	2	〃			〃
	〃		〃　　　　 90 以上 120 未満	1	〃			〃
	〃		〃　　　　150 以上 200 未満	1	〃			〃
合　　計								

7-2-2　樹木手入作業 (2)

表 7-3　事例概要

公園・緑地の種別	運動公園
敷地面積	公園・緑地の面積 (8 ha), 事例面積 (2 ha)
公園・緑地の概要 作業条件等	樹木手入れは植栽後5年目の剪定作業。 控木撤去は樹木が活着したことによる整理撤去作業。 施肥工は成長が不良な樹木の土壌改良を兼ねた作業。

表 7-4　内訳書

工　種			規　　格	数　量	単　位	単価	金額	摘　　要
	種　別							
		細　別						
樹木手入れその他作業委託								
整枝剪定								
	落 葉 樹		幹周(cm)　 30 以上 60 未満	6	本			表6-1
	〃		〃　　　　 60 以上 90 未満	39	〃			〃
	〃		〃　　　　 90 以上 120 未満	17	〃			〃
	〃		〃　　　　120 以上 150 未満	1	〃			〃
控木取付・撤去工								
	支柱結束直し		八ツ掛　幹周(cm)　60 未満	1	基			表6-28
	支柱取外し		〃　　　　〃　　　60 未満	234	〃			表6-26
施　肥　工								
	高 木 施 肥		幹周(cm)　 90 以上 120 未満	21	本			表6-16
	腐 葉 土			必要量	袋			見積りによる
	固 形 肥 料			必要量	〃			〃
合　　計								

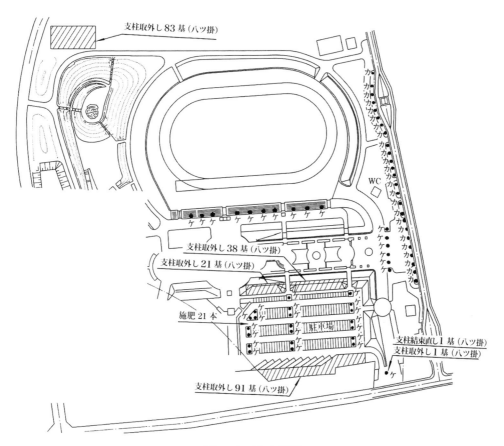

図 7-1 施工場所

表 7-5 施工概要

凡例	細別	規格			数量	単位	備考
●ケカ	整枝剪定（落葉樹）	幹周(cm)	30 以上	60 未満	6	本	ケヤキ，カツラ
●ケカ	〃	〃	60 以上	90 未満	39	〃	ケヤキ，カツラ
●ケ	〃	〃	90 以上	120 未満	17	〃	ケヤキ
●ケ	〃	〃	120 以上	150 未満	1	〃	ケヤキ
	高木施肥	〃	90 以上	120 未満	21	〃	駐車場ケヤキ
	支柱結束直し	八ツ掛	幹周(cm)	60 未満	1	基	
▨	支柱取外し	〃	〃	〃	234	〃	

7-2-3 支障樹木処理

表 7-6 事例概要

公園・緑地の種別	都市緑地
敷地面積	公園・緑地の面積（24 ha），事例面積（15 ha）
公園・緑地の概要 作業条件等	枯損木処理作業はマツノザイセンチュウによる被害木の伐採作業で薬剤処理を行う。 剪定処理作業は枯損枝の処理作業。

表 7-7 内訳書

工種	種別	細別	規格	数量	単位	単価	金額	摘要
支障樹木処理								（マツノザイセンチュウ対策）
	枯木処理(人力)							
		伐採	幹周(cm) 20 以上 30 未満	1	本			表 6-22
		〃	〃 30 以上 60 未満	6	〃			〃
		〃	〃 60 以上 90 未満	3	〃			〃
		〃	〃 90 以上 120 未満	4	〃			〃
		〃	〃 120 以上 150 未満	5	〃			〃
		〃	〃 150 以上 200 未満	6	〃			〃
	整姿剪定							
		針葉樹	幹周(cm) 60 以上 90 未満	2	本			表 6-5
		〃	〃 90 以上 120 未満	6	〃			〃
		〃	〃 120 以上 150 未満	2	〃			〃
		〃	〃 150 以上 180 未満	3	〃			〃
薬剤処理作業								
	薬剤処理			1	式			見積りによる
合計								

7-3 芝生管理工

7-3-1 芝生管理

表 7-8 事例概要

公園・緑地の種別	国営公園
敷地面積	公園・緑地の面積（約180 ha，うち開園面積約169 ha），事例面積（芝生約13 ha）
公園・緑地の概要作業条件等	公園内に配置された芝生地は，重要な景観構成要素であるとともにスポーツ，遊戯，休養など多目的な利用に供されている。 これらの芝生地の総面積は約13 ha（コウライシバ，ノシバ約7 ha，ティフトン約6 ha）に及び，修景性，利用頻度，作業性（機械の使用有無）などの違いにより管理水準をA～Gの7ランクに区分している（図7-2，表7-9）。 ランクAはスポーツ競技用の芝生地，ランクBは日本庭園およびカナールに配置された芝生地に採用しており，いずれも一般的な公園の芝生地の管理水準と比べて高く設定している。ランクCは出入口周辺など重要な景観構成要素を担う芝生地に採用しており，芝草を健全な状態に維持する上での標準的な水準設定としている。ランクDはランクCの管理水準に準じるものの，維持管理費の制約から芝生地の修景性や利用頻度を考慮して水準を少し下げて設定しており，公園内の主要な広場の多くはこれを採用している。水準設定に当たっては，芝刈の集草に着目し，集草あり・なしの回数や時期が芝生の生育に与える影響を数年かけて調査の上，その影響が最小限にとどまるような組合せとしている。ランクEは，公園内にあるほかの芝生地と異なり，ティフトン芝を主体とした大面積で，かつ遊びや軽運動のような動的利用が特に多い芝生地に採用しており，雑草も含めた緑のターフとして維持できるよう特別な水準設定としている。ランクFは樹林地，広場，低木あるいは公園施設など園内の異なる空間を緑でつなぐ役割を担う芝生地に，ランクGは法面など土壌保全を主な目的とした芝生地にそれぞれ採用しており，いずれもほかの芝生地と比べて管理水準の設定は低い。 芝生地を維持するに当たっては除草剤を一切使用しておらず，また，公園利用者をはじめ周辺住民および環境に配慮して，薬剤の予防散布も行っていない。各管理作業を充実させることで健全な芝草の維持に努め，病虫害の発生を抑えて薬剤の使用を極力減らすように努力している。やむを得ず薬剤を使用する場合にも，できる限り公園開園前の早朝または公園閉園後の夕方に行っている。

表 7-9 芝生管理水準別年間

芝生の主な種類		コウライシバ		
工種		A	B	C
対象区域		ニュースポーツ広場	カナール，日本庭園	公園出入口，水鳥の池
管理目標	刈込高	1.5 cm	2.5 cm	3 cm
	維持芝高	3 cm 以下	4 cm 以下	5 cm 以下
	雑草混入度	混入一切なし	混入一切なし	混入可能な限りなし
	土壌硬度（エアレーション実施基準）	土壌硬度 20 mm 以下維持	土壌硬度 20 mm 以下維持	土壌硬度 20 mm を超えたら施工検討
	芝生被度（目土掛け実施基準）	エアレーション実施時，また床土が少し見える状態およびプレーに支障が出る不陸が生じた場合に施工	エアレーション実施時，または，床土が少し見える状態時に施工	エアレーション実施時，または，床土が少し見える状態時に施工
年間標準実施回数	芝刈 集草あり	20 回	8 回	5〜8 回
	芝刈 集草なし			
	施肥	2 回	1〜2 回	1 回
	人力除草	3 回	4〜6 回	1〜3 回
	薬剤散布	適宜	適宜	適宜
	目土掛け	1 回	1 回	0〜1 回
	エアレーション	2 回	1 回	0〜1 回
	ローラー転圧	2 回		
	補植	適宜	適宜	適宜
備考				
対象面積計　127,591 m²		899 m²	7,985 m²	15,040 m²
全体に占める割合		0.7%	6.3%	11.8%

凡例
A：競技性を考慮した高度な管理を行う芝生地
B：特に修景性を重視した高度な管理を行う芝生地
C：出入口周辺など公園として重要な景観を担う芝生地
D：ランクCの管理水準に準ずるものの，維持管理費の制約から，若干管理水準を下げた芝生地
E：特に遊びや軽運動を主な利用目的とし，雑草を含めた緑のターフとして維持する大面積の芝生地
F：樹林地，広場，低木あるいは公園施設など園内の異なる空間を緑でつなぐ役割を担う芝生地
G：法面などの土壌保全を主目的とした芝生地

管理計画表の例

コウライシバ, ノシバ	ティフトン, ノシバ	コウライシバ, ノシバ		施工面積合計
D	E	F	G	
ふれあい広場, 展望台, 花木園 (K)	みんなの原っぱ（ティフトン部分）	こどもの森, 水遊び広場, 原っぱ南売店前, 花木園売店前, ニュースポーツ広場コート周辺	外周植栽, 緩傾斜護岸, 花木園 (F, T)	
3 cm	2 cm	4 cm	5 cm	
5 cm 以下	4 cm 以下	7 cm 以下	10 cm 以下	
一部混入を容認	混入を容認	一部混入を容認	混入を容認	
土壌硬度 25 mm を超えたら施工検討		土壌硬度 25 mm を超えたら施工検討		
エアレーション実施時, または芝草被度が 50% 以下になった場合に施工	裸地が極端に目立ち, 芝生または草の回復が早急に必要な場合に施工	裸地が極端に目立ち, 芝生または草の回復が早急に必要な場合に施工		
1〜3 回	5 回	3〜5 回	3〜4 回	578,150 m²
6〜8 回	9 回			802,640 m²
0〜1 回	2 回	0〜1 回		152,290 m²
0〜1 回				5,980 m²
適宜	適宜	適宜	適宜	10,800 m²
0〜1 回				42,890 m²
0〜1 回	1 回			97,160 m²
				1,790 m²
適宜	適宜	適宜	適宜	500 m²
維持管理の制約上「芝刈集草なし」を組み合わせて施工	「みんなの原っぱ」の利用形態・頻度を勘案した水準設定			
37,011 m²	56,190 m²	6,482 m²	3,984 m²	
29.0%	44.0%	5.1%	3.1%	

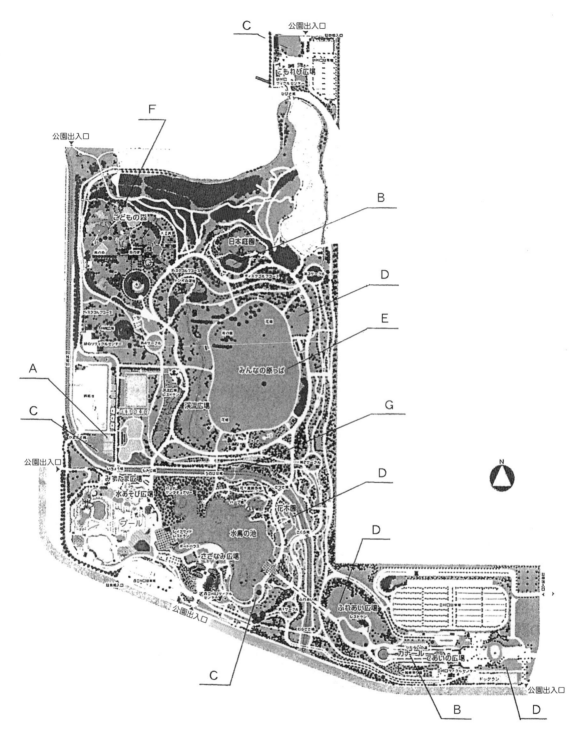

図 7-2 芝生管理水準区分図

表 7-10 内訳書

工種 / 種別 / 細別	規　格	数　量	単　位	単価	金額	摘　要
芝生管理						
芝刈り						
芝刈り(1)	ハンドガイド式（刈放し）	113,590	m²			表 6-46
芝刈り(2)	ハンドガイド式（集草）	258,750	〃			〃
芝刈り(3)	3連トラクタモア（刈放し）	689,050	〃			〃
芝刈り(4)	3連トラクタモア（集草）	319,400	〃			〃
施　肥						
施　肥(1)	人力施工	39,910	m²			表 6-51
施　肥(2)	機械施工	112,380	〃			表 6-52
除　草	人力除草	5,980	〃			表 6-56
目土掛け	人力，5 mm 厚	42,890	〃			表 6-54
エアレーション	コアリング	97,160	〃			表 6-61
病虫害防除	動力噴霧機	10,800	〃			表 6-60
ローラー転圧		1,790	〃			見積りによる
芝切り		1,400	m			〃
補　植	張芝	500	m²			表 6-65
合　計						

7-4 樹林地管理工

7-4-1 樹林地管理

表 7-11 事例概要

公園・緑地の種別	広域公園
敷地面積	公園・緑地の面積（120 ha），事例面積（50 ha）
公園・緑地の概要 作業条件等	丘陵地に存する公園内に残された既存樹林で，クヌギ，コナラ林とマツ林が主体の二次林である。 林地の約2分の1は，利用上あるいは景観上から，下草刈り，間伐によって疎林化を図っている。 松枯れの被害に対しても間伐によって処理するとともに，地上散布，樹幹注入により防除を行っている。 ①下草刈対象地：毎年実施する林地は，林内利用をさせる区域および低木層のヤマツツジを育成させる区域（計190,000 m²）と，3年に1回程度実施する林地（計150,000 m²，1年当たり50,000 m²）とする。 ②間伐対象地：アカマツ林を保全する区域15 ha，林間広場など15.5 ha，ヤマツツジなどの林床植物に見せる区域3.5 haを対象にほぼ5年間隔で実施。 ③病虫害防除対象地：マツ枯れ対策として，園内のマツ林計29.6 haを対象に実施。

表 7-12 内訳書

工　種			規　格	数　量	単　位	単価	金額	摘　要
種別								
	細別							
樹林地管理								
下草刈り				240,000	m²			表6-70
間伐				5,000	本			
	間伐 (1)		幹周(cm)　30 未満	500	〃			表6-66
	間伐 (2)		〃　　　30 以上 60 未満	500	〃			〃
	間伐 (3)		〃　　　60 以上 90 未満	1,500	〃			〃
	間伐 (4)		〃　　　90 以上 120 未満	1,500	〃			〃
	間伐 (5)		〃　　　120 以上 150 未満	500	〃			〃
	間伐 (6)		〃　　　150 以上 200 未満	500	〃			〃
病虫害防除				1	式			
樹幹注入				3,700	本			表6-71
合　計								

7-4 樹林地管理工

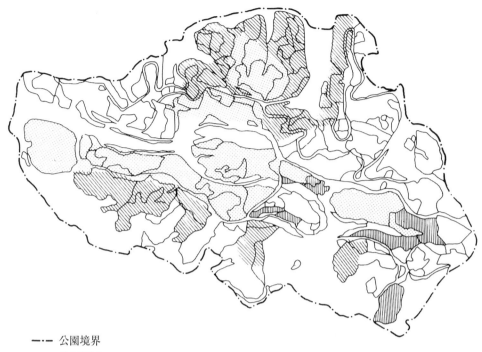

　－・－　公園境界
　───　林相区界
　▨▨▨　ヤマツツジを育成させる区域（毎年実施）
　▨▨▨　林内利用をさせる区域（毎年実施）
　▨▨▨　3年に1回程度下草刈りを実施する区域

図 7-3　下草刈りおよび間伐対象地

7-5 草花管理工

7-5-1 施設花壇管理

表 7-13 事例概要

公園・緑地の種別	国営公園
敷地面積	公園・緑地の面積（約 650 ha），事例面積（花壇　約 7,000 m²）
公園・緑地の概要	対象となる施設花壇は，スイセンの花の断面をモチーフにしてデザインされており，花壇のある広場には滝，噴水，カスケードなどが設置されている。公園出入口すぐに設置されているため，1年中絶え間なく花が見られるよう年間管理計画を立てている。

表 7-14 管理数量表

種別	単位	4月	5月	6月	7月	8月	9月	10月	11月	12月	1月	2月	3月	計
地拵え	m²			3,851									1,926	5,777
施肥	〃			3,851									1,926	5,777
植付け	〃			4,063			1,013		3,851				1,926	10,853
巡回管理	回	10	10	8	15	15	8	10	8	8	6	6	6	110

表 7-15 内訳書

工種			規格	数量	単位	単価	金額	摘要
	種別							
		細別						
草花管理工								
	施設花壇管理							
		地拵え		5,777	m²			表 6-72
		施肥	元肥	5,777	〃			表 6-78
		草花植付け	花壇苗	10,853	〃			表 6-73
		巡回管理		110	回			表 6-76
	合計							

表 7-16 花壇材料数量表

凡例：○ 播種（委託栽培）　▨ 春期　■ 夏期
　　　● 仮植（委託栽培）　▥ 秋期　□ 冬期
　　　◎ 定植

品目	3月	4月	5月	6月	7月	8月	9月	10月	11月	12月	1月	2月	上段 株数（下段）(株/m²)
パンジー	○▨	▨	▨					○	●				80,605 (28)
デイジー	○▨	▨	▨						○●				5,285 (28)
クリサンセマム	○	▨	▨						○●				5,969 (28)
セントーレア	○	▨	▨					○●					2,985 (28)
マリーゴールド	●			◎■	■	■	◎▥	▥ ←〔6,700株〕				○	18,041 (25)
サルビア	●			◎■	■	■	▥	▥				○	12,987 (25)
アゲラータム	○●			◎■	■	■	▥	▥				○	9,362 (25)
ベゴニア	●			◎■	■	■	◎▥	▥ ←〔19,064株〕				○	23,566 (25)
ケイトウ	●			◎■	■	■						○	9,332 (28)
ニチニチソウ	●			◎■	■	■						○	14,479 (36)
ペチュニア	●			◎■	■	■						○	6,452 (25)
インパチェンス	●			◎■	■	■	▥					○	11,072 (25)
コリウス	○	●		◎■	■	■						○	3,829 (25)
センニチコウ		○	●				◎▥	▥					4,900 (28)
ハボタン	□				○	●		◎					29,600 (7)

（注）秋花壇は一部夏花壇より継続し，マリーゴールド，ベゴニアについては〔　〕内の数量を補植する。

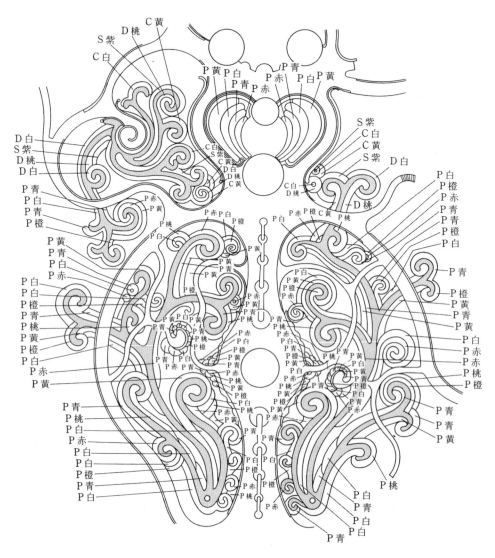

P：パンジー　80,605 株　　C：クリサンセマム，ノースポール，ムルチコーレ　5,969 株
D：デイジー　5,285 株　　S：セントーレア　2,985 株

出典：経済調査会「植栽の設計・施工・管理」

図 7-4　春花壇植栽図

7-5-2 球根類による草花管理

表 7-17 事例概要

公園・緑地の種別	国営公園
敷地面積	公園・緑地の面積(約 10,000 ha，うち開園面積 271 ha)，事例面積(花壇 約 3,500 m²)
公園・緑地の概要	川の流れをイメージして作られた花壇において季節の花修景が行われており，そのうち春期は，チューリップ，ムスカリなど 20 万球以上の球根類を使ってデザインしている。

表 7-18 管理数量表

細別	単位	4月	5月	6月	7月	8月	9月	10月	11月	12月	1月	2月	3月	計
地拵え	m²							2,520						2,520
施肥	〃							2,520						2,520
植付け	〃							2,520						2,520

表 7-19 内訳書

工種			規格	数量	単位	単価	金額	摘要
種別								
	細別							
草花管理工								
球根類管理								
地拵え				2,520	m²			表 6-72
施肥			元肥	2,520	〃			表 6-78
草花植付け			宿根草・球根類	2,520	〃			表 6-74
合計								

表 7-20 球

記号	チューリップ品種名	系統	色	花壇1	花壇2	花壇3	花壇4	花壇5
ES	エンパイヤーステート	DH	赤	13	1.8	115	14.4	12.6
OX	オックスフォード	DH	赤	6.3	63.9	30.6	1.8	2.7
AD	アベルドーンエリート	T	赤	32.4	61.2	22.5	13.5	1.8
DH	ドンキホーテ	T	濃桃	9	53.1	21.6	35.2	26.1
RB	ローズビューティ	T	濃桃	12.6	4.5	14.4		
HN	ハイヌーン	T	濃桃	40.5	10.8	16.2	4.5	1.8
PI	ピンクインプレッション	DH	淡桃	2.7	13.5			
CD	クリスマスドリーム	SE	淡桃	27	18	25.5	11.7	8.1
AT	アテラ	T	紫	18	5.4	1.8	6.3	3.6
OXE	オックスフォードエリート	DH	赤黄	19.8	2.7	18.1	16.2	16.2
KN	ケースネリス	T	赤黄	27	3.6	5.4	12.6	18.9
EP	イエローヒューリシマ	F	黄	14.4	15.3	17.1	20.7	15.3
KK	黄小町	T	黄	20.7	52.2	5.4	3.6	4.5
IF	アイボリーフロラデール	DH	乳色	27.9	97.2	24.3	11.7	7.2
SH	白雪姫	DH	白	36.9	10.8	11.2	57.6	36
AB	アルビノ	T	白	12.6	14.4			
GR	ガンダースラプソティ	SL	白桃	18.9	9.9	7.2	8.1	
WE	ホワイトエンペレス	F	白	9.9	7.2	12.6	6.3	18
GM	ゴールデンメロディ	T	黄	37.8	39.6	34.2	14.4	15.3
OE	オレンジエンペラー	F	橙	11	35.1	6.3		
MK	モンテカルロ	DE	黄	9.9	18.9			
BM	ブルーアイマーブル	SL	青	7.3				
SB	ソルベット		白赤	4.5				
GI	グリーンランド	V	桃緑	5.4				
計				426	539	389	239	188

7-5 草花管理工

根数量表

花壇6	花壇7	花壇8	花壇9	花壇10	花壇11	花壇12	面積(m²)	球根数	1m²当たり植付数
							156.8	6,900	44
2.7	20.3	23.4					151.7	6,675	44
7.2	9	3.6					151.2	6,653	44
26.1	14.4						185.5	8,162	44
							31.5	1,386	44
23.4	21.6	9.9	27.9				156.6	6,891	44
							16.2	713	44
50.4	61.2	3.6	3.6	0.9			210	9,240	44
1.8	14.4						51.3	2,258	44
9	30.6						112.6	4,955	44
7.2	42.3	2.7	40.5				160.2	7,049	44
49.5	14.4	4.5	12.6	2.7			166.5	7,326	44
10.8	10.8	2.7	1.8	20.7			133.2	5,861	44
16.2	14.4						198.9	8,752	44
16.2	7.2	8.1	15.3	31.5			230.8	10,156	44
							27	1,188	44
							44.1	1,941	44
							54	2,376	44
42.3							183.6	8,079	44
							52.4	2,306	44
							28.8	1,268	44
							7.3	322	44
							4.5	198	44
							5.4	238	44
263	261	58.5	102	55.8			2,520	110,893	

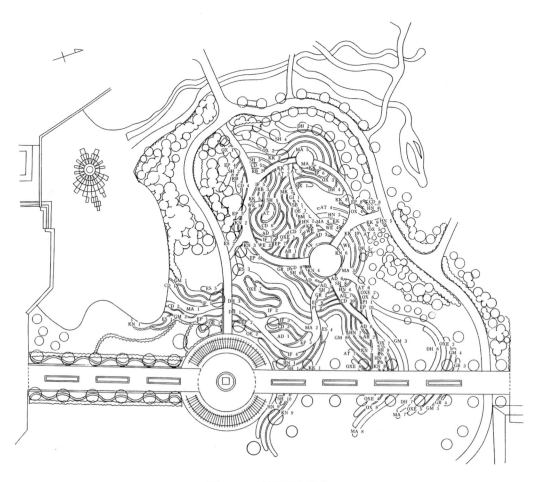

図 7-5 球根類植栽図

7-5-3 播種による草花管理

表 7-21 事例概要

公園・緑地の種別	地区公園
敷地面積	公園・緑地の面積（約10 ha），事例面積（草花管理エリア 440 m²）
公園・緑地の概要 作業条件等	河川沿いの細長い公園で，少年野球場，テニスコート，芝生広場などが設置されており，憩いとうるおいの空間創出を目的に，草花の播種および管理を行っている。施工区はA～Iまであり，そのうちG～Iは初めての施工となるため，耕うん，土壌改良を実施する。

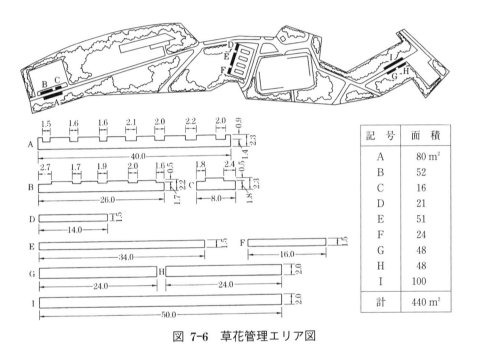

記号	面積
A	80 m²
B	52
C	16
D	21
E	51
F	24
G	48
H	48
I	100
計	440 m²

図 7-6 草花管理エリア図

表 7-22 管理工程表

細　別	4月	5月	6月	7月	8月	9月	10月	11月	12月	1月	2月	3月
播　種				■				■				
刈取り			■									
薬剤散布					■							
人力除草			■		■	■	■					■

（注）1回目の刈取りと人力除草はA～Fを対象区域とする。

表 7-23　内訳書

工　　種	規　　格	数　量	単　位	単価	金額	摘　　要
種　別						
細　別						
草花管理工						
播種による草花管理						
除草剤散布	動力噴霧機	196	m²			G～I 表6-58
耕うん		196	〃			G～I 見積りによる
土壌改良工		196	〃			G～I 見積りによる
播　種	春・秋	880	〃			A～I 表6-75
刈取り	機械除草Ⅰ（肩掛式）1回目	244	〃			A～F 表6-82
〃	機械除草Ⅰ（肩掛式）2回目	440	〃			A～I 表6-82
人力除草	1回目	244	〃			A～F 表6-80
〃	2～5回目	1,760	〃			A～I 表6-80
薬剤散布	動力噴霧機	880	〃			A～I 表6-58
合　　計						

7-6 草地管理工

7-6-1 草原管理(くさはら)

表 7-24 事例概要

公園種別		近隣公園(3 ha),事例面積(約 2.6 ha 草地の合計)	
条件	広場部分	草原広場で全面に雑草が繁茂している。年3回の草刈り	集草場所は園内
	植込地 A	植込地で雑草が点在している。　　年3回の草刈り	
	植込地 B		年3回の草刈り	

表 7-25 作業予定表

工　種	種　　別	回　数	4月	5月	6月	7月	8月	9月	10月
草刈工	広場部分	3			━	━	━		━
	植込地 A	3			━	━	━		━
	植込地 B	3			━	━	━		━

表 7-26 内訳書

工　　種	種　　別	数　量	単位	単価	金額	摘　　要
草刈工	広場部分	24,000	m²			8,000 m²/1回×3回
	植込地 A	54,900	〃			18,300 m²/1回×3回
	植込地 B	5,700	〃			1,900 m²/1回×3回
工事費計						

表 7-27 除草工(広場部分)代価表　　　　　　　　(1,000 m² 当たり)

細　　別	規　　格	数　量	単位	単価	金額	摘　　要
機械除草	機械除草Ⅱ(ハンドガイド式+肩掛式)	1,000	m²			表 6-83
集　草		1,000	〃			表 6-84
積込み・運搬		1,000	〃			〃
合　　計						

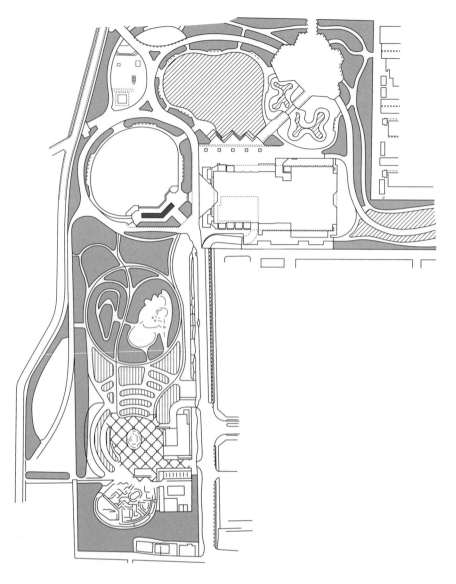

凡　　例	種　　　別	1回当たりの作業面積	回数	摘　　　要
▨	広　場　部　分	8,000 m²	4	機械除草Ⅱ（ハンドガイド式＋肩掛式）
▰	植　込　地　A	18,300 m²	3	機械除草Ⅰ（肩掛式）
▥	植　込　地　B	1,900 m²	3	人力除草

図 7-7　施工場所

表 7-28 除草工（植込地 A）代価表

(1,000 m² 当たり)

細 別	規 格	数 量	単 位	単価	金額	摘 要
機 械 除 草	機械除草Ⅰ（肩掛式）	1,000	m²			表 6-82
集 草		1,000	〃			表 6-84
積込み・運搬		1,000	〃			〃
合 計						

表 7-29 除草工（植込地 B）代価表

(1,000 m² 当たり)

細 別	規 格	数 量	単 位	単価	金額	摘 要
人 力 除 草		1,000	m²			表 6-80
集 草		1,000	〃			表 6-84
積込み・運搬		1,000	〃			〃
合 計						

7-7 菖蒲田管理工

7-7-1 ハナショウブ管理

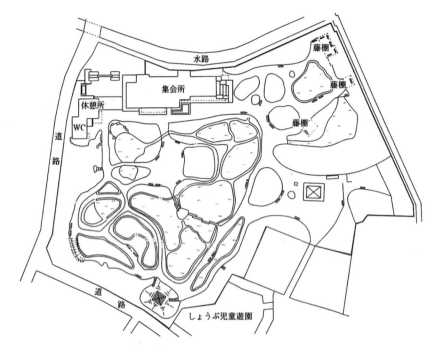

ハナショウブ株分箇所

番号	株数
4	170
5	170
8	500
11	150
合計	990

図 7-8　平面図

表 7-30　管理作業表

	4月	5月	6月	7月	8月	9月	10月	11月	12月	1月	2月	3月
作業	薬剤散布	薬剤散布	菖蒲田に水を入れる	古花取り（水利）	鉢植の株分作業　株分作業　菖蒲田の水を落とす	薬剤散布を繰り返す						薬剤散布（2週間ごと）

表 7-31　事例概要

公園・緑地の種別	歴史公園
敷地面積	公園・緑地の面積 (6 ha), 事例面積 (4 ha)
公園・緑地の概要　作業条件等	由緒ある菖蒲園として維持管理されてきた。職員が3人常駐して, ハナショウブの管理のほかに園内清掃, 樹木管理を含めて維持管理作業を行っている。

7-7 菖蒲田管理工

表 7-32　内訳書

工　種			規　格	数　量	単　位	単価	金額	摘　要
	種　別							
		細　別						
ハナショウブ田管理								
	土　壌　改　良			630.5	m²			見積りによる
	土　壌　消　毒							
		土壌消毒工		630.5	〃			〃
	除　草　作　業							
		除　　草	池作り	6,660.0	〃			表6-90(1,110 m²/回)
	株　分　作　業							
		株　分　け		6,500.0	株			表6-88
	施　肥　作　業							
		施　　肥		2,300.0	m²			表6-91
	薬剤散布作業							
		薬　剤　散　布	動力噴霧機	25,280.0	〃			表6-58
	枯葉除去作業							
		枯　葉　除　去		2,500.0	株			見積りによる
	水路・菖蒲田清掃			630.5	m²			〃
	合　　　計							

== 巻 末 資 料 ==

【資料-1】「都市公園における遊具の安全確保に関する指針（改訂第2版）」（抜粋）／平成26年6月
⇨http://www.mlit.go.jp/common/000022126.pdf

Ⅰ．本指針の位置づけ

本指針は，都市公園において子どもにとって安全な遊び場を確保するため，子どもが遊びを通して心身の発育発達や自主性，創造性，社会性などを身につけてゆく「遊びの価値」を尊重しつつ，子どもの遊戯施設の利用における安全確保に関して，公園管理者が配慮すべき事項を示すものである。

Ⅱ．対象と適用範囲

本指針の対象は，都市公園法施行令第5条に規定する遊戯施設のうち，主として子どもの利用に供することを目的として，地面に固定されているものとする（以下，「遊具」という）。

ただし，管理者などが常駐し施設の管理だけでなく遊びを指導し見守っている遊び場に設置された遊具や特別な利用を目的として製造又は改造された遊具については，一般の遊具とは利用形態が異なり，個別に安全確保を行うべき遊具であることから，本指針の対象としない。

本指針の対象となる遊具の利用者は，幼児から小学生（おおむね3歳から12歳）を基準とし，このうち幼児の利用については，保護者が同伴していることを前提とする。

1. 子どもの遊び

1-1 子どもと遊びの重要性

子どもは，遊びを通して自らの限界に挑戦し，身体的，精神的，社会的な面などが成長するものであり，また，集団の遊びの中での自分の役割を確認するなどのほか，遊びを通して，自らの創造性や主体性を向上させてゆくものと考えられる。

このように，遊びはすべての子どもの成長にとって，必要不可欠なものである。

1-2 子どもの遊びの特徴

子どもが遊びを通して冒険や挑戦をすることは自然な行為であり，子どもは予期しない遊びをすることがある。

また，子どもは，ある程度の危険性を内在している遊びに惹かれ，こうした遊びに挑戦することにより自己の心身の能力を高めてゆくものであり，子どもの発育発達段階によって，遊びに対するニーズや求める冒険，危険に関する予知能力や事故の回避能力に違いがみられる。

1-3 子どもの遊びと遊具

遊具は，多様な遊びの機会を提供し，子どもの遊びを促進させる。このように遊具は，子どもにとって魅力的であるばかりかその成長に役立つものでもある。

また，子どもは，さまざまな遊び方を思いつくものであり，遊具を本来の目的とは異なる遊びに用いることもある。

2. 子どもの遊びにおける危険性と事故

2-1 リスクとハザード

（1）遊びにおけるリスクとハザード
　子どもは，遊びを通して冒険や挑戦をし，心身の能力を高めていくものであり，それは遊びの価値のひとつであるが，冒険や挑戦には危険性も内在している。
　子どもの遊びにおける安全確保に当たっては，子どもの遊びに内在する危険性が遊びの価値のひとつでもあることから，事故の回避能力を育む危険性あるいは子どもが判断可能な危険性であるリスクと，事故につながる危険性あるいは子どもが判断不可能な危険性であるハザードとに区分するものとする。

（2）遊具に関連するリスクとハザード
　遊具に関連するリスクとハザードは，それぞれ物的な要因，人的な要因とに分けることができる。
　例えば，通常子どもが飛び降りることができる遊具の高さは物的リスクであり，落下防止柵を越えて飛び降りようとする行為は人的リスクである。
　一方，遊具の不適切な配置や構造，不十分な維持管理による遊具の不良は物的ハザードであり，不適切な行動や遊ぶのには不適切な服装や持ち物は人的ハザードである。

2-2　遊具に関連する事故
　遊具に関連する事故には，衝突，接触，落下，挟み込み，転倒などがあり，裂傷，打撲，骨折などの傷害をもたらすことになる。
　事故の状態としては，①生命に危険があるか重度あるいは恒久的な障害をもたらすもの，②重大であるが恒久的でない傷害をもたらすもの，③軽度の傷害をもたらすものの3段階に大別することができる。特に頭部の傷害は重度の障害につながることがあるので十分な配慮が必要である。

3．遊具における事故と安全確保の基本的な考え方

3-1　遊具の安全確保に関する基本的な考え方
　遊具の安全確保に当たっては，子どもが冒険や挑戦のできる施設としての機能を損なわないよう，遊びの価値を尊重して，リスクを適切に管理するとともにハザードの除去に努めることを基本とする。
　公園管理者は，リスクを適切に管理するとともに，生命に危険があるか重度あるいは恒久的な障害をもたらす事故（以下，「重大な事故」という）につながるおそれのある物的ハザードを中心に除去し，子ども・保護者等との連携により人的ハザードの除去に努める。
　子どもと保護者は，遊びには一定の自己責任が伴うものであることを認識する必要があり，保護者は，特に，自己判断が十分でない年齢の子どもの安全な利用に十分配慮する必要がある。
　公園管理者と保護者・地域住民は，連携し，子どもの遊びを見守り，ハザードの発見や事故の発生などに対応することが望まれる。

3-2　安全確保における公園管理者の役割
（1）公園管理者の役割
　公園管理者は，遊びの価値を尊重して，リスクを適切に管理するとともにハザードの除去に努めるという，遊具の安全確保に関する基本的な考え方に従って，計画・設計段階，製造・施工段階，維持管理段階，利用段階の各段階で遊具の安全が確保されるよう適切な対策を講ずるものとする。
　公園管理者が各段階ごとの業務を外部に委託・請負する場合には，受託者・請負者に対し同様の対応を求め，適切な指示，承諾，協議などを行う。
　また，事故が発生した場合は，事故の再発防止のための措置を講ずるとともに事故の発生状況を

記録し，各段階における安全対策に反映させる。

（2）保護者・地域住民との連携

遊具の安全確保に当たっては，公園管理者のみで行うことは難しく，遊びの価値を尊重して，リスクを適切に管理するとともにハザードの除去に努めるという，遊具の安全確保に関する基本的な考え方を踏まえ，保護者・地域住民と連携することが不可欠である。

このため公園管理者は，保護者・地域住民との間において，安全点検，子どもの遊びを見守ること，危険な行動への注意，事故発生時の連絡などについて，都市公園の管理を通して協力関係を醸成していくことが必要である。

また，子どもの遊び場に関わる民間団体との連携を図り，子どもと保護者・地域住民に対し，遊具の安全確保についての普及啓発を行うことが望まれる。

4．各段階での安全対策の考え方

4-1 計画・設計段階

（1）遊び場の立地選定

遊び場の立地選定については，安全確保の観点から周辺の土地利用などに応じた安全な経路や見通しなどを考慮した利用動線を確保するとともに，遊具を設置する場所の地形や遊具の劣化などに大きな影響を与える環境条件に考慮した安全対策を講ずる。

（2）遊具の選定

遊具の選定については，地域の年齢構成，遊び場の分布，利用状況などを調べて地域ニーズを踏まえた上で，利用する子どもの年齢構成に応じた遊びの形態を想定し，種類や規模などを決定する。

遊具の種類や規模の決定に当たっては，幼児と小学生では運動能力や事故の回避能力が大きく異なるため，当該遊具を利用する子どもの年齢層を踏まえて，遊具自体や各部の寸法などを検討する。また，重量が大きい可動性の遊具の選定に当たっては，利用する子どもの想定される年齢構成や遊びの形態について十分に考慮し，慎重を期する。加えて，過剰利用による事故を防ぐため，人気のある遊具については，過密にならない範囲内で複数設置することなどに配慮する。

（3）遊具の配置及び設置面への配慮

遊具の配置については，遊具と遊具周辺にいる子どもの衝突事故などを防ぐため，遊具周辺も含めた利用動線や各遊具の運動方向を考慮した安全領域などに配慮する。

幼児と小学生の双方が利用可能な遊具もあるが，一方の年齢層の利用には適さない遊具もあり，能力に適合しない遊具の利用による事故や衝突事故を避けるため，幼児用遊具と小学生用遊具の混在を避けるなどの安全対策を講ずる。

また，遊具は，硬い設置面には配置せず，必要に応じて設置面への落下に対する衝撃の緩和措置についても検討する。

（4）遊具の構造

遊具の構造については，全体が子どもの利用に応じた強度を持つ必要があり，特に，動きのある遊具では，全体の構造のみならず細部の構造についても動きに対応した強度を持つように配慮するとともに，以下のような安全対策を講ずる。

①絡まり・ひっかかり対策
・衣服の一部などが絡まったり，身体がひっかかるでっぱり，突起，隙間などを設けない。

・突起の形状に留意し，埋め込み，ふたを被せるなど工夫する。
 ②可動部との衝突対策
  ・可動部と地面の間に適切なクリアランスを確保する。
  ・可動部との衝突による衝撃を緩和する。
 ③落下対策
  ・落下防止柵を設ける。
  ・登れないように足がかりをつくらない。
 ④挟み込み対策
  ・身体の一部が引き抜けなくなるような開口部や隙間を設けない。
 ⑤その他の危険対策
  ・つまずかないように基礎部分を埋め込むか，垂直に立ち上げず設置面にすり付ける。
  ・遊具のどの部分にも，切傷や刺傷の原因となる鋭い尖端，角，縁（ふち），ささくれをつくらない。
  ・部品や部材を簡単に外すことができないようにする。
 ⑥救助対策
  ・救助できるようにするため内部に大人が入れるようにする。
 また，遊具は，屋外に設置され，風雨にさらされるものであることから，材料の耐水性や耐候性，仕上げにも配慮する。また，遊具の構造は，点検整備，部品交換が容易なものとする。

4-2 製造・施工段階
（1）遊具の製造
 遊具の製造については，製造受託者又は請負者（以下，「製造者」という）に対して，設計図書に基づき，計画・設計段階における遊具の構造に起因する物的ハザードの除去対策を行うことや，遊具の製造時に設定される期間（以下，「標準使用期間」という）内の十分な安全確保を図るため，材料に適用される日本工業規格などの諸規格に沿って，材料の経年変化などを勘案しつつ，身体に悪影響を及ぼすおそれのある物質を含まない耐久性のある材料の使用及び加工（接合を含む）・仕上げを行うことなど，製造の各段階における品質管理を徹底するよう，指示，承諾，協議などを行う。
 なお，遊具の維持管理における留意事項を把握するため，製造者に対して，遊具の特性，仕様など，遊具の安全確保に関わる資料の提出を求める。

（2）遊具の施工
 遊具の据付けなどの施工については，施工受託者又は請負者（以下，「施工者」という）に対して，設計図書に基づき，計画・設計段階における遊具の構造に起因する物的ハザードの除去対策を行うことや，標準使用期間内の十分な安全確保を図るため，基礎部分の設置面への収め方など利用者の安全確保と遊具の耐久性に配慮した地面への固定方法，組み立て，接合，仕上げを行うことなど，施工の各段階における品質管理を徹底するよう，指示，承諾，協議などを行う。
 なお，子どもの遊びの特徴から，施工者に対して，資材搬入時や施工時から施工完了，引き渡しまでの期間に，安全確保が図られるよう指示を行うことが必要である。

4-3 維持管理段階
（1）点検手順に従った確実な安全点検
 遊具の維持管理については，遊具そのものの性能確保に関する点検・補修を行うにとどまらず，子どもにとって安全で楽しい遊び場であるかという視点を持って行うことが必要である。遊具の構

造や劣化などを要因とする物的ハザードの発見・除去を中心に確実な安全点検を行うとともに，定期的な修繕などの維持管理を行うため，維持管理計画を策定・実行し，維持管理の履歴を記録・保管する。

安全点検は，維持管理全体の中で最も基本的な作業である。安全点検には，初期の動作確認のために製造・施工者が行う初期点検，公園管理者が行う日常点検及び定期点検，公園管理者から委託された専門技術者が行う精密点検があり，これらの安全点検を確実に行うものとする。

特に，日常点検においては，腐食・腐朽，変形，摩耗，部材の消失などに注意し，必要に応じて専門技術者による安全点検を行うものとする。

（2）発見されたハザードの適切な処理

発見された物的ハザードについては，その程度に応じて遊具の使用中止，修繕などの応急措置を講ずるとともに，補修，改良，移設，更新，撤去などの本格的な措置の方針を迅速に定めて実施する。

なお，応急措置を講ずる際には，本格的な措置を講ずるまでの間に，事故が発生しないよう現場の管理に留意する。

（3）遊具履歴書の作成と保管等

遊具の維持管理に当たっては，遊具の名称，設置場所，設置年月，製造者，施工者，標準使用期間等を記載する遊具履歴書を遊具ごとに作成する。遊具履歴書には，点検記録書を活用して遊具の安全点検の実施状況や点検結果，遊具の補修・部材の交換，塗装の実施状況等，遊具の維持管理上必要な情報について定期的に記載し，履歴として保管する。

（4）事故への対応

事故が発生した場合，負傷者への対応や再発防止対策を速やかに講ずる必要があるため，遊び場には関係官署や公園管理者の連絡先を掲示することが望ましい。

事故後の対応としては，事故のあった遊具への迅速な応急措置及び本格的な措置，事故原因の調査などを行い再発防止に努める。

（5）事故に関する情報の収集と活用

事故については，発生状況の記録と分析を行い，事故の再発防止，遊具の改善などに反映させることが必要である。

事故の発生状況などの情報については，遊び場や遊具に関わる者が共有・交換し，相互に役立てることが望まれる。

特に，遊具において30日以上の治療を要する重傷者又は死者の発生した事故が起きた場合には，関係機関が速やかに情報を共有できるよう報告などの必要な措置を行うものとする。

4-4　利用段階

（1）遊具の利用状況の把握

設置した遊具の利用状況の実態を知ることは，遊具の安全確保を図る上で重要であり，子どもと保護者・地域住民の協力を得て遊具の利用状況を把握し，維持管理や改修などに活かすことが必要である。

（2）安全管理の啓発と指導

遊具に関わる事故を未然に防ぐためには，遊具の利用状況を踏まえた上で，公園管理者と子ど

も・保護者や地域住民との間で，遊具の安全確保のための対策や相互の役割分担などについて共通の認識を持つことが重要である。

　遊具の安全管理には，子どもや保護者の協力が不可欠であるため，公園管理者は，地方公共団体内の関係部署や地元自治会，地域住民との相互協力のもとで，子どもや保護者が自らの服装や遊具の異常にも注意を払うなどの都市公園での安全で楽しい遊び方についての普及啓発にも配慮する。

　なお，事故防止のための指導に当たっては，子どもの遊びは本来自由で自発的なものであり，遊びの価値を十分に勘案し，過度に制約的にならないように注意する。

（3）子どもと保護者・地域住民との協働による楽しい遊び場づくり

　遊具の維持管理は，公園管理者が行うものであるが，都市公園には，通常，公園管理者が常駐していないため，保護者・地域住民と連携し，子どもの遊びに対する共通認識を形成するとともに，補完的な安全点検などの協力を得るなどの安全な遊び場づくりに取り組むことが望ましい。

　保護者や地域住民が，子どもの遊びや遊具に対して関心を持ち，日頃から適切に注意喚起をするなど，積極的に関与していくことが重要である。

　また，遊び場に関わる民間団体との連携を図り，子どもと保護者・地域住民に対し，遊び場を安全で楽しく利用するための普及啓発を協働で行うことが望まれる。

(注) 事故が発生したときは，速やかに事故処理と事故報告を行う必要がある
　　事故報告内容　①事故発生の日時，場所
　　　　　　　　　②事故状況，原因
　　　　　　　　　③被害者との話合いの状況等
　事故現場においては，後日，事故発生の責任について法律上の争いが生じるおそれもあるため，現場写真の撮影，目撃者の事情聴取を行い，事故調書，報告書を作成しておくようにする

【資料-2】「都市公園における遊具の安全確保に関する指針」/平成 26 年 6 月
（別編：子どもが利用する可能性のある健康器具系施設）（抜粋）
⇨http://www.mlit.go.jp/common/000022127.pdf

Ⅰ．別編の位置づけ

別編は，都市公園において，主として大人を利用対象とする健康や体力の保持増進など健康運動を目的とした建築物以外の工作物（以下「健康器具系施設」という）のうち，子どもが利用する可能性がある健康器具系施設の安全確保に関して，公園管理者が配慮すべき事項を示すものである。

Ⅱ．対象と適用範囲

別編の対象は，都市公園に設置する健康器具系施設のうち，子どもが利用する可能性のある健康器具系施設とする。

ただし，大人のみが利用できる状況で設置されている健康器具系施設については，別編の対象としない。

別編による安全確保の対象者は，幼児から小学生（おおむね 3 歳から 12 歳）を基準とする。

1．子どもの遊びにおける危険性と事故
1-1　ハザード
（1）子どもが利用する可能性のある健康器具系施設に関連するハザード

子どもが利用する可能性のある健康器具系施設に関連するハザードは，事故につながる危険性あるいは子どもが判断不可能な危険性であり，物的な要因，人的な要因とに分けることができる。

健康器具系施設の不適切な配置や構造，不十分な維持管理による健康器具系施設の不良は物的ハザードであり，不適切な行動や利用には不適切な服装や持ち物は人的ハザードである。

1-2　子どもが利用する可能性のある健康器具系施設に関連する事故

子どもが利用する可能性のある健康器具系施設に関する事故には，落下，衝突，挟み込みなどがあり，打撲，骨折，裂傷などの傷害をもたらすことになる。

事故の状態としては，①生命に危険があるか重度あるいは恒久的な障害をもたらすもの，②重大であるが恒久的でない傷害をもたらすもの，③軽度の傷害をもたらすものの3段階に大別することができる。特に，頭部の傷害は重度の障害につながることがあるので十分な配慮が必要である。

2．子どもが利用する可能性のある健康器具系施設の事故と安全確保の基本的な考え方
2-1　子どもが利用する可能性のある健康器具系施設の安全確保に関する基本的な考え方

子どもが利用する可能性のある健康器具系施設の安全確保に当たっては，ハザードの除去に努めることを基本とする。公園管理者は，子どもの生命に危険があるか重度あるいは恒久的な障害をもたらす事故（以下，「重大な事故」という）につながるおそれのある物的ハザードを中心に除去し，子ども・保護者等との連携により人的ハザードの除去に努める。

子どもと保護者は，遊びには一定の自己責任が伴うものであることを認識する必要があり，保護者は，特に，自己判断が十分でない年齢の子どもの安全な利用に十分配慮する必要がある。

公園管理者と保護者・地域住民は，連携し，子どもの遊びを見守り，ハザードの発見や事故の発生などに対応することが望まれる。

2-2 安全確保における公園管理者の役割
(1) 公園管理者の役割
　　公園管理者は，子どもが利用する可能性のある健康器具系施設の安全確保に関する基本的な考え方に従って，計画・設計段階，製造・施工段階，維持管理段階，利用段階の各段階で子どもが利用する可能性のある健康器具系施設の安全が確保されるよう適切な対策を講ずるものとする。

　　公園管理者が各段階毎の業務を外部に委託・請負する場合には，受託者・請負者に対し同様の対応を求め，適切な指示，承諾，協議などを行う。

　　また，事故が発生した場合は，事故の再発防止のための措置を講ずるとともに事故の発生状況を記録し，各段階における安全対策に反映させる。

(2) 保護者・地域住民との連携
　　子どもが利用する可能性のある健康器具系施設の安全確保に当たっては，公園管理者のみで行うことは難しく，子どもが利用する可能性のある健康器具系施設の安全確保に関する基本的な考え方を踏まえ，保護者・地域住民と連携することが不可欠である。

　　このため公園管理者は，保護者・地域住民との間において，安全点検，子どもの遊びを見守ること，危険な行動への注意，事故発生時の連絡などについて，都市公園の管理を通して協力関係を醸成していくことが必要である。

3. 各段階での安全対策の考え方
3-1 計画・設計段階
(1) 健康器具系施設の選定
　　健康器具系施設の種類や規模の決定に当たっては，子どもが利用する可能性を想定して検討する。また，重量が大きい可動性の健康器具系施設や子どもの挟み込みのおそれがある可動部を有する健康器具系施設の選定に当たっては，子どもの利用について十分に考慮し，慎重を期する。

(2) 健康器具系施設の配置及び設置面への配慮
　　健康器具系施設の配置については，健康器具系施設とその周辺にいる子どもの衝突事故などを防ぐため，周辺も含めた利用動線や各健康器具系施設の運動方向を考慮した安全領域などに配慮する。

　　健康器具系施設は，主として大人の利用を目的として設置するものであり，遊具との混在を避けるなどの安全対策を講ずる。

　　また，健康器具系施設は，硬い設置面には配置せず，必要に応じて設置面への落下に対する衝撃の緩和措置についても検討する。

(3) 健康器具系施設の構造
　　健康器具系施設の構造については，子どもが利用する可能性も想定し，子どもの安全確保のため以下のような安全対策を講ずる。
　　①絡まり・ひっかかり対策
　　・衣服の一部などが絡まったり，身体がひっかかるでっぱり，突起，隙間などを設けない
　　・突起の形状に留意し，埋め込み，ふたを被せるなど工夫する
　　②可動部との衝突対策
　　・可動部と地面の間に適切なクリアランスを確保する
　　・可動部との衝突による衝撃を緩和する
　　③落下対策

・登れないように足がかりをつくらない
④挟み込み対策
・身体の一部が引き抜けなくなるような開口部や隙間を設けない
・子どもの挟み込みのおそれがある可動部を有する健康器具系施設については，子どもだけで自由に使えないようにしておく
⑤その他の危険対策
・つまずかないように基礎部分を埋め込むか，垂直に立ち上げず設置面にすり付ける
・健康器具系施設のどの部分にも，切傷や刺傷の原因となる鋭い尖端，角，縁（ふち），ささくれをつくらない
・部品や部材を簡単に外すことができないようにする

また，健康器具系施設は，屋外に設置され，風雨にさらされるものであることから，材料の耐水性や耐候性，仕上げにも配慮する。また，健康器具系施設の構造は，点検整備，部品交換が容易なものとする。

3-2 製造・施工段階
（1）健康器具系施設の製造

健康器具系施設の製造については，製造受託者又は請負者（以下，「製造者」という）に対して，設計図書に基づき，計画・設計段階における健康器具系施設の構造に起因する物的ハザードの除去対策を行うことや，健康器具系施設の製造時に設定される期間（以下，「標準使用期間」という）内の十分な安全確保を図るため，材料に適用される日本工業規格などの諸規格に沿って，材料の経年変化などを勘案しつつ，身体に悪影響を及ぼすおそれのある物質を含まない耐久性のある材料の使用及び加工（接合を含む）・仕上げを行うことなど，製造の各段階における品質管理を徹底するよう，指示，承諾，協議などを行う。

なお，健康器具系施設の維持管理における留意事項を把握するため，製造者に対して，健康器具系施設の特性，仕様など，健康器具系施設の安全確保に関わる資料の提出を求める。

（2）健康器具系施設の施工

健康器具系施設の据付けなどの施工については，施工受託者又は請負者（以下，「施工者」という）に対して，設計図書に基づき，計画・設計段階における健康器具系施設の構造に起因する物的ハザードの除去対策を行うことや，標準使用期間内の十分な安全確保を図るため，基礎部分の設置面への収め方など利用者の安全確保と健康器具系施設の耐久性に配慮した地面への固定方法，組み立て，接合，仕上げを行うことなど，施工の各段階における品質管理を徹底するよう，指示，承諾，協議などを行う。

なお，子どもの遊びの特徴から，施工者に対して，資材搬入時や施工時から施工完了，引き渡しまでの期間に，安全確保が図られるよう指示を行うことが必要である。

3-3 維持管理段階
（1）点検手順に従った確実な安全点検

健康器具系施設の維持管理については，健康器具系施設そのものの性能確保に関する点検・補修を行うにとどまらず，子どもにとって安全な環境であるかという視点を持って行うことが必要である。健康器具系施設の構造や劣化などを要因とする物的ハザードの発見・除去及び危険な使用の有無など健康器具系施設の使用実態の把握・必要に応じた利用調整を行うなど，確実な安全点検を行う。定期的な修繕などの維持管理を行うため，維持管理計画を策定・実行し，維持管理の履歴を記録・保管する。

安全点検は，維持管理全体の中で最も基本的な作業である。安全点検には，初期の動作確認のために製造・施工者が行う初期点検，公園管理者が行う日常点検及び定期点検，公園管理者から委託された専門技術者が行う精密点検があり，これらの安全点検を確実に行うものとする。

　特に，日常点検においては，腐食・腐朽，変形，摩耗，部材の消失などに注意し，必要に応じて専門技術者による安全点検を行うものとする。

（2）発見されたハザードの適切な処理

　発見された物的ハザードについては，その程度に応じて健康器具系施設の使用中止，修繕などの応急措置を講ずるとともに，補修，改良，移設，更新，撤去などの本格的な措置の方針を迅速に定めて実施する。

　なお，応急措置を講ずる際には，本格的な措置を講ずるまでの間に，事故が発生しないよう現場の管理に留意する。

（3）履歴書の作成と保管等

　健康器具系施設の維持管理に当たっては，健康器具系施設の名称，設置場所，設置年月，製造者，施工者，標準使用期間等を記載する履歴書を健康器具系施設ごとに作成する。履歴書には，点検記録書を活用して健康器具系施設の安全点検の実施状況や点検結果，健康器具系施設の補修・部材の交換，塗装の実施状況等，健康器具系施設の維持管理上必要な情報について定期的に記載し，履歴として保管する。

（4）事故への対応

　事故が発生した場合，負傷者への対応や再発防止対策を速やかに講ずる必要があるため，健康器具系施設の設置場所には関係官署や公園管理者の連絡先を掲示することが望ましい。

　事故後の対応としては，事故のあった健康器具系施設への迅速な応急措置及び本格的な措置，事故原因の調査などを行い再発防止に努める。

（5）事故に関する情報の収集と活用

　事故については，発生状況の記録と分析を行い，事故の再発防止，健康器具系施設の改善などに反映させることが必要である。

　事故の発生状況などの情報については，遊具や健康器具系施設に関わる者が共有・交換し，相互に役立てることが望まれる。

　特に，健康器具系施設において30日以上の治療を要する重傷者又は死者の発生した事故が起きた場合には，関係機関が速やかに情報を共有できるよう報告などの必要な措置を行うものとする。

3-4　利用段階

（1）健康器具系施設の利用状況の把握

　設置した健康器具系施設における子どもの利用状況の実態を知ることは，健康器具系施設の安全確保を図る上で重要であり，子どもと保護者・地域住民の協力を得て健康器具系施設の利用状況を把握し，必要に応じて利用調整を行う。

（2）安全管理の啓発と指導

　健康器具系施設に関わる事故を未然に防ぐためには，健康器具系施設の利用状況を踏まえた上で，公園管理者と子ども・保護者や地域住民との間で，健康器具系施設の安全確保のための対策や相互の役割分担などについて共通の認識を持つことが重要である。

> 健康器具系施設の安全管理には，子どもや保護者の協力が不可欠であるため，公園管理者は，地方公共団体内の関係部署や地元自治会，地域住民との相互協力のもとで，子どもや保護者が自らの服装や健康器具系施設の異常にも注意を払うなど都市公園の安全な利用についての普及啓発にも配慮する。

（注）国土交通省においては公園管理者が公園施設の状況を的確に把握し，適切な安全点検が行われるよう，主に公園施設の安全点検の前提となる考え方等をとりまとめた「公園施設の安全点検に係る指針（案）」が策定され，各公園管理者に通知されている

【資料-3】「公園施設の安全点検に係る指針（案）」（抜粋）/平成 27 年 4 月
⇨http://www.mlit.go.jp/common/001086962.pdf

Ⅰ．はじめに

Ⅰ-1 公園施設の安全点検に係る指針（案）策定の背景と目的

都市公園は，多様なレクリエーションや自然とのふれあいの場となるほか，うるおいのある生活環境の形成，都市や地域の防災性の向上，野生生物の生息・生育環境の確保，豊かな地域づくりに資する交流の場の提供などの多様な機能や効用を有する都市の「みどり」の根幹的な施設である。

都市公園は，都市の住民の利用に供される施設であり，通常想定される方法で利用する限りは安全である必要がある。都市公園を構成する公園施設においては，公園施設の機能や効用のみならずその安全性を継続的に確保していく必要がある。よって，都市公園のさらなる安全性の向上を図るため，安全対策の一環として公園施設の安全点検を適切かつ確実に行う必要がある。

一方で，我が国の社会資本は，高度経済成長期などに集中的に整備されていることから，今後急速に老朽化し，重大な事故や致命的な損傷等の発生するリスクが高まることが懸念されている。そのため，施設の状況を的確に把握し，適切な時期に適切な修繕や施設の更新を行っていくことが重要な課題となっており，社会資本整備審議会・交通政策審議会において，国は，所管する全ての社会資本の維持管理・更新が的確に行われるよう，基準等の整備を実施すべきものとされている。このため，都市公園についても，社会資本の一つとして，同様の対応を行っていく必要がある。

これらを踏まえ，公園管理者が公園施設の状況を的確に把握し，適切な安全点検を行うことで，都市公園における安全・安心を確保するため，公園施設の安全点検の前提となる考え方及び安全点検の実施に関する事項について整理した「公園施設の安全点検に係る指針（案）」（以下，「本指針」という）をとりまとめるものである。

Ⅰ-2 本指針（案）の位置づけ

本指針は，都市公園における公園施設の前提となる安全点検の基本的な考え方及び安全点検を実施する際に配慮すべき基本的な事項を示すものである。

Ⅰ-3 対象と適用範囲

本指針の対象は，都市公園法第二条第二項，都市公園法施行令第五条並びに都市公園法施行規則第一条及び第一条の二に規定する公園施設とする。

「遊具指針」の対象となる「都市公園法施行令第五条に規定する遊戯施設のうち，主として子どもの利用に供することを目的として地面に固定されているもの（以下「遊具」という）」，「遊具指針（別編）」の対象となる「主として大人を利用対象とする健康や体力の保持増進など健康運動を目的とした建築物以外の工作物（以下「健康器具系施設」という）のうち，子どもが利用する可能性がある健康器具系施設」及び「プールの安全標準指針」の対象となる「遊泳利用に供することを目的として新たに設置するプール施設及び既に設置されているプール施設（以下「プール」という）」は，個別の指針において安全性の確保の考え方が整理されており，これに基づき点検等を行うべきであることから，本指針の対象としない。また，建築基準法，電気事業法，ボイラー及び圧力容器安全規則，消防法等の規定に従って行われる調査・点検・検査の対象となるものは，本指針の対象としない。

本指針の対象となる都市公園の利用者は，公園施設の利用者（以下，「公園利用者」という）とする。なお，幼児が公園施設を利用する場合は，保護者が同伴していることを前提とする。

Ⅱ．安全点検の前提となる考え方

Ⅱ-1 都市公園の価値と安全性

都市公園は，多様な機能や効用を有する都市の根幹的な施設である。また，地域の住民の利用に供する身近なものから広域的な利用に供するものまで，様々な規模，種類のものがあり，その中に設置されている公園施設も，園路及び広場のほか，修景施設，遊戯施設，運動施設，便益施設，管理施設などと多種多様である。

都市公園は都市の住民の利用に供される公の営造物であることから，公園管理者は，公園施設がその主要な機能や効用を継続的に発揮し，安全性を確保できるよう，適切かつ確実に維持管理・更新を行い，それを踏まえて事故を予防するための対策を実施する必要がある。

また，都市公園については，計画的な配置や整備と併せ，公園施設の老朽化対策を踏まえた既存の都市公園の適切な維持管理・更新が課題となっている。そのため地方公共団体等においては，財政状況を考慮し，安全・安心を確保しつつ，重点的・効率的な維持管理・更新投資を行っていくため，公園施設の長寿命化計画を策定し，計画に基づく安全性の確保，機能や効用の確保及びライフサイクルコスト縮減の取り組みが進められている。

さらに，都市公園の価値は，都市公園が多様な機能や効用を有することで一層高まるものであることから，安全性の確保と多様な機能や効用の発揮を両立する必要がある。

Ⅱ-2 公園施設における安全性の向上に関する基本的な考え方

公園管理者は，公の営造物として公園施設が通常有すべき安全性を確保及び向上させるよう，公園施設の使用方法，公園施設の配置，公園施設の設置場所の環境及び利用状況等を把握し，事故につながる危険性を予見する観点を持って安全点検を行うとともに，変状及び異常が発見された場合は適切に措置する。その際，公園施設の機能や効用を損なわないよう配慮する。

公園施設の利用は，公園利用者の判断による利用が前提であり，自らの安全は自らで確保するという認識のもとで，公園利用者は，公園施設の安全な利用に注意を払う必要があり，保護者は，自己判断が十分でない年齢の子どもの安全な利用に十分配慮する必要がある。なお，公園施設のうち，遊具に類似した公園施設については，本指針に加え，遊具指針に沿って安全性の確保を図る。また，全ての公園利用者が安全かつ快適に都市公園を利用できるよう「高齢者，障害者等の移動等の円滑化の促進に関する法律」（バリアフリー法）（平成18年法律第91号）に基づき対応しなければならない。

公園管理者と公園利用者・地域住民は，連携し，公園施設の変状及び異常の発見や危険な公園利用の抑止，事故などに対応することが望ましい。

Ⅱ-3 公園施設における事故

公園施設に関連する事故には，衝突，接触，落下，挟み込み，転倒，溺れなどがあり，裂傷，打撲，骨折などの傷害をもたらすことになる。

事故の状態としては，①生命に危険があるか恒久的な障害をもたらすもの（重大な事故），②重傷であるが恒久的な障害をもたらさないもの，③上記以外のものの3段階に大別することができる。特に，頭部の傷害は重度の障害につながることがあるので十分に配慮する必要がある。

Ⅱ-4 各段階での安全対策の考え方

公園施設の安全対策は，計画・設計段階，製造・施工段階，維持管理段階の各段階において，それぞれ対策の内容が異なるため，段階ごとに安全対策の考え方を整理する必要がある。

維持管理段階においては，既に整備された公園施設の現状を的確に把握することが重要となるため，点検手順に従った確実な安全点検が基本となる。その際，公園施設における事故につながる危険性を予見

し，安全性の確保を図る視点を通じた点検を行うことが望ましい。発見された公園施設の変状及び異常に対しては，適切な措置を行い点検の実施状況，点検結果等とともに記録する。また，公園施設の利用状況の把握を行うとともに，公園利用者・地域住民と連携し，公園施設を一層安全に保つことが望ましい。

　計画・設計段階においては，公園施設の設置場所の選定や構造等について，公園施設の利用方法を想定し，事故につながる危険性を予見しつつ，施工後には措置が困難な問題があることを念頭に安全対策を講ずるものとする。

　製造・施工段階においては，将来のメンテナンスの容易さ，計画・設計段階で考慮されていない危険性の有無等を考慮しつつ，設計図書に基づき，品質管理の徹底等の安全対策を講ずるものとする。

Ⅱ-4-1　維持管理段階

（1）点検手順に従った確実な安全点検

　公園施設の維持管理は，公園施設そのものの性能確保に関する点検及び措置を行うにとどまらず，その周辺を含めて，公園利用者にとって安全で安心なものであるか，また，危険な使い方がなされていないかという視点を持って行うものとする。

　これを踏まえて，公園施設の構造や劣化などを要因とする変状及び異常の有無の発見，適切な措置による変状及び異常の除去を中心に，点検手順に従い確実に安全点検を行うものとする。

　定期的な補修などの維持管理を的確に行うため，維持管理計画を策定，実行し，維持管理の履歴を記録・保管することが望ましい。

（2）発見された公園施設の変状及び異常に対する適切な措置

　安全点検等により発見された変状及び異常については，直ちにその程度に応じて公園施設の使用中止，修繕の応急措置を講ずるとともに，補修，移設，更新などの本格的な措置の方針を迅速に定めて，その措置を行うものとする。

　なお，応急措置を講ずる際には，本格的な措置を講ずるまでの間に事故が発生しないよう，現場の管理に留意する。

（3）公園施設履歴書の作成と保管

　公園施設の名称，設置場所，設置年月，製造者，施工者等を記載する公園施設履歴書を必要に応じて公園施設ごとに作成することが望ましい。公園施設履歴書には，点検記録書を活用して公園施設の安全点検の実施状況や点検結果，公園施設の更新，補修，修繕，維持保全等の実施状況，利用状況，健全度等，公園施設の維持管理上必要な情報を定期的に記載し履歴として保管するとともに，安全点検の継続的な見直しに活用することが望ましい。

（4）公園施設の利用状況の把握

　公園施設の利用状況を知ることは，公園施設の安全対策を行う上で重要であり，日常的な巡視や公園利用者・地域住民の協力を得て公園施設の利用状況を把握し，維持管理・更新等に活かす必要がある。

（5）事故への対応

　事故を発見した場合，あるいは連絡があった場合には，負傷者への適切な対応を行う必要がある。

　また，事故のあった公園施設を使用中止にするなどの応急措置を行うとともに，事故の状況等を把握，分析，記録し，本格的な措置などにより再発防止に努める必要がある。

　なお，公園利用者の目に触れやすい場所に関係官署や公園管理者の連絡先を掲示し，公園利用者が容易に連絡できるようにしておくことが望ましい。

　また，事故の備えとして賠償保険への加入などの対応が望ましい。

（6）事故に関する情報の収集と活用

　事故の発生に際しては，発生状況の把握と分析を行い，記録することで，その後の重大な事故につながる危険性を予見することが可能となり，事故の再発防止，公園施設の改善などに反映させることが必要である。

　事故の発生状況などの情報については，公園管理に関わる者が共有・交換し，相互に役立てることが望ましい。

　特に，重大な事故もしくは重傷者の発生する事故が起きた場合には，関係者が速やかに情報を共有できるよう，国への報告などの必要な措置を行うものとする。

（7）公園利用者に対する公園利用の安全意識に関する啓発

　公園施設に関わる事故を未然に防ぎ，公園施設の安全性の確保を図るためには，その利用状況を踏まえた上で，公園管理者と公園利用者・地域住民との間で，公園施設の使用方法，公園施設の配置，公園施設の設置場所の環境及び利用状況等を把握し，事故につながる危険性を予見する考え方や公園利用者・地域住民に期待される役割などについて共通の認識を持つことが望ましい。

　公園施設の安全対策の実施には，公園利用者の協力が不可欠であるため，公園管理者は，地方公共団体内の関係部署や地元自治会等地域住民との相互協力のもとで，公園利用者が自らの服装や公園施設の変状及び異常などに注意を払うことなど，公園施設の安全な利用の啓発に配慮する。また，公園利用に関わる民間団体との連携を図り，公園利用者・地域住民に対し，公園施設を安全に利用するための啓発を協働で行うことが望ましい。

（8）公園利用者・地域住民との協働による公園づくり

　都市公園の維持管理は，公園管理者が行うものであるが，公園管理者が常駐していない場合があるため，公園利用者・地域住民と連携し，公園施設の安全対策に関する共通認識を持つとともに，補完的な安全点検などへの協力を得るなど，公園施設を一層安全に保つことが望ましい。

　公園利用者・地域住民が，公園の利用状況に対して関心を持ち，危険な行動を見かけた場合，注意あるいは制止，もしくは公園管理者に連絡をするなど協力を得ることが望ましい。

　また，公園利用者・地域住民，都市公園に関わる民間団体が，公園施設の変状及び異常を発見した場合には，公園管理者に連絡するなどの必要な措置を講じ，公園における通常有すべき安全性の確保及びその向上に積極的に関与していくことが望ましい。

Ⅱ-4-2　その他の段階

（1）計画・設計段階

　計画・設計段階では，公園施設の設置場所の選定や構造等について，安全対策を講ずるものとする。公園施設の設置場所の選定においては，安全性の確保のため，公園施設の利用方法を想定するとともに事故につながる危険性を予知し，必要に応じて周辺の土地利用や，見通しなどを考慮した安全な利用動線を設定する。公園施設の設置場所の地形や，日照，潮風，降雪，凍結などの公園施設の劣化に大きな影響を与える環境条件等や管理のしやすさなどを考慮し，必要な安全対策を講ずる。その際，公園施設の機能や効用を損なわないよう配慮する必要がある。

　土木構造物，建築物などの関連する分野において指針等が定められているものについてはそれらの指針等を踏まえる。公園施設は，主に屋外に設置されるものであることから，材料の耐水性や耐候性，仕上げに配慮するとともに，点検整備，工具による部品交換が容易なものとする。

　公園施設の計画・設計に当たっては，安全点検の結果を活用し，安全性を一層向上させることが望ましい。

（2）製造・施工段階

製造・施工段階では，設計図書に基づき指針，規格等に沿って，品質管理の徹底等の安全対策を講ずるものとする。

公園管理者は，公園施設の据付けや，現場打ちの構造物（重力式擁壁，石積みなど）の施工に当たっては，公園施設の十分な安全性の確保を図るため，施工受託者又は請負者（以下，「施工者」という）に対して，基礎部分の設置面への収め方などの公園施設の利用における安全性の確保や，公園施設の耐久性に配慮した接合，仕上げ等，施工の各段階における品質管理の徹底について指示などを行う。土木構造物，建築物など関連する分野において指針等が定められているものについては，それらの指針等を踏まえる。

製品化されている公園施設は，製造受託者又は請負者（以下，「製造者」という）に対して，公園施設の安全性の確保を図るため，日本工業規格などの諸規格に沿って，材料の経年変化などを勘案しつつ，身体に悪影響を及ぼすおそれのある物質を含まない耐久性のある材料を使用するとともに，製造の各段階における品質管理を徹底するよう指示などを行う。

公園施設の製造・施工に当たり，安全性が確保されていない点が発見された場合は，速やかに設計変更等の措置を講ずる必要がある。

また，安全点検の結果を活用し，公園施設の配置や材質の確認を行い，公園施設の安全性を一層向上させることが望ましい。

あわせて，公園内の工事施工期間中においても，公園利用者の安全性の確保を図る。

Ⅲ．安全点検の実施

Ⅲ-1　安全点検の意義

安全点検は，公園施設の変状及び異常を発見した際の応急措置及び本格的な措置までの一連の対応を行う安全性の確保対策の中で最も基本的な作業であり，公園施設の通常有すべき安全性の確保及びその向上において重要な役割を果たす。

Ⅲ-2　安全点検の流れ

安全点検は，以下の「公園施設の安全点検フロー」に沿って，適切かつ確実に行う。

安全点検において公園施設の変状及び異常を発見した場合には，直ちに危険度の判定を行い要措置か要経過観察の判定を行う。要措置としたものについては，現地での措置の可能性の判定を行い，現地で措置が可能なものについては修繕を行い継続使用とする。点検時に現地で本格的な措置ができないもの，あるいは判定不能なものについては，直ちに使用中止するなどの応急措置を行う。その後，本格的な措置の方針を定める総合的な判断を行い，補修，移設，更新等の本格的な措置を行う。なお，点検時に現地で本格的な措置ができないもの，あるいは判定不能なもののうち，公園施設の構造や点検に関する専門的な知見，技能が必要なものについては，必要に応じて精密点検を行い専門技術者の見解を踏まえて，公園管理者が総合的な判断を行い，本格的な措置を行う。

点検結果，措置の実施状況等を記録し，保管するとともに，その記録を事故の予見等安全点検に活用する。

〈公園施設の安全点検フロー〉

```
                    安全点検注5  ←―――――――  必要に応じて点検項目や
                       ↑          手順,点検体制の精査
                    地域住民等
                    からの連絡
                       ↓
                   <変状及び
                    異常の確認>
      変状及び異常なし  /      \ 変状及び異常あり,あるいは判定不能
           ↓                    ↓
       継続使用注6           <危険度の判定>
                    要経過観察 /    \ 要措置
                        ↓           ↓
                    継続使用注6   <現地での措置の
                                 可能性の判定>
            点検時に現地で本格的な /    \ 点検時に現地で本格的な措置ができな
            措置ができるもの            いもの,あるいは判定不能なもの
                        ↓           ↓
                      修 繕      使用中止/修繕     → 必要に応じて実施
                        ↓        (一部・全体)         精密点検
                    継続使用注6        ↓
                                <総合的な判断>
          凡 例                 (本格的な措置の方針)
       □ 応急措置
       ▣ 本格的な措置
```

| 継続使用注6 | 修繕注8 | 補修注8 | 移設 | 更新注8 | その他の対策注7 | 撤 去 |
(使用再開)

使用再開

・点検結果,措置の実施状況等の記録
・事故の予見等安全点検への記録の活用

注5),6),7),8)については国土交通省HP(ホームページ)を参照して下さい
⇨http://www.mlit.go.jp/common/001086962.pdf

Ⅲ-3 安全点検の留意点

　公園施設には,さまざまな種類,構造,材質のものがあり,適切かつ確実に安全点検を行うためには,これらの特性を踏まえて公園施設の種類等に応じて安全点検の留意点を整理しておくことが望ましい。
　過去の事故事例や事故防止事例等から重大な事故につながる危険性が予見される箇所については,重点的に点検を行う。
　安全点検の実施にあたっては,予め定めた項目,手順に従って確実に行うことが望ましい。点検後の措置を行う際には,公園施設の機能や効用を損なわないよう十分に配慮するとともに,公園施設の構造に係る安全点検のみならず,公園施設の使用方法,公園施設の配置,及び利用状況等を把握することが望ましい。
　なお,公園施設の変状及び異常の度合いによって危険度は異なり,危険度のより高いものは優先的に措置を講ずる。

Ⅲ-4 安全点検の内容

　安全点検には,主に公園管理者が行う日常点検及び定期点検,専門技術者が行う精密点検,その他に,初期の動作確認等のために製造・施工者が行う初期点検がある。維持管理段階の安全対策の考え方を踏ま

えつつ，これらの安全点検を適切かつ確実に行うものとする。

日常点検は，公園施設の通常有すべき安全性を確保するため，巡視を主体とした日常業務の中で行う点検であり，定期点検は，一定期間ごとに行う日常点検より詳細な点検である。精密点検は，日常点検や定期点検時に変状及び異常を発見した場合に，必要に応じて行う詳細な点検であり，初期点検は，公園施設の初期の動作，状態確認等のために行う点検である。

土木構造物，建築物などの関連する分野において要領等が定められている公園施設の安全点検の内容については，その要領等を参考としながら，当該施設の利用状況等を踏まえ，公園管理者が適切に検討するものとする。

植栽については，倒木や落枝等の重大な事故につながるものを中心に取り扱うものとする。

Ⅲ-5　安全点検を行う頻度や時期

安全点検は，公園管理者が公園施設の利用状況，台風や降雪などの地域の特性を踏まえて，予め適切な頻度，実施時期を定めて計画的に行うこととする。

Ⅲ-6　安全点検の項目

安全点検の実施にあたっては，公園施設が多種多様であることを踏まえ，公園内に設置されている公園施設の類型区分や種類に応じて，点検項目を定めることが望ましい。点検項目を定めるに当たっては，特に，公園施設の設置場所や他の公園施設との関係を考慮することが望ましい。

Ⅲ-7　安全点検後の措置

安全点検において公園施設の変状及び異常を発見した場合は，公園施設の安全点検フローに沿って，使用中止，修繕などの応急措置を速やかに講ずる。

応急措置後，長期にわたり本格的な措置を講ずることなく放置することのないよう，総合的な判断において，補修，移設，更新などの本格的な措置の方針を定めて，措置を講ずる。

また，点検結果や措置の実施状況等を記録し，その記録を次回以降の安全点検に活用する。

【資料-4】「公園施設長寿命化計画策定指針（案）」（抜粋）/平成 24 年 4 月
⇨http://www.mlit.go.jp/toshi/park/toshi_parkgreen_tk_000020.html

Ⅰ．公園施設の計画的維持管理の取組み

Ⅰ-1　長寿命化による計画的な維持管理の必要性の背景

（1）都市公園のストックの状況

　我が国においては，高度経済成長期に集中投資した社会資本ストックの老朽化が急速に進行しており，厳しい財政事情の下で適切に維持管理を行っていくことが，施設管理者にとって重要な課題となっている。

　都市公園事業においても，全国で約 10 万箇所 11 万 8 千 ha のストックが存在（平成 22 年度末現在）しているが，それら供用中の都市公園のうち設置から 30 年以上経過したものが現時点で約 3 割を占め，10 年後には約 6 割に達する見込みとなっている。また，設置遊具のうち，設置から 20 年以上経過したものが約 4 割を占め，経過年数不明の古いものと合わせると遊具の約 6 割が相当の年数を経過している状況にある。

　このように，公園施設の老朽化が進む中で，財政上の理由などで適切な維持補修，もしくは更新が困難となり，利用禁止，施設自体の撤去といった事態につながるなど，安全で快適な利用を確保するという都市公園の本来の機能発揮に関わる根幹的な問題となっている。

（2）公園施設長寿命化計画策定のための技術的指針について

　地方公共団体等においては，緑豊かでうるおいのある都市環境の創出や安全・安心なまちづくり等を進めるため，緑の基本計画制度（都市緑地法第 4 条）などに基づき，地域における実情や目標とする都市像などに応じた都市公園の整備（系統的な緑地の中核をなす都市公園の配置等），緑地の保全（都市の貴重な自然的環境の保全等），緑化の推進（公共公益施設や民有地などの緑化等）による総合的・計画的な緑の保全・創出の取り組みが行われてきたところである。

　このうち，都市公園については，計画的な配置や整備と併せ，既存の都市公園のストックの適正な維持管理が課題となっている。

　また，社会資本全体における課題として，ストックの増大及び老朽化の進行に対し，必要な社会資本整備とのバランスを図りつつ既存ストックの所要の機能を維持することが必要となっている。そのため地方公共団体等においては，厳しい財政状況の下，安全・安心を確保しつつ，重点的・効率的な維持管理や更新投資を行っていくため，施設の長寿命化計画を策定し，計画に基づく維持管理・更新を適確に行う取り組みが進められている。都市公園についても，同じように計画に基づく安全性の確保，機能の確保及びライフサイクルコスト縮減の取り組みが始められているところである。

　しかしながら，都市公園の特徴として，多種多様な規模，構造，素材からなる公園施設の集合体であることから，全ての公園施設について健全度の調査や対応方策の検討等を行うのは作業量が膨大となるおそれがあり，できるだけ効率的に長寿命化計画策定に取り組む必要がある。また，地方公共団体における長寿命化計画の策定の取り組みにおいても，ライフサイクルコスト縮減効果の算定・比較方法，使用見込み期間の考え方，保全対策の内容や健全度判定の根拠等が不明瞭であるなど，具体の計画策定にあたっての課題も生じている。

　さらに，公園施設は，他の社会資本分野と異なる点として，施設の機能の低下が必ずしも構造的な劣化のみによって判定されるものではないという特性がある。例えば，公園の重要な機能として，来園者にやすらぎを提供する快適な空間としての役割があるが，これは美観の保全・向上によって担保されるものである。また，美観の低下によって防犯上の問題が引き起こされるなど，公園全体の安全性の確保にも大きく影響する。

加えて，都市公園は，水辺空間や樹林地等の都市環境の改善に重要な空間を有しており，生物多様性の確保，低炭素化，ヒートアイランド緩和等の効果を発揮するなど，その社会的な意義は重要であり，施設単体や公園全体のライフサイクルコスト縮減だけにとどまらず，地域全体の価値向上にも大きく貢献している点にも留意が必要である。
　これら都市公園の特性を踏まえ，地方公共団体等による長寿命化計画に基づく都市公園の計画的な維持管理の取り組みを支援するため，公園施設の長寿命化計画（以下，「長寿命化計画」という。）に関する基本的な考え方，計画策定の手順及び内容を具体的に示した「公園施設長寿命化計画策定指針（案）」（以下，「指針」という。）を作成するものである。

Ⅰ-2　都市公園事業におけるストックマネジメントと長寿命化計画

（1）都市公園事業におけるストックマネジメントと長寿命化計画

　公共施設のストックの管理にあたっては，限られた予算の中で施設の機能保全のための施設の大規模な手入れや更新などの維持管理を計画的に行うストックマネジメントの取り組みが求められる。具体には，日常的な維持管理のみ行い施設の機能が果たせなくなった時点で更新する場合と，定期的にコストをかけて手入れを行い施設をできるだけ長持ちさせた上で更新する場合の，それぞれのライフサイクルコストの比較を行い，最もライフサイクルコストが低廉となるような手法で，計画的な維持管理に取り組むことである。

　しかし都市公園においては，公園施設の維持管理において，子どもをはじめ利用者の安全確保を最優先する場合も多く，このような施設についてはより厳密に施設の安全性や機能が失われないよう予防していくことが求められる。

　このように，都市公園のストックマネジメントに取り組むにあたっては，施設の機能ごとに目標とすべき維持管理の水準を意識しながら，施設の機能保全とライフサイクルコスト縮減を目指すこととなる。

　また，都市公園におけるストックマネジメントは，多種多様で膨大な数の公園施設を対象とすることが特徴であり，公園管理者においては，全ての公園施設を画一的に取り扱うのではなく，改めて個々の施設の価値や重要性を検証した上で取り組みを進めることが，効率的なストックマネジメントにつながる。地域の実情に沿った対応方針の整理を行いながら，公園ごとに，あるいは同一公園内でも施設ごとに，その性格や目標とすべき管理水準に応じて，メリハリをつけてストックマネジメントを行っていくことが望ましい。

　このような観点で都市公園のストックマネジメントを行っていくため用いる計画が長寿命化計画である。

　長寿命化計画は，地方公共団体等における公園施設の計画的な維持管理の方針を明確化，共有するとともに，施設ごとに，管理方針，長寿命化対策の予定時期・内容などを，最も低廉なコストで実施できるよう整理するものである。

　公園管理者は，長寿命化計画に基づいて，日常的な点検や維持保全により公園施設の安全性確保，機能保全を図りつつ，定期的に施設の健全度調査・判定を行い，その結果により，施設の大規模な手入れ（以下，「補修」という。）や更新を行うか判断していく。

　なお，長寿命化計画は，現地での点検などを事前に省略するために策定するものではなく，当然ながら公園施設の劣化や損傷は想定どおりには進行しないため，長寿命化計画に計画したとおりに補修，もしくは更新を必ず行うことにはならない。あくまでも，都市公園のストックマネジメントを適確に行うためのツールとして，長期的な業務量の傾向や必要な予算額の想定などに活用されたい。

（2）重点的にストックマネジメントに取り組む都市公園

　メリハリのあるストックマネジメントを行うためには，地域における都市公園の価値・重要性につい

て，公園の立地（住宅地，中心市街地，観光地など）や周辺自然環境，住民人口，世代構成などを踏まえ，将来の利用の見込みも勘案しつつ整理し，施設の機能ごとに目標とすべき管理水準を設定しそれを踏まえて，自らが管理する都市公園のストックの状況を的確に把握することが重要となる。

その上で，優先的にストックマネジメントに取り組む都市公園として，たとえば，規模の大きい建築物・運動施設・土木構造物を有する総合公園や運動公園など，また小規模であっても子どもが利用する遊具が多い街区公園・近隣公園などを設定することが考えられる。

また，ストックマネジメントを行う公園施設について着目すると，以下のように整理できる。
（ストックマネジメントにおける公園施設の分類）
- 劣化や損傷を未然に防止しながら長持ちさせるべき施設
    大規模な建築物や土木構造物，野球場や陸上競技場などの運動施設，大規模な橋梁，高価な施設等
- 機能しなくなった段階で取り換える施設
    園路や小規模の休憩所，汎用品のベンチ，メッシュフェンス，車止め，くず箱　等
    ※公園施設の多くは，機能しなくなった段階で取り換える施設に分類されると考えられる。
- 遊具
    遊具は，都市公園における遊具の安全確保に関する指針（改訂版）（H 20.8：国土交通省）などに基づき，施設の安全確保のために必要となる点検，消耗部品の交換や施設の更新などを含めた維持管理が行われるため，ライフサイクルコスト縮減の検討にあたっては，この点に留意が必要である。
- 植栽
    植栽は，剪定，間伐や施肥など，管理の質によって発揮する機能に大きな差が生じるという点で，他の公園施設と大きく異なる。CO_2吸収，生物生息空間確保，景観形成といった植栽に求める機能，役割を明確にし，その効果を発揮させるように管理方法を設定することとなるため，ライフサイクルコスト縮減の検討にあたっては，この点に留意が必要である。

また，公共施設の管理者として，限られた公共事業予算の使い道の見える化を進め，市民への説明責任を的確に果たしていく観点から，これらのストックマネジメントの取組みについて，地域住民等に対し情報発信するアカウンタビリティ確保の観点も重要である。

Ⅱ．計画策定の手順及び内容

Ⅱ-1　公園施設長寿命化計画の概要
（1）長寿命化計画の基本的な策定の手順
ここでは，長寿命化計画の基本的な策定の手順と，その概要を示す。
1）長寿命化計画の対象とする都市公園等の設定
当該地方公共団体等における都市公園のストックマネジメントの考え方を踏まえ，優先的に長寿命化計画の対象とする都市公園を選定する。

長寿命化計画の策定にあたっては，段階的に取り組むこと（徐々に対象公園を増やす，対象施設を増やす，作業工程を分割するなど）が必要となる場合も多いことから，それぞれの地方公共団体において，地域の実情に応じて，長寿命化計画の対象とする都市公園及び公園施設を適宜設定しながら進めることが重要である。なお，対象公園が多数となる場合は，先行してモデル公園を設定し，計画策定の手法について理解度を深めながら，段階的，計画的に進めることも有効である。

なお，長寿命化計画の計画期間は概ね10年とし，公園管理者以外の者が都市公園法第5条に基づき設置している施設は対象としない。
2）予備調査

健全度調査に先立ち，長寿命化計画の対象とする公園施設について，現地で公園施設の利用状況，劣化や損傷の状況等を把握するため，予備調査を行う。

　予備調査を行うにあたっては，現地での調査に先立ち，あらかじめ健全度調査票（公園概要シート）を作成する。現地調査においては，公園施設ごとに目標とすべき維持管理の水準を意識しながら，またライフサイクルコスト縮減効果の見込みも勘案して，劣化や損傷を未然に防止しながら長持ちさせるべき施設の候補（以下，「予防保全型管理を行う候補」という。），または日常的な維持管理や点検を行い，機能しなくなった段階で取り換える管理（以下，「事後保全型管理」という。）を行う施設に分類を行う。

3）健全度調査・判定

　予備調査で予防保全型管理を行う候補としたものについて，構造材・消耗材の劣化や損傷の状況や美観等について詳細な健全度調査を行い，性能の低下状況について判定を行う。

　判定の結果に基づき，予防保全型管理を行う候補における長寿命化対策の時期や具体的な対策内容について検討を行う。

4）ライフサイクルコスト縮減効果の確認と長寿命化計画の策定

　予防保全型管理を行う候補について，事後保全型管理をする場合と，予防保全型管理を行う場合の，どちらがライフサイクルコストを低く抑えられるかを比較し，事後保全型管理を行う施設か予防保全型管理を行う施設かを確定させる。

　以上を踏まえ，公園の維持管理の基本方針，各公園施設の管理類型，長寿命化対策の予定時期や内容等をとりまとめた長寿命化計画として整理する。

（2）公園の計画的な管理の手法

1）予防保全型管理

　予防保全型管理では，公園施設の機能保全に支障となる劣化や損傷を未然に防止するため，公園施設の日常的な維持保全（清掃・保守・修繕など）に加え，日常点検，定期点検の場を活用した定期的な健全度調査を行うとともに，施設ごとに必要となる計画的な補修，更新を行う。

　なお，遊具については，事故防止を最優先するため，国の指針等[*1]に基づく安全確保のための調査・点検，管理が必要であることに留意する。

＊1：指針等：都市公園における遊具の安全確保に関する指針（改訂版）（H 20.8 国土交通省），遊具の安全に関する規準：JPFA-S 2008（（社）日本公園施設業協会）等

2）事後保全型管理

　事後保全型管理では，維持保全（清掃・保守・修繕など）や日常点検，定期点検を実施し，劣化や損傷，異常，故障が確認され，求められる機能が確保できないと判断された時点で，撤去・更新を行うものである。

Ⅱ-2 策定フロー

長寿命化計画に定める内容は、大きく「予備調査」、「健全度調査と健全度・緊急度判定」、「公園施設長寿命化計画の策定」により構成される。標準とする策定フローは概ね以下の通りである。

(1). 公園施設の計画的維持管理の取組み
- (1)-1 長寿命化による計画的な維持管理の必要性の背景
- (1)-2 都市公園事業におけるストックマネジメントと長寿命化計画

(2). 計画策定の手順及び内容
- (2)-1 公園施設長寿命化計画の概要
- (2)-2 策定フロー
- (2)-3 予備調査

① 計画準備
（既存都市公園台帳等の収集と整理など）

- 公園施設ごとに、都市公園台帳等を収集・整理する。
- これまでの維持保全内容を現時点から可能な限り遡って整理する。
- 必要に応じて都市公園台帳等の補正を行う。

「公園施設長寿命化計画調書【様式0・2】」の該当欄に記入。

② 健全度調査票の作成

- 健全度調査の効率、正確性の向上及び健全度調査結果の均質化を目的に健全度調査票（各施設シート）を作成する。
- 健全度調査票（各施設シート）は公園施設の特性に応じて、公園ごと及び公園施設ごとに分類（一般施設、遊具、土木構造物、建築物、各種設備など）し作成する。

③ 予備調査の実施

- 「予防保全型管理を行う候補」となる公園施設と「事後保全型管理」となる公園施設に分類する。
- その整理・分類結果を健全度調査票（公園概要シート）に記入する。
- 公園施設を現地で把握する。
- 把握した公園施設は、現地の状況と都市公園台帳等の内容について照合し、必要な修正を加える。

(2)-4 健全度調査と健全度・緊急度判定

① 健全度調査
- a．一般施設調査
- b．遊具調査
- c．土木構造物調査
- d．建築物調査
- e．各種設備調査

- 公園施設の特性に応じて、a～eに分類し、専門知識を持つ技術者等が調査を実施する。
- 調査時点における公園施設の設置状況や構造材・消耗材の劣化や損傷の状況、美観的状況を確認する。
- 事前に作成した健全度調査票（各施設シート）を用いて目視による確認と撮影・記録などを行う。

「公園施設長寿命化計画書【様式0・3】」の該当欄に記入。

② 健全度判定

1）健全度判定
- 健全度調査で得られた情報をもとに、施設ごとの劣化や損傷の状況や安全性などを確認し、総合的な判定を「A・B・C・D」の四段階で評価する。

③ 緊急度判定

- 健全度判定でCの評価となった施設について、考慮すべき事項（指標）を任意に設定する。
- 健全度判定に基づき、施設の補修・更新に対する緊急度（高、中、低）を設定する。

（次頁へ）

(前頁より)

(2)-5　公園施設長寿命化計画の策定

① 基本方針の設定

1）公園施設の長寿命化のための基本方針
・予防保全型管理を実施する公園施設について，公園施設ごとに，公園施設の長寿命化に関する事項について検討し，基本方針として定める。

2）これからの日常的な維持保全に関する基本方針
・これまでの維持保全内容を踏まえ，健全度調査で明らかとなった公園施設の維持保全に関する改善点を加味し，今後の維持保全に関する事項について検討し，基本方針として定める。

「公園施設長寿命化計画書【様式0】」の該当欄に記入。

② 公園施設の長寿命化対策の検討

1）基本的事項の整理
・公園施設の長寿命化対策について検討を進めるにあたり，設定が必要となる基本的な事項を整理する。

2）予防保全型管理における長寿命化対策の検討
・予防保全型管理の具体的対策の検討は，公園施設の長寿命化と機能の確保，安全性の確保及びライフサイクルコスト縮減を目的とする。
・定期的な健全度調査の方針設定を行う。
・予防保全型管理における対策時期及び補修・更新方法設定を行う。

3）予防保全型管理における長寿命化対策費の算出
・計画期間中に実施する長寿命化対策に必要な，長寿命化対策費の概算を公園施設ごとに算出する。
・概算費用は，①維持保全に関する費用，②定期的な健全度調査に関する費用，③補修に関する費用，④撤去・更新に関する費用の総計とする。

4）事後保全型管理に分類し，計画に位置づける公園施設の扱い
・事後保全型管理に分類した公園施設について，更新見込み年度及び更新費を設定する。

5）年次計画の検討
・算出した概算費用について，年次計画を作成する。

③ 公園施設の長寿命化対策による効果（ライフサイクルコストの縮減額）の算出

・ライフサイクルコストの縮減額の算出は，使用見込み期間内における費用を縮減（最小化）し，最適な補修・更新シナリオを見極めるために検討する。
・ライフサイクルコストの縮減効果は，対象公園施設における整備当初からの維持保全費用，長寿命化対策費用を勘案し，「長寿命化対策をした場合（予防保全型管理）」と，「長寿命化対策をしない場合（事後保全型管理）」の計画期間内の総費用及び，単年度あたりのライフサイクルコスト縮減額を算出する。

「公園施設長寿命化計画書【様式1・2】」の該当欄に記入。

④ 公園施設長寿命化計画書の作成

健全度調査・判定事例集，健全度調査票チェックシート，引用した関係法令マニュアルなど，劣化予測式の作成方法
主な公園施設と処分制限期間の参考値

〈策定フロー図〉

Ⅱ-3　予備調査

　予備調査は，長寿命化計画の対象とする公園施設について，現地調査により，実際の設置状況や利用状況，劣化や損傷の状況を把握するために行う。

（1）計画準備（既存都市公園台帳等の収集と整理等）
　1）既存の都市公園台帳の収集と整理等
　　計画の対象となる都市公園及び公園施設ごとに，都市公園台帳や公園施設台帳，設計図・工事図書（竣工図）等（以下，「都市公園台帳等」という。）を収集する。
　　収集した都市公園台帳等をもとに，設置施設ごとに関する情報を整理する。
　　まず，都市公園台帳等から公園名称・種別・面積・開園年度等の基礎情報を整理するとともに，それぞれの公園に設置されている公園施設について，施設種別・製造者・設置年数の情報を収集し，健全度調査票（公園概要シート）にその基礎情報等を記入する。
　2）予備調査段階における管理類型の整理
　　都市公園は，多種多様な施設の複合体であり，公園の規模によっては膨大な数の公園施設について調査が必要になることから，全ての施設についてライフサイクルコストを算出した上で，予防保全型管理又は事後保全型管理の管理類型を判断することは，計画策定の作業に過度な負担となる。
　　そのため，計画準備の段階で，公園施設ごとの管理類型の例も参考に，ライフサイクルコストの縮減効果の見込み，利用者数，公園の利用促進などの視点で，あらかじめ予防保全型管理を行う候補となる公園施設と事後保全型管理を行う公園施設に分類するとともに，その分類結果を健全度調査票に記入する。
　　予防保全型管理を行う「候補」としているのは，その後の公園施設の長寿命化対策の検討の段階で，ライフサイクルコスト縮減効果が見込まれず，最終的に事後保全型管理に分類される可能性のある公園施設も含まれていることによる。予防保全型管理を行う候補として予備調査を終え，その後の健全度調査・判定を経たライフサイクルコスト縮減効果の確認をもって，管理類型を確定させることとなる。

（2）健全度調査票の作成
　次に，健全度調査と健全度判定で活用するための健全度調査票（各施設シート）を作成する。この健全度調査票をあらかじめ作成することにより，健全度調査の調査対象が明確になるだけでなく，複数の調査員でも健全度調査の視点を共有できることから，調査結果の水準を一定に保つことが可能となる。また，予備調査段階で，必要な情報を収集するため活用することも効果的である。
　健全度調査票は公園ごと及び公園施設ごとに作成する。また，健全度調査票（各施設シート）は公園施設の特性に応じた健全度調査の実施を見据え，一般施設，遊具，土木構造物，建築物，各種設備ごとに整理する。

（3）予備調査の実施
　予備調査では，健全度調査・判定を実施する前に，現地において公園施設の設置状況，利用状況，劣化や損傷の状況を把握する。
　なお，総合公園や運動公園等の大規模公園は，1公園あたりの施設の数，種類が非常に多く，調査の負担が大きいことから，ゾーニングや整備時期などにより調査範囲を区分しながら調査を進めることで，適切な人員配置による効率的な調査とすることが可能となると考えられる。
　1）現地での状況把握
　　公園施設の基礎情報を都市公園台帳等で整理した後，現地での状況把握を実施する。現地での状況把握では，施設の設置状況と都市公園台帳などの内容を照合する。

また，事前に健全度調査表を作成しておき，予備調査の段階で健全度判定に必要となる情報を収集しておくことも作業の効率化のためには有効である。
　　なお，都市公園台帳等で最新の公園施設の基礎情報が適切に整理されている場合は，予備調査で現地の状況把握を改めて行う必要はなく，公園ごとに適宜判断しながら現地調査を実施されたい。
2）予備調査段階で事後保全型管理に分類する公園施設
　　安価な施設等で，明らかにライフサイクルコスト縮減効果が見込めず事後保全型管理に分類される施設は，健全度調査を行わないため，施設の劣化や損傷の状況を把握する機会が予備調査しかない。このため，事後保全型管理に分類される施設については，予備調査段階で目視により把握した劣化や損傷の状況を健全度調査票の備考欄に記録し，長寿命化計画策定後の公園施設の管理に活用することが有効である。
　　なお，地下に埋設されており目視が困難な施設や，劣化の予測が困難で定期点検の不要な電気設備等については，予備調査段階で事後保全型管理に分類することとする。

Ⅱ-4　健全度調査と健全度・緊急度判定
　ここでは，健全度調査の実施方法と健全度・緊急度判定の方法について示す。

（1）健全度調査
1）健全度調査の概要
　　予備調査の段階において，予防保全型管理の候補に分類した施設について，より詳しく施設の構造材及び消耗材等の劣化や損傷の状況を確認するため，健全度調査を実施する。
　　なお，定期点検を実施する遊具や，法定点検が義務付けられている施設については，その点検結果や判定をもって健全度調査・判定結果とすることができる。
　　健全度調査として，調査時点における公園施設の構造材・消耗材の劣化や損傷の状況を目視し，事前に作成した健全度調査票（各施設シート）を用いて撮影・記録等を行うことで，予防保全型管理における対策時期（補修，もしくは更新時期）を想定する。なお，必要に応じて，施設本体とその周辺に存在する危険性等の有無，公園の顔やシンボル等としての美観的価値についても確認する。
　　健全度調査の場で気が付いた事項や，調査・判定者の意図や長寿命化対策を具体的に記入しておくことで，ライフサイクルコストの算定を効率的に実施することができる。
　　なお，健全度調査は，専門的な技術力を有する者により実施することが望ましい。
2）調査準備
　　はじめに調査準備として，以下の項目を検討する。
　　①健全度調査の実施時期と期間
　　　・屋外での調査が主体となるため，気象条件を考慮した実施時期を設定する。
　　　・対象公園施設数を考慮して，十分にゆとりを持った実施期間を確保する。
　　②健全度調査体制
　　　・調査対象となる公園施設の種別等を踏まえ，健全度調査に必要な専門技術者を含んだ健全度調査体制を検討する。
　　③健全度調査内容の確認
　　　・公園施設の種別ごとに，健全度調査の視点や留意事項を確認する。
　　　・健全度調査を実施する前に，現地で判定基準のすりあわせを調査者間で行うことで，調査者や職能による判定のばらつきができるだけ生じないようにする。
3）健全度調査における着眼点
　　公園施設の種別ごとの健全度調査における主な留意事項を，以下のとおり整理する。
　　なお，施設により点検すべきポイントが異なることから，健全度調査・判定を実施する際の参考資

料として，本指針の別冊として「健全度調査・判定事例集」を作成したので詳細についてはこちらを参考にされたい。

a. 一般施設調査

　一般施設等の調査は，対象施設の全体及び主要部材について目視等による確認を実施する。

　また，健全度調査では，一般施設だけでなく公園の利用状況や全体の施設配置や概要についても把握する。なお，屋外運動施設の調査（建築物以外）は，該当する競技の規則を踏まえて調査を実施する。

・公園施設について施設の全景，劣化や損傷の状況を撮影する。
・都市公園台帳・施設平面図との整合を確認する。
・公園施設がバリアフリー法の基準に適合していないものは，健全度調査票に注記する。
・構造材・消耗材についての劣化や損傷の状況を確認し，劣化の概要及び想定される補修方法について，健全度調査票に記入する。
・公園の顔やシンボル等としての公園施設の美観的価値を踏まえ，構造材・消耗材の美観状況を確認し，概要及び想定される補修方法について，健全度調査票に記入する。
・劣化に伴う危険性等を勘案し，必要に応じて利用禁止の判定を行う。

b. 遊具調査

　遊具については，子どもの遊びの特性を踏まえ，事故防止のための対応が必要であり，国の指針等[*2]に基づいた調査結果を活用するなど，劣化や損傷の状況だけで健全度を判断するのではなく安全性の確保などを踏まえた総合的な判断がされるよう特に留意することが必要である。

　また，国の指針等で対象外とされているフィールドアスレチックコース等や，遊具以外の公園施設についても，子どもが登はんなどの遊具として利用する可能性のある公園施設は，遊具と同様の手法で調査することが望ましい。

[*2]：都市公園における遊具の安全確保に関する指針（改訂版）（H 20.8：国土交通省）遊具の安全に関する規準：JPFA-S 2008（（社）日本公園施設業協会）

c. 土木構造物調査

　土木構造物の調査は，以下に示す構造物の種別ごとの既往マニュアルに準じて調査を実施する。

　○擁壁
　　・宅地擁壁復旧技術マニュアルの解説[*3]に準じ，基礎の状況，擁壁の変状形態としての折損，ハラミ，出隅部の破壊，ひび割れを目視等により調査を実施する。
　○橋梁（コンクリート橋，鋼橋）
　　・道路橋の健全度に関して概略を把握できることを目的に策定された道路橋に関する基礎データ収集要領（案）[*4]に準じ，目視等により調査を実施する。
　○木橋
　　・木橋の点検マニュアル[*5]に準じ，目視等により調査を実施する。

　なお，各地方公共団体等で独自のマニュアルなどを作成している場合は，その手法を用いて調査を実施する。

[*3]：監修：建設省建設経済局民間宅地指導室，編集：宅地防災研究会(1995年（平成7年))
[*4]：国土交通省　国土技術政策総合研究所（2007年（平成19年））
[*5]：木橋技術協会（2009年（平成21年））

d. 建築物調査

・特殊建築物等定期点検業務基準[*6]，建築物点検マニュアル・同解説[*7]に準じて，目視等により調査を実施する。
・別途，定期点検調査が実施されている場合は，その調査結果を活用する。
・各地方公共団体等で独自のマニュアルなどを作成している場合は，その手法を用いて調査を実

　　　　施してよい。
　　＊6：監修：国土交通省住宅局建築指導課
　　　　　編集・発行：(一財)日本建築防災協会（2005年（平成17年））
　　＊7：監修：国土交通省大臣官房官庁営繕部
　　　　　編集・発行：(一財)建築保全センター（2005年（平成17年））
　公園施設である建築物のうち，建築物の耐震補修の促進に関する法律第6条第2項に規定される建築物以外であっても，構造計算が必要な施設（木造床面積500㎡以上，非木造2階建て以上又は床面積200㎡以上）で，建築基準法の耐震基準が改正される昭和56年以前に建設され，耐震診断が未実施のものは，耐震診断を同時に調査することが望ましい。

　また，別途建築物の耐震改修やバリアフリー対策を検討する場合は，法＊8への適合状況も併せて確認することが望ましい。
　　＊8：都市公園法，建築基準法，建築物の耐震改修の促進に関する法律，高齢者，障害者等の移動等の円滑化の促進に関する法律　等

　e．各種設備調査
　建築設備等の点検の実施にあたっては，他法令の規程による検査＊9等で定期点検の内容に適合するものは，法定点検の検査結果を活用する。

　なお，法定点検以外に作動確認が必要な設備は，その設備の可動時期に作動確認をしておくことが望ましい。
　　＊9：・消防設備（消防法）
　　　　・空気調和設備及び機械換気設備並びに給水及び排水設備（建築物における衛生的環境の確保に関する法律）
　　　　・受変電設備（電気事業法）
　　　　・昇降設備（建築基準法）
　　　　・冷凍機（高圧ガス保安法）
　　　　・ガス給湯器（ガス事業法）
　　　　・浄化槽設備（浄化槽法）

　また，施設ごとの健全度調査のポイントに加え，部材ごとの特徴に着目して劣化や損傷の確認を行い，健全度判定を行うことが必要である。なお，公園施設は多種多様であり，具体の施設にあわせて，必要な調査項目を追加することが望ましい。

●損傷の確認方法は，基本的に概観目視により実施する。また，目視の補完として触診，打診により確認する他，必要に応じてコンベックス，クラックスケール，テストハンマーなどの簡易器具を使用する。

　なお，専門技術者の資格は必須条件ではないが，調査者の技量が調査・判定や施設の安全確保に影響することを踏まえた上で，策定主体の判断に委ねるものとする。

（2）健全度判定
1）健全度判定
　健全度判定は，健全度調査で得られた情報をもとに，公園施設ごとの劣化や損傷の状況や安全性などを確認し，公園施設の補修，もしくは更新の必要性について，総合的に判定を行うことをいう。
　都市公園では，処分制限期間を越えて使用されている公園施設が多数存在するという現状があり，健全度判定を行うことで，施設の機能保全や安全性などの確保を速やかに行うことが必要な公園施設を把握する。
　健全度判定は，健全度調査で得られた情報をもとに，公園施設ごとの劣化や損傷の状況や安全性などを確認し，公園施設の補修，もしくは更新の必要性について，総合的な判定を行う。
　健全度の総合的な判定は，「A・B・C・D」の四段階評価を標準とする。
　評価基準については，各地方公共団体等で独自に客観的な評価基準を作成し用いても良い。なお，

判定は，健全度調査を実施した専門技術者などとの協議のうえ行う。
2）健全度判定方法
　①部材単位の評価
　　各施設は部材から構成されており，材質によって劣化や損傷の状況も異なるため健全度の判定にあたっては，部材単位でその劣化や損傷の状況を評価する必要がある。部材単位の評価は次のとおり考えるものとする。
　　・同じ部材で発生している損傷種類が1つのときは，その評価をその部材の健全度とする。
　　・同じ部材で発生している損傷が複数のときは，最低評価となる損傷の判定をその部材の健全度とする。
　②健全度総合評価
　　構造部材の劣化は，施設に対する影響が最も大きいことから，構造部材に対する健全度評価をその施設の総合的な健全度とすることが望ましい。
　　なお，施設の機能として美観が重要な場合や，利用の安全を重視する場合には，消耗材の劣化にも注意する必要がある。
　　ただし，施設の可動部のように，その部材の損傷が重大な事故につながる場合は，非構造部材（消耗材）であっても総合評価に考慮する必要がある。
　　なお，遊具は，国の指針等[*10]に基づいた適切な調査・点検を実施していることから，施設の劣化や損傷の状況だけでなく，安全性の確保のため，構造材に加え，消耗材についても最低の評価を総合判定とする。
　　また，便所等の建築物等の処分制限期間が長い施設は，構造的な劣化だけでなく，美観機能の劣化が防犯や景観に影響することも踏まえ，美観の観点からの判定にも留意することが望ましい。
＊10：指針等：都市公園における遊具の安全確保に関する指針（改訂版）（H20.8国土交通省），遊具の安全に関する規準：JPFA-S 2008（（社）日本公園施設業協会）等

(3) 緊急度判定
　健全度判定にもとづき，施設の補修，もしくは更新に対する緊急度（高，中，低）を設定する。
　・健全度Dの施設は緊急度「高」となる。
　・健全度Cの施設は基本的には緊急度「中」となるが，特に優先度が高い施設については任意の指標を設定した上での考慮を反映して緊急度「高」としてよい。
　・健全度A，Bと判定された施設は，例外（手厚い長寿命化対策により常に健全な状態を保つ）を除いて緊急度「低」となる。

Ⅱ-5　公園施設長寿命化計画の策定
ここでは，長寿命化計画の策定手順について示す。
長寿命化計画には，都市公園整備状況等の基礎的事項のほか，
　○地方公共団体等における公園施設の維持管理に関する基本方針
　○公園ごとに整理した長寿命化対策を行う施設及び年次計画の一覧
　○公園施設ごとに整理した維持保全や補修の内容，年度ごとの対策内容の一覧を整理，記載する。
公園施設の維持管理に関する基本方針については，公園施設の長寿命化のための基本方針と，日常的な維持保全に関する基本方針について整理を行う。
公園施設の長寿命化対策の検討は，予防保全型管理を行う候補に分類した施設について，予防保全型管理を行う場合と事後保全型管理を行う場合のライフサイクルコストの比較を行うことが中心となる。
具体的には，健全度調査・判定の結果を踏まえ，施設ごとに長寿命化対策を行う場合の時期や対策内容を設定する。その上で，予防保全型管理，事後保全型管理それぞれに要する費用，使用見込み期間を用い

て，単年度あたりライフサイクルコストの額をそれぞれ算出して，どちらが低廉なコストでの管理となるかを比較し，施設ごとの管理類型が決定される。

一方，予備調査の段階で事後保全型管理に分類した施設についても，更新の時期や費用を設定する。

これらの検討結果を整理し，長寿命化対策や更新を行う年度や費用が偏っていないか確認，調整も行った上で，長寿命化計画としてとりまとめる。

（1）基本方針の設定

予防保全型管理と事後保全型管理との類型に応じた管理内容について，基本的な方針の設定方法を示すものとする。

1）公園施設の長寿命化のための基本方針（予防保全型管理に関する方針）

予防保全型管理を実施する公園施設の長寿命化に関する事項について検討し，基本方針として定める。なお，公園施設の長寿命化のための基本方針は，実際の維持管理の運用を勘案しながら検討すること。

①公園施設の長寿命化のための基本方針を定める上での留意事項

公園施設の長寿命化対策は，劣化や損傷が進み，緊急度を「高」と設定した公園施設に対する長寿命化のための補修，もしくは更新を中心に，現在健全である公園施設についても定期的な補修などを実施することで，公園施設の長期間に渡る機能の発揮を目指す事が重要である。

②公園施設の長寿命化に関する方針

予防保全型管理を行う公園施設について，公園施設の長寿命化に関する基本的な方針を設定する。設定する主な内容は以下のとおりである。

・次回以降の定期的な健全度調査の実施方針を設定する。

・定期的な健全度調査の頻度は以下を標準とする。

- 5年に1回以上を標準
  a. 一般施設
  c. 土木構造物
  d. 建築物（100 m² 以上の特殊建築物以外）
- 毎年
  b. 遊具
  e. 各種設備（法令などの規定による点検）

※ただし，日常の維持保全の中で異常を発見した場合は，健全度調査を実施する。

・計画的な補修を実施するために，公園施設の劣化や損傷の状況に応じた補修方法と頻度，更新時期の判断に関する方針を設定する。

・計画的な更新を実施するために，類似施設の更新実績や劣化予測式による算出など，予防保全型管理における公園施設の使用見込み期間の設定方法に関する方針を設定する。

2）日常的な維持保全に関する基本方針

日常的な維持保全に関する基本方針は，予防保全型管理と事後保全型管理の双方における管理内容の基礎となるものである。

そのため，これまでの維持保全内容を踏まえ，健全度調査で明らかとなった公園施設の維持保全に関する改善点を加味し，今後の維持保全に関する事項について検討し，基本方針として定める。なお，基本方針は，実際の維持管理の運用を勘案しながら検討すること。

維持保全に関する基本方針として設定する主な内容[11]は，以下のとおりである。

・公園の管理体制（人員配置，指定管理者の導入等）に関する方針を設定する。

・年間の維持保全内容（清掃・保守・修繕）に関する方針を設定する。

・日常点検や定期点検（遊具の点検や法令で定めのあるもの等）に関する方針を設定する。

・類似施設の更新実績や劣化予測式による算出など，事後保全型管理における使用見込み期間の設定方法に関する方針を設定する。
・異常が発見された場合の措置の方針を設定する。

①日常の点検や定期点検における留意事項

公園施設の劣化や損傷による異常を発見する場面は，日常の点検や定期点検であるため，健全度調査票を活用して，劣化の進行を把握することが望ましい。

②異常を発見した場合の留意事項

異常が発見された場合，必要に応じて利用禁止とし安全性を確保する。

また，異常が発見された施設が予防保全型管理の施設の場合は健全度調査を実施し，長寿命化対策を検討する。事後保全型の施設の場合は劣化や損傷の進行を判断して撤去・更新する。

*11：清掃や日常点検に対しての住民参加などによる，維持保全コストの削減や地域住民との連携強化は，公園施設の運営・管理にとって重要である。
しかし，これらは公園管理の効率化や地域住民との連携の一環としての取り組みであり，計画に位置づける取り組みではない。

（2）公園施設の長寿命化対策の検討

1) 基本的事項の整理

公園施設の長寿命化対策について基本的な事項について，以下に整理する。

①計画期間と目標年度の確認
・計画期間は，計画策定から概ね10年間とする。
・目標年度は計画期間終了年度とする。
・公園施設の長寿命化対策はこの期間に実施する対策内容を指す。

②使用見込み期間

a. 予防保全型管理における使用見込み期間
・使用見込み期間は，「整備時からの経過期間」に，「対策時期」に実施した補修（1回～複数回）により長寿命化が図られた「延命期間」を加えた期間とする。

b. 事後保全型管理における使用見込み期間
・使用見込み期間は，「処分制限期間」[*12]経過後，「劣化が著しく進行するまでの期間」とする。

*12：公園施設長寿命化計画策定指針（案）参考資料集　処分制限期間の採用値を参照。

③更新見込み年度

公園施設の更新見込み年度は，使用見込み期間の終了年度とする。

なお，公園施設の使用見込み期間は，気候や施設の設置環境により変化するため，各地方公共団体で独自に設定することが望ましい。

④使用見込み期間の設定方法

公園施設の使用見込み期間は，以下のように設定する。公園施設には処分制限期間を大きく越えて使用されているものが存在するため，公園施設の劣化や損傷の状況に即して設定する。なお，使用見込み期間は，地域性，気象条件や利用状況等により差異が出るため留意されたい。

a. 予防保全型管理
・処分制限期間を越えて使用されている施設の使用見込み期間は，類似施設の更新実績を優先する。
・健全度調査の結果を市販の表計算ソフト（エクセル等）で統計的に処理し，施設の劣化推移をモデル式として設定[*13]することができる。
・予防保全型管理では，重大な事故につながる恐れがある時点までの使用を想定していないた

め，このモデル式において健全度がCに進行した時点までを使用見込み期間とする。
- b. 事後保全型管理
  - ・処分制限期間を越えて使用されている施設の使用見込み期間は，類似施設の更新実績を優先する。
  - ・更新実績が無い場合は，例えば，処分制限期間の2倍を標準として，処分制限期間に応じて段階的に1.5倍，1倍と設定することも考えられる。ただし，この設定は，本指針策定時に行った地方公共団体へのモニタリング調査結果で得られたデータに基づき便宜的に定めたものであり，合理的な根拠となるデータに基づくものではないこと，また地域性，気象条件や利用状況などにより適宜調整すべきものであることに留意されたい。
  - ・事後保全型管理では，このモデル式において健全度がDに進行した時点までを使用見込み期間とする。

*13：参考資料集60頁の劣化モデル式は，先行して公園施設の長寿命化計画を策定した地方公共団体の事例から作成したモデル式を参考として掲載している。

2) 予防保全型管理における長寿命化対策の検討

予防保全型管理における長寿命化対策の検討は，公園施設の長寿命化と機能の確保及びライフサイクルコスト縮減を目的とする。長寿命化対策の検討では，費用の縮減のみに偏重せず，必要に応じて公園の利用状況や安全性の向上にも配慮することが重要である。

①定期的な健全度調査の設定
- ・予防保全型管理を行う施設は，維持保全に加え定期的な健全度調査を，5年に1回以上実施することが望ましい。
- ・遊具等については，安全確保のため，国の指針等[14]に基づき年1回以上の定期点検を実施することとしており，この定期点検結果を健全度調査として活用する。
- ・定期的な健全度調査の実施体制や項目・頻度を設定する。
- ・定期的な健全度調査は，各施設の専門の有資格者または，これと同等以上の技術者によることが望ましいが，各自治体担当者や職員が実施することも考えられ，調査技術者の経験・技量により，健全度の判定結果にはばらつきが出ることが想定される。また，施設により点検すべきポイントが異なることから，健全度調査を実施する際の補足資料として，特に注視するべき損傷や部位（点検ポイント）と健全度判定の基準に見合ったランクに関する「健全度調査・判定事例集」を作成したため，詳細についてはこちらを参考とされたい。

*14：指針等：都市公園における遊具の安全確保に関する指針（改訂版）（H20.8国土交通省），遊具の安全に関する規準：JPFA-S：2008（（社）日本公園施設業協会（JPFA））等

②予防保全型管理における対策時期及び補修方法の設定

公園施設ごとに，長寿命化対策時期を設定する。設定した補修時期において実施する補修内容について，健全度調査における劣化や損傷の状況に応じた適切な補修方法と頻度を設定するとともに，それにより得られる延命期間を設定し，使用見込み期間を決定する。

- a. 現在健全である公園施設における対策時期及び補修内容の設定
  - ・現在健全である公園施設に対して，適切な長寿命化対策を実施するために，初回の対策時期を設定する。
  - ・補修方法は，構造材の各施設の目的機能や安全性の発現はもとより，美観的価値についても検討する。
  - ・劣化に応じた補修方法を比較検討等により選定することで，過度な処置とならないように留意する。
- b. 緊急度に応じた対策時期の設定
  初回の計画策定では，処分制限期間を越えて使用されている施設で，緊急度が「高」と判定さ

れる公園施設が集中することも想定される。そのため，以下の視点も踏まえ初回の対策時期を設定する。
- ・緊急度が「高」の公園施設は，早急に対策時期を設定する。
- ・緊急度が「中・低」の公園施設は，緊急度「高」の対策時期の設定を踏まえ対策時期を設定する。

3) 予防保全型管理における長寿命化対策費の算出

使用見込み期間における長寿命化対策費を，公園施設ごとに算出する。

長寿命化対策費は，使用見込み期間中に生ずる費用（維持保全費，定期的な健全度調査費，補修費，撤去・更新費）のうち，維持保全費と撤去・更新費を除いたものである。

また，算出した長寿命化対策費のうち，計画期間内に生ずる費用の総額が財政負担として過大な場合には，計画期間内で長寿命化対策を実施する施設を絞り込むなどにより費用の縮減を再検討する。

①維持保全に関する費用
　a. 維持保全に関する費用
- ・公園施設ごとの毎年の維持保全（日常点検を含む）に関する費用（以下，「維持保全費」という。）を算出する。
- ・維持保全費は，対象公園の整備当初から使用見込み期間の終了までの合計の平均値とする。
- ・維持保全費は，現在から可能な限り遡って実態に近い値を設定する。
- ・これまでの毎年の維持保全費が不明な場合は，現在の維持保全費を毎年の維持保全費とみなす。
- ・これからの維持保全費は現在までの維持保全費から設定し，過去が不明な場合は，現在の維持保全費から設定する。

　b. 撤去・更新に関する費用
　　撤去・更新に関する費用（以下，「更新費」という。）を公園施設ごとに算出する。

②長寿命化対策費用
　a. 定期的な健全度調査に関する費用
- ・健全度調査[*15]に関する概算費用（以下，「健全度調査費」という。）を公園施設ごとに算出する。
- ・定期点検の費用は健全度調査費として計上する。

　*15：なお，予防保全型管理の中で実施する定期的な健全度調査は，日常点検や定期点検の場を活用して実施する。

　b. 補修に関する費用
- ・補修に関する費用（以下，「補修費」という。）を公園施設ごとに算出する。
（履歴が不明な場合は，施設の劣化や損傷の状態を踏まえ設定する。）

　c. 長寿命化対策費の算出
- ・長寿命化対策費は，a. 定期的な健全度調査に関する費用，b. 補修に関する費用の合計となる。

4) 事後保全型管理に分類し計画に位置づける公園施設の扱い
　①事後保全型管理に分類される時点の確認
- ・「Ⅱ-3 予備調査」において，事後保全型管理と分類した時点。
- ・健全度調査を実施した上で，長寿命化対策検討を行ったが，「単年度あたりライフサイクルコスト縮減効果が得られなかった」時点。

　②事後保全型管理に分類した公園施設の扱い
　　事後保全型管理に分類した公園施設は，以下のように計画に位置づけられる。
- ・計画期間中に使用見込み期間が終了する公園施設については，更新見込み年度及び更新費を設

定する。
・計画期間中に使用見込み期間が終了しない公園施設については，更新見込み年度のみを設定する。
・計画の運用において更新が必要となった時点で，新しく導入する施設の機能を勘案し，あらためて事後保全型管理，あるいは予防保全型管理を判断する。

5）年次計画の検討
①年次計画
算出した概算費用について年次計画を作成する。この年次計画は，予算の制約がない場合，ライフサイクルコストの総額が最小化された最適値となる。
ただし，初回計画策定では，予算が集中する可能性があるため，以下の平準化の検討が必要となる。

②年次計画における予算の平準化検討
年次計画は各施設のライフサイクルコストの縮減効果の算出後，予算の平準化などの視点を加味して調整する。具体には概算費用の平均値を平準ラインとして設定し，公園施設の補修，もしくは更新年度を調整することで平準化を実現する。

（3）公園施設の長寿命化対策による効果（ライフサイクルコストの縮減額）の算出

これまでは，公園施設の長寿命化対策の検討方法及び公園施設の長寿命化対策費の算出方法を示した。

ここでは，検討した公園施設の長寿命化対策による効果（ライフサイクルコストの縮減額）の算出方法を示す。遊具，植栽に関しては，長寿命化対策をしない場合と長寿命化対策する場合とを比較する必要はない。

1）ライフサイクルコスト検討の基本方針
ライフサイクルコストは，使用見込み期間内における費用を縮減（最小化）し，最適な補修，もしくは更新シナリオを見極めるために検討する。そのため，複数の補修，もしくは更新シナリオでの検討が望ましい。

2）ライフサイクルコスト算出
・長寿命化対策をしない場合の総費用は，使用見込み期間内の，

「維持保全費」＋「更新費」 とする。

・長寿命化対策をした場合の総費用は，使用見込み期間内の，

「維持保全費」＋「健全度調査費」＋「補修費」＋「更新費」 とする。
　　　　　　　　　長寿命化対策費

3）単年度あたりのライフサイクルコストの算出
・長寿命化対策をしない場合の単年度あたりのライフサイクルコストは，

「長寿命化対策をしない場合の総費用」
÷「長寿命化対策をしない場合の使用見込み期間」　とする。

・長寿命化対策をした場合の単年度あたりのライフサイクルコストは，

「長寿命化対策をした場合の総費用」
÷「長寿命化対策をした場合の使用見込み期間」　とする。

4) 単年度あたりのライフサイクルコストの縮減費の算出
・単年度当たりのライフサイクルコストの縮減額は，

> 「長寿命化対策をしない場合の単年度あたりのライフサイクルコスト」
> －「長寿命化対策をした場合の単年度あたりのライフサイクルコスト」 とする。

・ライフサイクルコストの縮減効果がマイナスとなる場合は，長寿命化のための基本方針又は長寿命化対策検討に立ち戻って再検討する。

（4）公園施設長寿命化計画書の作成
計画で作成する様式は，以下のとおりとする。

表紙
様式0　「公園施設長寿命化計画書」
　　　　「公園施設長寿命化計画報告書」
様式1　「公園施設長寿命化計画調書」（総括表）
様式2　「公園施設長寿命化計画調書」（都市公園別）
様式3　「公園施設長寿命化計画調書」（公園施設種類別現況）

なお，記載内容については，指針の内容を理解した上で，様式0・1・2・3のつながりに留意しながら作成する。

（5）長寿命化計画の運用イメージ
計画運用において，予想外の補修，もしくは更新が生じる可能性がある。その際には，予算の平準化に留意しながら適切な処置を図ることが望ましい。

（6）長寿命化計画の見直しについて
当面は，長寿命化計画期間の終了前でかつ，長寿命化計画の見直しが必要となった時点（長寿命化対策費用の見込みが大きく変わり，長寿命化計画で定めた内容から著しく乖離して，長寿命化計画の運用に支障が生じた場合など）で適宜長寿命化計画の見直しを実施する。また，長寿命化対策の実施内容は，実際に行った維持管理の内容を踏まえて，毎年適宜修正・補完しながら用いていくローリング方式によることが望ましい。

II-6　植栽の取扱いについて

植栽は都市公園の性格や印象を決定付けるともいえる重要な施設であり，植物管理は公園管理全体の中で費用や業務量の面でも大きな部分を占めている。
植物は公園施設の中で管理の質により発揮する機能に大きな差が生じる特性があり，その機能が最大限発揮されるよう，長寿命化計画において長期的な観点で計画的に管理方法を整理しておくことが考えられる。

（1）都市公園の植物管理の状況
公園の樹木は年月とともに，大木に生長し，緑陰を形成し，美観を高め，季節の変化を来園者が感じることができるなど，様々な効果・機能を発揮している。また，CO_2の吸収源，生物の生息空間の形成，ヒートアイランド現象の緩和作用など，都市の環境改善に重要な機能を担っている。
しかしながら，財政上の制約等から，植物管理が十分に行きとどかない都市公園も多く，樹木の生育環境の悪化による景観の質の低下，生育不良による倒木などの危険，病害虫の発生や，樹林が鬱蒼とな

ることによる防犯面での安全性低下などの問題が顕在化している。

（2）長寿命化計画における植物の扱い

植物は，他の公園施設と異なり，施設の機能保全やコスト縮減の観点ではなく，植物が健全に生育するため，その育成・維持・保全のために必要な管理を適切に行っていくことが重要である。

そのため，植栽地ごとの特性に合わせ，植物管理の基本的な方針と，それに必要となる年間の概算費用について，他の施設とは策定手順を分けて長寿命化計画に位置づけることとする。また，植物管理の基本的な方針は，植物の健全な生育や良好な景観形成が実現できるよう，長期的な視点で定めることとする。

管理目標に基づいた適正な手入れを行い，植物の生育に支障を来すことがないようにすることで，植物のもつCO_2吸収，生物生息空間確保，景観形成といった機能が発揮され，ひいては最も適切なコストでの管理につながるものと考えられる。

なお，個別の管理目標については，健全な樹林地を育成するための密度管理について記載するなど，具体の植栽管理のあり方を示すことが望ましい。

（3）対象とする植栽地の考え方

公園全体の植栽地に係る管理目標を定めるため，対象とする植栽地を，公園の特色や植栽機能（一般的な植栽，芝生地や日本庭園の植栽，雑木林，保存樹，単木植栽（シンボルツリー等）など），環境，景観，利用，安全確保などを考慮して総合的に判断する。

（4）予備調査の実施

植栽地は，ライフサイクルコストの縮減を目指し管理類型を検討する施設ではないため，健全度調査を行う必要がない。そのため，予備調査の段階で目視により把握した状況（種別（樹林地，単木，芝地），生育状況など）を記録し，対象となる植栽地の状況を把握する。その際，成長しすぎた植栽について密度管理のための間引きや剪定の必要性の有無，日本庭園の植栽において庭園景観として配慮するべき事項など，植栽ごとの留意事項について特に記録しておくことが望ましい。

（5）植栽地ごとの特性を踏まえた管理方法の設定

植物管理については，一般的な公園の植栽地では剪定や間伐，病害虫の防除などの保全的な管理を中心に検討することが考えられる。この他，日本庭園の植栽のように庭園景観の構成要素として樹姿を計画的に管理することや，ビオトープなど自然植生に近づけるため粗放的な管理とするものなど，植栽地ごとの特性を踏まえた適切な管理方法を設定する。

また，外来種の駆除や生物多様性の確保を考慮することや，設計・施工段階で予測できなかった生育不良等への対応として，例えば踏圧で裸地化した芝生や，樹勢が低下したため強風などで倒木の危険性が生じている樹木などに対する土壌改良などの対策について，長寿命化計画に位置づける事も有効である。

II-7 その他

地方公共団体等において，長寿命化計画策定の流れと一部関連する計画策定などが検討されている場合は，長寿命化計画と一体的に取り組むことにより，効果的効率的に計画策定を進めることが可能であると考えられる。

（1）公園管理システムの構築

長寿命化計画の策定，運用に伴い実施する予備調査，健全度調査の結果について，都市公園台帳等の

更新，修正に活用するとともに必要項目について電子化を行うなど，より効率的な管理システムの構築を目指すことが望ましい。

(2) バリアフリー化調査

「高齢者，障害者等の移動円滑化の促進に関する法律」施行令第3条における「特定公園施設」（園路及び広場，屋根付広場，休憩所，駐車場，便所，水飲場，手洗場，管理事務所，標識など）について，同法による「移動円滑化基準」に基づいた調査を実施していない場合は，本計画と併せて，調査・判定することが効率的である。

(3) 防災対策調査

地域防災計画や地震防災緊急事業五箇年計画に位置づけのある都市公園において，事業計画に基づき整備された災害応急対策施設等が，防災機能を発揮しているかどうかの観点も併せて，調査・判定することが効率的である。

改訂5版
公園・緑地の維持管理と積算

平成3年7月15日	初版発行
平成28年12月20日	改訂5版発行
平成29年7月18日	改訂5版第2刷発行
令和6年5月20日	改訂5版第3刷発行

編　集　公園・緑地維持管理研究会

発行所　一般財団法人 経済調査会
〒105-0004　東京都港区新橋6-17-15
電話(03)5777-8221(編集)
　　(03)5777-8222(販売)
FAX(03)5777-8237(販売)
E-mail : book@zai-keicho.or.jp
https://www.zai-keicho.or.jp/
印刷・製本　富士美術印刷株式会社

複製を禁ずる

Ⓒ公園・緑地維持管理研究会　2016
乱丁・落丁はお取り替えいたします。

ISBN978-4-86374-207-9